Corona-Kommunikation

Marc-Denis Weitze

Corona-Kommunikation

Eine Krise in Wissenschaft, Politik und Medien

Marc-Denis Weitze
TUM School of Social Sciences
and Technology
Technische Universität München
München, Deutschland

ISBN 978-3-662-67517-5   ISBN 978-3-662-67518-2 (eBook)
https://doi.org/10.1007/978-3-662-67518-2

Die Deutsche Nationalbibliothek verzeichnet diese Publikation in der Deutschen Nationalbibliografie; detaillierte bibliografische Daten sind im Internet über http://dnb.d-nb.de abrufbar.

© Der/die Herausgeber bzw. der/die Autor(en), exklusiv lizenziert an Springer-Verlag GmbH, DE, ein Teil von Springer Nature 2023

Das Werk einschließlich aller seiner Teile ist urheberrechtlich geschützt. Jede Verwertung, die nicht ausdrücklich vom Urheberrechtsgesetz zugelassen ist, bedarf der vorherigen Zustimmung des Verlags. Das gilt insbesondere für Vervielfältigungen, Bearbeitungen, Übersetzungen, Mikroverfilmungen und die Einspeicherung und Verarbeitung in elektronischen Systemen.
Die Wiedergabe von allgemein beschreibenden Bezeichnungen, Marken, Unternehmensnamen etc. in diesem Werk bedeutet nicht, dass diese frei durch jedermann benutzt werden dürfen. Die Berechtigung zur Benutzung unterliegt, auch ohne gesonderten Hinweis hierzu, den Regeln des Markenrechts. Die Rechte des jeweiligen Zeicheninhabers sind zu beachten.
Der Verlag, die Autoren und die Herausgeber gehen davon aus, dass die Angaben und Informationen in diesem Werk zum Zeitpunkt der Veröffentlichung vollständig und korrekt sind. Weder der Verlag noch die Autoren oder die Herausgeber übernehmen, ausdrücklich oder implizit, Gewähr für den Inhalt des Werkes, etwaige Fehler oder Äußerungen. Der Verlag bleibt im Hinblick auf geografische Zuordnungen und Gebietsbezeichnungen in veröffentlichten Karten und Institutionsadressen neutral.

Die Titelseite wurde gestaltet unter Verwendung einer Arbeit aus Steinzeug der Künstlerin Waltraud Milazzo: Kuss 2020. Die Arbeit entstand im Rahmen des Kulturprojekts Dokurona, mit dem die Auswirkungen von Corona auf die Menschen dokumentiert werden sollten.

Planung/Lektorat: Caroline Strunz
Springer ist ein Imprint der eingetragenen Gesellschaft Springer-Verlag GmbH, DE und ist ein Teil von Springer Nature.
Die Anschrift der Gesellschaft ist: Heidelberger Platz 3, 14197 Berlin, Germany

Vorwort

Wissenschaftskommunikation in der Corona-Krise: Seit Anfang 2020 scheinen Prinzipien, über die in der Wissenschaftskommunikation seit Jahren gesprochen wurde, keine Rolle mehr zu spielen. Merkwürdig war in den ersten Monaten der Krise ein scheinbarer Konsens in Wissenschaft und Kommunikation – ohne dass es nennenswerte Diskussionen gegeben hätte. Andere Meinungen – hat man sich abgewöhnt, verstehen zu wollen.

Bis heute heißt es oft: Wissenschaft und Kommunikation haben sich in der Krise bewährt. Doch je genauer man hinschaut, umso mehr gewinnt man einen gegenteiligen Eindruck. Je genauer man nachfragt, umso mehr kritische Stimmen gibt es.

Was war geschehen?

Dem spürt dieses Buch nach – auf der Basis von Fallstudien, die aus Perspektiven wie Wissenschaftskommunikation, Politikberatung und Medienforschung beleuchtet werden. Es ordnet Beispiele entlang der

Kriterien etablierter Wissenschaftsorganisationen ein und formuliert Fragen an die künftige Wissenschaftskommunikation. Damit soll die Diskussion um Wissenschaft und ihre Kommunikation angeregt und bereichert werden.

Für viele Kommentare zu früheren Materialsammlungen und Textversionen danke ich der Journalistin Heidi Blattmann (Herrliberg/Schweiz), dem Journalisten und Facilitator Wolfgang C. Goede (München und Medellín/Kolumbien), der Daten- und Statistikexpertin Katharina Schüller (München) und der Partizipationsexpertin Maren Schüpphaus (München).

Holzkirchen   Marc-Denis Weitze
Sommer 2023

Inhaltsverzeichnis

1	**Einleitung**	1
1.1	Warum dieses Buch?	1
1.2	Was zuvor „undenkbar" war	4
1.3	Eine gespaltene Gesellschaft	6
1.4	Trotz Vorbereitungen unvorbereitet?	8
1.5	Kommunikation einer Viruspandemie – ein Szenario aus dem Jahr 2012	10
1.6	Eine kurze Geschichte der Corona-Pandemie in Deutschland	13
1.7	Sternstunde der Wissenschaft?	16
1.8	Das Kommunikationsdesaster	17
1.9	Nachdenken, Bilanzieren, Reflektieren	18
1.10	Buchvorschau	21
	Literatur	23

Teil I Wissenschaftskommunikation in der Coronakrise

2 Wissenschaft in der Krise 29
2.1 Aufmerksamkeit für die Wissenschaft 29
2.2 Kontroversen als Schlüssel zur Wissenschaft 30
2.3 Vollmundig und dünnhäutig? 33
Literatur 35

3 Zwischen Wissenschaft und Öffentlichkeit 37
3.1 Information und Dialog 38
3.2 Interessen und Werte 41
3.3 Dialog: Mehr als ein Schlagwort? 43
Literatur 46

4 Herausforderungen der Wissenschaftskommunikation 47
4.1 Vielfalt der Wissenschaftskommunikation 48
4.2 Zum Beispiel Biotechnologie 49
4.3 Zwischen Gemeinwohl und Eigeninteresse 55
4.4 Interessengeleitete Wissenschaftskommunikation 56
4.5 Große Versprechungen 59
4.6 Regeln für Wissenschaftskommunikation 61
Literatur 62

5 Randbedingungen der Wissenschaftskommunikation 65
5.1 Rezeption und Denkfehler 65
5.2 Deutungsrahmen und Beeinflussung 67
5.3 Plausibilität 69
5.4 Vertrauen 70

5.5	Einstellungen zu Wissenschaft und Technik	73
5.6	Akzeptanz	74
Literatur		76

6 Zwischen Zahlengläubigkeit und Datenchaos — 77
6.1	Die Vermessung der Welt	77
6.2	Inzidenzwerte	80
6.3	Sterblichkeit	85
6.4	Daten aus Modellen – und Folgerungen daraus	88
6.5	Suggestion von Wissenschaftlichkeit	92
Literatur		94

7 Risiko- und Gesundheitskommunikation — 97
7.1	Risiko – Konzepte und Einschätzungen	97
7.2	Funktionen und Formen der Risikokommunikation	99
7.3	Die Wiederentdeckung grundlegender Aspekte der Risiko- und Gesundheitskommunikation	101
Literatur		103

8 Wie breitet sich das Virus aus? — 105
8.1	Gescheiterte Nachverfolgung	106
8.2	Die Heinsberg-Studie	107
8.3	Die Corona-Warn-App	111
8.4	Viele Fragen, wenig Evidenz	113
Literatur		115

9 Übertragungswege und Masken — 117
9.1	Rückblende zum Maskentragen	118
9.2	Auf welche Weise wird das Corona-Virus übertragen?	120
9.3	Schützen Masken?	123
9.4	Maskenpflicht	124
9.5	Überhörte Aerosolforschung	127

9.6	Masken tragen: Eine „Stellungnahme" zweier Wissenschaftler	128
9.7	Wirksamkeit von Masken: Ein später Beitrag	129
9.8	Lüften und Luftreiniger	136
9.9	Zwischen Wissenschaft und gesundem Menschenverstand	138
Literatur		139

10 Impfen und Impfkampagne — 141

10.1	Ein Segen, aber kein Wunder	141
10.2	Drakonische Strafen für Impfgegner – vor 200 Jahren	142
10.3	Impfstoffeuphorie in Wissenschaft, Politik und Medien	143
10.4	Preise für Impfstoffentwickler	145
10.5	Wie gut wirken Impfungen?	146
10.6	„Impfdurchbrüche"	147
10.7	Kritische Meinungen zu Impfstoffen	149
10.8	Kontroversen ums Impfen	152
10.9	„Solidarität": Vom Miteinander zur Ausgrenzung	154
10.10	Zur Impfkampagne in den USA	156
10.11	Zwischen Aufklärung und Persuasion	158
10.12	Eine erfolgreiche Impfkampagne in Bremen	159
10.13	Für Aufklärung, gegen Überredung	160
Literatur		162

11 Der Podcast „Coronavirus-Update" — 165

11.1	Informationen aus erster Hand	165
11.2	Der öffentliche Wissenschaftler	169
11.3	Lob und Auszeichnungen	170
11.4	Medien und Kommunikation aus der Sicht eines Virologen	172
11.5	„Wissenschaftsleugnung"	174

11.6	Wissenschaft zum Staunen	176
Literatur		176

12 Der YouTube-Kanal „maiLab" — 179
12.1 Eine neue Art der Wissenschaftskommunikation? — 179
12.2 Beispiele aus dem YouTube-Kanal „maiLab" — 181
12.3 Verständnis von Wissenschaftskommunikation — 182
12.4 Lob und Auszeichnungen — 185
12.5 Die Weltverbesserin als Autoritätsperson — 188
Literatur — 190

13 Stellungnahmen aus der Wissenschaft – mit entgegengesetzten Aussagen — 191
13.1 Die Stimme der Wissenschaft? — 191
13.2 Die Great Barrington Erklärung — 192
13.3 Das John Snow Memorandum — 194
13.4 Weitere „Aufrufe" — 196
13.5 „Die" Wissenschaft als problematischer Absender — 198
13.6 Diffamierung von Wissenschaftlern — 200
Literatur — 202

14 Die Frage nach dem Ursprung des Virus — 203
14.1 Studie zum Ursprung der Coronavirus-Pandemie — 204
14.2 Reaktionen in Wissenschaft und Medien — 205
Literatur — 209

15 Zwischenbilanz zur Wissenschaftskommunikation — 211
15.1 Neue Akteure, alte Probleme — 211
15.2 Transparenz: Vorläufige Erkenntnisse statt unumstößlicher Fakten — 213

15.3	Pluralität statt „die" Wissenschaft	215
15.4	Dialog statt Moralisierung	216
Literatur		219

Teil II Politik und Medien in der Coronakrise

16 Corona-Maßnahmen der Politik: Ein scheinbarer Konsens — 223
- 16.1 Zusammen gegen Corona? — 223
- 16.2 Ausgrenzung von Bedenken und Kritik — 225
- 16.3 #allesdichtmachen — 227
- 16.4 Vertrauen in Politik? — 228
- Literatur — 230

17 Der Weg von der Wissenschaft zu den Corona-Maßnahmen — 231
- 17.1 Wissenschaft als Faktenlieferant? — 232
- 17.2 Politik: Mehr als Wissenschaft — 233
- 17.3 Abwägungen zwischen Freiheit und Gesundheit — 236
- 17.4 Vergleiche zur Abwägung — 239
- 17.5 Abwägung jenseits des Individuums — 241
- Literatur — 243

18 Wie Politik und Behörden kommunizieren — 245
- 18.1 Idealvorstellungen der Kommunikation politischer Entscheidungen — 245
- 18.2 Unsicherheit, Angst und Folgsamkeit — 247
- 18.3 Voraussetzungen der Gesundheitskommunikation — 250
- 18.4 Einzelne Kommunikationsbeispiele — 251
- 18.5 Die AHA+A+L-Kampagne — 253
- 18.6 Unübersichtliche Informationscontainer — 254
- Literatur — 256

19 Herausforderungen der wissenschaftsbasierten Politikberatung ... 259
19.1 Keine neuen Herausforderungen ... 259
19.2 Eine Person, mehrere Rollen ... 261
19.3 Wissen für Entscheidungsprozesse ... 262
Literatur ... 266

20 Empfehlungen des Deutschen Ethikrats ... 267
20.1 Ethische Konflikte um mögliche Nebenfolgen von Maßnahmen ... 268
20.2 Diskussionen zur Impfpflicht im Deutschen Ethikrat ... 270
Literatur ... 273

21 Stellungnahmen der Leopoldina ... 275
21.1 Eine abwägende Stellungnahme ... 275
21.2 Ein Sammelsurium von Vorschlägen und Forderungen ... 277
21.3 Politischer Aktivismus ... 280
21.4 Herrschaft der Experten? ... 284
21.5 Intransparenz und Paternalismus ... 287
Literatur ... 288

22 Zur Bewertung der Maßnahmen: Das Präventionsparadox ... 291
22.1 Bewertung der Wirksamkeit von Maßnahmen ... 291
22.2 Freiheitseinschränkungen zum Vorbeugen bzw. zum Verhindern ... 293
Literatur ... 295

23 Eine rückblickende Bewertung der Corona-Maßnahmen ... 297
23.1 Evaluation der Rechtsgrundlagen der Maßnahmen ... 298
23.2 Zum Lockdown ... 299
23.3 2G-/3G-Maßnahmen ... 301

23.4	Masken und Maskenpflicht	302
23.5	Mediale Wirkung des Berichts des Sachverständigenausschusses	304
Literatur		308

24 Zwischenbilanz zu Politik und Politikberatung — 309

24.1	Mangelnde Transparenz in Politik und Politikberatung	310
24.2	Mangelnde Distanz: Wissenschaft und Politik zu dicht beisammen	310
24.3	Statt Dialog und Pluralität: Polarisierung	312
Literatur		314

25 Journalisten und Medien in der Wissenschaftskommunikation — 315

25.1	Bedeutung der Medien	315
25.2	Wissenschaftsjournalismus	317
25.3	Konkurrenz um Aufmerksamkeit	321
Literatur		323

26 Corona kommt in die Medien — 325

26.1	Stimmen aus der Medienforschung	325
26.2	Frühe Probleme	328
26.3	Kein Wissenszuwachs?	329
26.4	Problemfelder des Journalismus in der Corona-Krise	331
26.5	Qualität der Berichterstattung	332
26.6	Themendominanz	333
26.7	Der Umgang mit Zahlen	336
26.8	Hofberichterstattung	339
26.9	Einseitige Berichterstattung und die Auswahl von Experten	340
26.10	„False Balance"	342

26.11	Fakten und Meinungen	344
Literatur		345

27 Zwischenbilanz zu Medien 349
Literatur 352

Teil III Nach der Krise, vor der Krise

28 Perspektiven der Wissenschaftskommunikation 355
28.1 Plädoyer für Hofnarren 355
28.2 Fragen der Perspektive 356
28.3 Und nun?! 357
Literatur 358

1

Einleitung

> Wie verhielten sich Wissenschaft und Wissenschaftskommunikation in der Corona-Krise? Es gab viele Erfolgsmeldungen – war das ein Siegeszug in der Krise?
> Was lief gut, was lief schlecht, und wer bewertet das? Und welche Wirkungen hatte die Kommunikation auf die Gesellschaft?
> Es liegen unterschiedliche Einschätzungen vor, die hier skizziert werden und Ausgangspunkt für eine (Zwischen)Bilanz sind.

1.1 Warum dieses Buch?

Hier geht es nicht darum, wie viele Todesfälle durch die Corona-Maßnahmen verhindert wurden und welche gesamtgesellschaftlichen Schäden entstanden sind – obwohl dies alles natürlich höchst relevante Fragen sind.

Es geht vielmehr um die Art und Weise, wie Wissenschaft kommuniziert hat und wie Wissenschaft kommuniziert wurde – insbesondere auf den offiziellen Kanälen, von der Politik, von den Institutionen der Wissenschaft und ihren Mitgliedern und in den Medien.

Es liegen bereits mehrere Synthesepapiere zur Corona-Krise aus Sicht der Wissenschaft vor – etwa vom Wissenschaftsrat (2021), dem Deutschen Ethikrat (2022), einer Evaluationskommission (Sachverständigenausschuss 2022). Zudem eine zunehmende Anzahl von Einzelanalysen zu Wissenschaft (vgl. Teil I), Politik(beratung) (vgl. Kap. 17) und Medien (vgl. Kap. 26) in der Corona-Krise. Diese werden in den Folgekapiteln gemeinsam mit Beispielen zusammengetragen und sollen eine kritische Reflexion zur Corona-Kommunikation anstoßen.

Die Fragestellungen und Antworten sind dabei weit über die Fachkreise der Wissenschaftskommunikation hinaus von Bedeutung. Denn nur wenn die Wissenschaft es schafft, ihren jeweils aktuellen Stand des Wissens und Nichtwissens adäquat zu kommunizieren, kann sie die Rolle für die Gesellschaft spielen, die sie beansprucht und zu erfüllen hat. Und unter Wissenschaft sind bei Corona nicht nur Virologie und Medizin zu verstehen, sondern auch Gesellschafts-, Verhaltens- und Sozialwissenschaften.

Die Kommunikation in der Corona-Krise zeigt, wie wichtig eine evidenzbasierte Weiterentwicklung der Wissenschaftskommunikation ist. Eine Gruppe der US-amerikanischen Akademien formuliert es so (Scheufele et al. 2021, S. 1):

> „COVID-19 illustrates powerfully why building a practitioner-relevant evidence-base for communicating about science and its public impacts is both more urgent and more complicated than ever."

1 Einleitung

Die hier versammelten Fallbeispiele zeigen exemplarisch Argumentationen und Kommunikationsstile auf. Dabei nimmt Kritik einen viel größeren Anteil ein als Lob, weil ja gerade die reparaturbedürftigen Zonen der Wissenschaftskommunikation im Blickpunkt stehen. Der Publizist Timo Rieg hat es für den Journalismus wie folgt formuliert (2020, S. 159):

> „Mit der Leistung der Branche wird sich die Journalistik sicherlich noch intensiv beschäftigen, und wie es sich für journalistische Klempner gehört, wird es sinnvoll sein, sich der tropfenden, klemmenden, verkalkten Wasserhähne anzunehmen anstatt der akkuraten."

Diese Bestandsaufnahme der Corona-Kommunikation kann (trotz der zahlreichen Quellen und Zitate) in keiner Weise vollständig sein – es fehlen z. B. Abschnitte zu Datenjournalismus oder Faktencheckern, Betrachtungen zu Themen wie Beschaffung und Finanzierung der Impfstoffe, zur Entwicklung von Tests und Medikamenten, zu Long-Covid-Spekulationen sowie lokaler Kommunikation mit Hinweisschildern und Gästelisten und schließlich internationale Vergleiche. Abgesehen von den Auslassungen gibt es ohnehin keine neutrale Auswahl: Jeder Autor, schon gar bei einem so aktuellen Thema, nimmt anders wahr, gewichtet anders und fokussiert sich auf andere Aspekte. Abschließend kann die Bestandsaufnahme sowieso nicht sein. Andere Autoren werden noch weitere Beispiele und Themen in die Diskussion bringen – für eine umfassendere Bilanzierung und Reflexion.

Tatsächlich zeigen sich in der hier vorliegenden Analyse ähnliche Probleme und Herausforderungen der Wissenschaftskommunikation in Wissenschaft, Politik und Medien – die zum großen Teil keineswegs neu waren.

Das Buch ist eine Einladung, den tieferen Gründen für die Kommunikation in der Krise nachzuspüren. Ein Plädoyer gegen unantastbare Wahrheiten, Meinungshomogenisierung und Ausgrenzung. Für Transparenz, Pluralität und Dialog in Wissenschaft und Kommunikation.

1.2 Was zuvor „undenkbar" war

Eine Pandemie im 21. Jahrhundert war keineswegs undenkbar. Undenkbar aber waren für viele von uns die Reaktionen in Wissenschaft, Politik und Medien – und die Folgen für die Gesellschaft. Undenkbar waren die Corona-Maßnahmen, deren Zustandekommen und die fehlende Diskussion dazu in Wissenschaft, Medien und Politik.

Zur Erinnerung ein paar Schlaglichter (Strohschneider 2020, S. 107):

> „Versammlungen, Sport- und Kulturveranstaltungen, oder Messen wurden verboten, Bildungs- und Kultureinrichtungen geschlossen. Es galten massive Ausgangsbeschränkungen, Besuchsverbote für Krankenhäuser und Altenheime sowie Verhaltensmaßregeln bis hin zu einer Verpflichtung auf physische Mindestabstände."

Es gab absurde Entwicklungen (Pürner 2021, S. 163):

> „Kinder sollten während des Sports Masken tragen. Während des Unterrichts und trotz Masken wurden die Räume teilweise dauergelüftet, sodass die Kinder und Lehrkräfte mit Jacken und Mützen Unterricht hatten. In den Pausen mussten Kinder auf ihren Plätzen sitzenbleiben und durften nicht in den Pausenhof, um sich zu bewegen."

Und (Kubicki 2021, S. 42):

„Im weiteren Verlauf der Pandemie wurden private Kontakte immer mehr in einen halbkriminellen Bereich gedrängt. Wer mit seinem Partner im Park unterwegs war, durfte zum Teil nicht einmal mehr stehen bleiben, wenn ein befreundetes Paar den Weg kreuzte. Man musste immer damit rechnen, dass die Behörden selbst bei harmlosen Begebenheiten einschritten. In München waren Polizeibeamte mit einem Zollstock im Park unterwegs, um das 1,5-Meter-Abstandsgebot zu kontrollieren."

Der Journalist Heribert Prantl (2022, S. 43) fasste das alles zusammen:

„Maßnahmen, die eigentlich Irrsinn sind, galten und gelten, wenn es um Corona-Prävention geht, als sinnhaft, als geboten, als alternativlos, als absolut notwendig, als noch lang nicht ausreichend."

Viele rieben sich verwundert die Augen und fragten sich (Pürner, S. 163):

„Wo waren die Sportlehrkräfte, die den Kindern zeigten, wie wichtig Bewegung ist? Wo waren die Biologielehrer, die eine realistische Einschätzung eines respiratorischen Virus lehrten und auch aufzeigten, wie gut das Immunsystem des menschlichen Körpers funktioniert? Wo waren die Ethik- und Sozialkundelehrer, die über Demokratie und Kritik unterrichteten?"

Und weiter musste man feststellen (Guerot 2022, S. 37):

„Die Universitäten … haben als Stätten des kritischen Denkens, der Einordnung des Zeitgeschehens und der Moderation eines gesellschaftlichen Diskurses nicht funktioniert."

Dabei wurde „zu Corona" zwar reichlich geforscht und geschrieben. Aber wo waren die Geistes- und Sozialwissenschaften, die mitunter als Reflexionswissenschaften verstanden werden? Zumindest in den ersten beiden Jahren der Pandemie waren sie sehr still, angesichts einer globalen Krise mit beispiellosen gesellschaftlichen Verwerfungen. Die kritischen Bücher zu Corona „stammen fast unisono von Personen, die nicht in einem universitären Subsystem verfangen waren" (Guerot 2022, S. 38).

1.3 Eine gespaltene Gesellschaft

Was war mit der Gesellschaft geschehen? Man war entweder „für" oder „gegen" die Maßnahmen der Regierungen. Heribert Prantl hat eine „wachsende Unfähigkeit, Andersdenkende verstehen zu wollen und verstehen zu können" beobachtet (Prantl 2022, S. 43). Demokratische Prinzipien, wie z. B. der offene Streit von Interessengruppen um die beste Lösung, und journalistische Grundregeln, wie z. B. Misstrauen, Distanz und Augenmaß (vgl. Abschn. 25.2), schienen – ausgerechnet in der größten Krise – keine Gültigkeit mehr zu haben.

Die Öffentlichkeit erlebte (Weitze et al. 2021, S. 264 f.),

> „wie Politiker und Journalisten pauschal Menschen verunglimpften, die gegen die gegenwärtige Politik demonstrierten. Und die Macher von ‚Die Anstalt' (Sendung vom 02.06.2020) gefielen sich in einer Verhöhnung der ‚Covidioten', kamen gar nicht auf die Idee, dass die improvisierten Corona-Maßnahmen selbst längst unendlich viel kabarettistischen Stoff liefern."

1 Einleitung

Auf frappierende Weise hat sich gezeigt, so Journalismus-Forscher Stephan Russ-Mohl (2020, S. 450 f.),

> „wie groß die obrigkeitsstaatlichen Sehnsüchte vieler geblieben sind, der Wunsch und die Hoffnung, ein allwissender Nanny-Staat könnte im Zusammenspiel mit ‚der Wissenschaft' der Unvernunft Riegel vorschieben und ‚vernünftiger' entscheiden als jeder Einzelne von uns zu seinem eigenen Schutz."

Bevor man sich zum Thema Corona äußerte, musste man sich zunächst exkulpieren („bin mehrfach geimpft", „bewundere die Arbeit der Journalisten, Pflegepersonal, …", „kenne einen Corona-Todesfall"), wurde als Kritiker dennoch ganz schnell etikettiert („Corona-Leugner"), und Kritik wurde dünnhäutig abgeschmettert (Wyss 2020). Man musste sich entschuldigen für „Beifall von der falschen Seite". Und man muss feststellen (Guerot 2022, S. 36):

> „Sprecher und Argument wurden über lange Strecken in Deutschland nicht mehr getrennt (eigentlich das kleine Einmaleins des ‚herrschaftsfreien Diskurses' von Jürgen Habermas)."

Die ganze Entwicklung hat auch dazu geführt, dass jetzt nur noch weniger als die Hälfte der Deutschen glaubt, dass man seine Meinung frei äußern kann (Petersen 2021) (Abb. 1.1):

> „Bereits seit einiger Zeit zeigt sich in den Umfragen des Allensbacher Instituts, dass das Freiheitsgefühl der Bürger rückläufig ist. Seit dem Jahr 1953 wurde immer wieder die Frage gestellt ‚Haben Sie das Gefühl, dass man heute in Deutschland seine politische Meinung frei sagen kann,

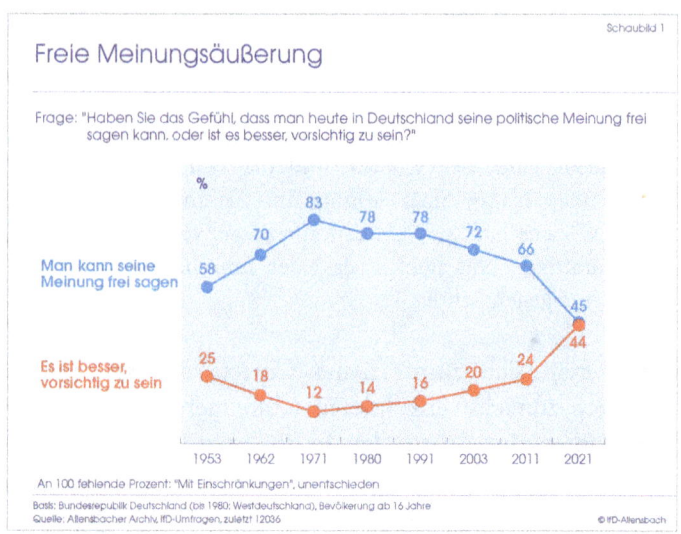

Abb. 1.1 Einschätzungen zur freien Meinungsäußerung. (Institut für Demoskopie Allensbach GmbH)

oder ist es besser, vorsichtig zu sein?' Stets antwortete eine klare Mehrheit, sie glaubte, man könne seine Meinung frei äußern. Von den sechziger Jahren bis ins vergangene Jahrzehnt hinein vertraten regelmäßig mehr als zwei Drittel der Befragten diese Ansicht, seitdem aber haben sich die Antworten dramatisch verändert. Im Juni 2021 sagten gerade noch 45 Prozent, man könne seine Meinung frei sagen, praktisch gleich viele, 44 Prozent, widersprachen."

1.4 Trotz Vorbereitungen unvorbereitet?

Tests, einen Impfstoff oder ein Medikament zu Covid-19 hatte es noch nicht gegeben und mussten entwickelt werden. Aber eine Pandemie an sich war nichts Neues:

Deutschland hatte in den letzten Jahrzehnten bereits zwei Pandemien erlebt: 1957 starben 30.000 Menschen in Deutschland an der „Asiatischen Grippe", im Winter 1969/70 gab es 130.000 Tote in Deutschland durch die „Hongkong-Grippe". Die Journalisten Katja Gloger und Georg Mascolo (Gloger und Mascolo 2021, S. 105) berichten aus Archivaufzeichnungen zur Hongkong-Grippe:

> „Schulen waren weitgehend geschlossen, die Industrieproduktion brach dramatisch ein. In Berlin lagen zeitweilig 1500 Särge in den […] Kliniken sowie in einem Tunnel der Verkehrsbetriebe – die Bestatter kamen mit Beerdigungen nicht mehr hinterher."

Auch hatte es eine Coronavirus-Pandemie schon früher gegeben: 2002/2003

> „sprang in Südchina ein Virus von einem Wildtier auf den Menschen über. Der Ursprung waren wahrscheinlich Fledermäuse, die andere, dem Menschen nahe Säugetiere angesteckt hatten. Sars-CoV breitete sich damals in 25 Staaten aus. Etwa 8000 Menschen infizierten sich nachweislich, ungefähr zehn Prozent davon starben" (Merlot 2020).

Der Mediziner Friedrich Pürner weist darauf hin, dass frühere Pandemien „ausreichend Grund zum Entwerfen einer längerfristigen Strategie" hätten geben können (Pürner 2021, S. 60):

> „Die Vogelgrippe von 2004 folgte der SARS-Pandemie von 2002/03. Die sogenannte Schweinegrippe 2009/10 brachte bereits ziemliche Aufregung in das Gesundheitssystem und in den Öffentlichen Gesundheitsdienst. Von 2014 bis 2016 erschütterte eine Ebolafieber-Epidemie

in Westafrika die ganze Welt. Bilder von Leichenbergen gingen um den Globus, und man fragte sich, wann wohl der erste Ebola-Fall in Deutschland eintreten würde. Nach Ebola brachte der Winter 2017/18 eine heftige Influenza zu uns. Hochgerechnet verstarben etwa 25.000 Menschen in Deutschland daran."

Dazu erläutert der damalige Gesundheitsminister (Spahn 2022, S. 88), dass die Pandemiepläne tatsächlich in der Schublade lagen und dort geblieben sind:

„Die Pläne wurden … nie geübt und wenig ernst genommen. Mangels praktischer Übung wusste niemand, ob die Pläne im Ernstfall wirklich etwas taugten und umsetzbar wären."

Die Pandemiepläne für eine solche Situation, in der viele der ergriffenen Maßnahmen vorgezeichnet waren, wurden von Wissenschaftlern, Politikern oder Journalisten kaum erwähnt.

1.5 Kommunikation einer Viruspandemie – ein Szenario aus dem Jahr 2012

Die Pandemie 2002/2003 war immerhin Grundlage für eine Risikoanalyse „Pandemie durch Virus ‚Modi-SARS'" im Jahr 2012. Dem Szenario zufolge (Deutscher Bundestag 2013, S. 5) wären knapp ein Jahr nach der Einreise der ersten beiden Infizierten 6 Mio. Deutsche erkrankt. Erst 3 Jahre nach dem Ausbruch stünde ein Impfstoff zur Verfügung. Das deutsche Gesundheitssystem wäre den Herausforderungen nicht gewachsen.

In der Risikoanalyse werden recht präzise die Herausforderungen der Kommunikation beschrieben (Deutscher Bundestag 2013, S. 67 f.):

„Zwischen der Kenntnisnahme des Erregers durch die deutschen Behörden und der Verbreitung erster Information durch die Medien liegen ca. 24 Std. Es ist von einer vielstimmigen Bewertung des Ereignisses auszugehen, die nicht widerspruchsfrei ist. Dementsprechend ist mit Verunsicherung der Bevölkerung zu rechnen. Zusätzlich ist ein (mehr oder minder qualifizierter) Austausch über neue Medien (z. B. Facebook, Twitter) zu erwarten. Das Ereignis erfordert die Erstellung von Informationsmaterial, das laufend an die Lage angepasst werden muss und das über unterschiedliche Medien (z. B. Printmedien, Fernsehen, Social Media) an die Bevölkerung gegeben wird. In der Anfangsphase werden das Auftreten der Erkrankung und die damit verbundenen Unsicherheiten kommuniziert (z. B. unbekannter Erreger, Ausmaß, Herkunft, Gefährlichkeit nicht genau zu beschreiben, Gegenmaßnahmen nur allgemein zu formulieren). Neue Erkenntnisse werden jeweils zeitnah weitergegeben. Es wird darauf geachtet, dass den Fragen und Ängsten der Bevölkerung adäquat begegnet wird. Es ist anzunehmen, dass die Krisenkommunikation nicht durchgängig angemessen gut gelingt. So können beispielsweise widersprüchliche Aussagen von verschiedenen Behörden/Autoritäten die Vertrauensbildung und Umsetzung der erforderlichen Maßnahmen erschweren. Nur wenn die Bevölkerung von der Sinnhaftigkeit von Maßnahmen (z. B. Quarantäne) überzeugt ist, werden sich diese umsetzen lassen."

Folgende „Politische Auswirkungen" sind abzusehen (ebd., S. 80):

„Es ist von einem hohen öffentlichen Interesse während der gesamten Lage auszugehen. Der Ruf nach einem schnellen und effektiven Handeln der Behörden wird früh zu vernehmen sein. Die Suche nach ‚Schuldigen' und die Frage, ob die Vorbereitungen auf das Ereignis ausreichend waren, dürften noch während der ersten Infektionswelle aufkommen. Ob es zu Rücktrittsforderungen oder sonstigen schweren politischen Auswirkungen kommt, hängt auch vom Krisenmanagement und der Krisenkommunikation der Verantwortlichen ab."

Also hat es durchaus einige Überlegungen zu Pandemieszenarien gegeben. Die Journalisten Katja Gloger und Georg Mascolo schreiben sogar: „Selten waren die Vorhersagen zutreffender und die Pläne ausgefeilter, wie man einer biologischen Bedrohung früh und entschieden entgegentreten kann. Mahner mahnten und Warner warnten, beharrlich, jahrelang" (Gloger und Mascolo 2021, S. 97). Aber anscheinend nicht laut genug. In der öffentlichen Diskussion hörte man nichts davon. Dort dominierte die Rede von einer völlig neuartigen Situation.

Die meisten verloren den Überblick und ließen sich überwältigen durch die Pandemie. Besonnene Stimmen, die reflektierten und abwägten, waren kaum hörbar oder wurden überhört.

Haben wir es hier mit einem grundsätzlichen Problem in unserer Gesellschaft zu tun? Keine Zeit für Reflexion und keine Gelegenheit für längerfristige Überlegungen in der Demokratie? Bürokratische Überfrachtung in Deutschland, Segmentierung in Föderalismus? Überbietungswettbewerb der Medien um Schlagzeilen und Clickbating, statt eigenständiger Recherchen und Kritik?

Und in Wissenschaft und Medizin dominiert das Tagesgeschäft, also Projekte und das Einwerben von Forschungsmitteln – auch in der Pandemie. Man passt sich dabei auch den Erwartungen der Medien und Politik an.

1.6 Eine kurze Geschichte der Corona-Pandemie in Deutschland

Der Deutsche Ethikrat hat einen prägnanten Kurzüberblick über die ersten beiden Jahre der Corona-Pandemie in Deutschland geliefert, der hier zur Übersicht wiedergegeben wird (Deutscher Ethikrat 2022, 8–10, Punkte 6 bis 10):

(6) Mangelndes Wissen über den neuen Krankheitserreger und über die Dynamik der Corona-Krise verursachten in der anfänglichen Alarm-Phase Angst und Sorge in der Bevölkerung und bei Politikern. Viele verfolgten täglich Statistiken über Inzidenzen, Todesfälle, den Reproduktionsfaktor sowie die Auslastung von Krankenhäusern und Intensivstationen. Die in dieser Phase ergriffenen Maßnahmen wurden zwar intensiv diskutiert und hinterfragt, erfuhren aber hohe Unterstützung und wurden auch vom Deutschen Ethikrat als insgesamt gerechtfertigt eingestuft.

(7) Unmittelbar nachdem der Bundestag mit Beschluss vom 25. März 2020 eine „epidemische Lage von nationaler Tragweite" festgestellt hatte, wurden umfangreiche Kontakt- und Einreisebeschränkungen sowie die Schließung zahlreicher Geschäfte und öffentlicher Einrichtungen wie Kitas, (Hoch-)Schulen und religiöser Versammlungsstätten verfügt. Begleitend wurden sogenannte Basisschutzmaßnahmen eingeführt, die das Abstandhalten zu Mitmenschen, das Händewaschen und die Hygiene beim Husten und Niesen sowie das Tragen von Schutzmasken kombinieren. Später wurden diese ergänzt durch Empfehlungen zum Lüften und (nach ihrer Einführung im Juni 2020) zur Nutzung der Corona-Warn-App („AHA+L+A-Formel").

(8) Nach einer Phase mit niedrigen Inzidenzen im Sommer 2020 entwickelte sich ab Oktober 2020 eine

zweite Welle, die im Dezember 2020 ihren Scheitelpunkt erreichte. Erneut wurden Kontaktbeschränkungen sowie Schließungen im Bildungs-, Kultur- und Sportbereich sowie im Einzelhandel und in der Gastronomie verhängt. Rund um den Jahreswechsel erfolgte die Zulassung der ersten Impfstoffe in der Europäischen Union und die Impfkampagne begann. In den ersten Monaten des Jahres 2021 ging der Inzidenzwert zunächst zurück, aber bereits Anfang März baute sich die dritte Welle auf – unter anderem infolge der schnellen Ausbreitung der Alpha-Virusvariante B.1.1.7.

(9) Die dritte Welle lief im April 2021 aus und während des Sommers blieben die Infektionszahlen stabil niedrig. Nach der Aufhebung der Impfpriorisierung im Juni konnten sich zwar alle Menschen impfen lassen, die dies wollten. Weil die Impfquote jedoch hinter den Erwartungen zurückblieb, häuften sich Warnungen vor einer „vierten Welle", die Deutschland in den Wintermonaten treffen könnte. Am 22. Oktober 2021 erreichte die 7-Tage-Inzidenz die Hundertermarke, stieg dann innerhalb von einem Monat weiter auf über 400 an und übertraf dabei den vorherigen im Dezember 2020 verzeichneten Höchstwert um mehr als das Doppelte.

(10) Parallel zum Anlaufen der Booster-Impfkampagne wurde Ende November 2021 eine 3G-Regel im öffentlichen Personennahverkehr und am Arbeitsplatz verordnet, wonach jederzeit entweder ein Impf- bzw. Genesenennachweis oder die aktuelle Bescheinigung eines negativen Coronatests (Antigen- bzw. Schnelltest) vorgewiesen werden können muss. In vielen anderen Bereichen des öffentlichen Lebens wurden sogar 2G-Regeln eingeführt, sodass Ungeimpfte zu diversen Freizeitaktivitäten und Dienstleistungen keinen Zugang mehr hatten. Trotz dieser und aller anderen Maßnahmen, schloss sich an die vierte unmittelbar die fünfte Pandemiewelle an. Der Hauptgrund hierfür war das Auftreten einer

neuen, sehr viel ansteckenderen, Omikron genannten Virusvariante, die Anfang Januar 2022 dominant wurde. Die COVID-19-Fallzahlen erlangten zum Zeitpunkt der Fertigstellung dieser Stellungnahme Ende Januar 2022 immer neue Höchstwerte, wobei die Omikron-Variante im Schnitt mildere Krankheitsverläufe zeigt. In der Folge wird verstärkt diskutiert, welche Pandemieschutzmaßnahmen (noch) angemessen sind.

Der Sozialwissenschaftler Ortwin Renn unterscheidet 4 Phasen der sozialen und politischen Auseinandersetzung mit der Pandemie in den Jahren 2020–2022 (Renn 2023, S. 168–170):

1. *Phase der kompromisslosen Ausrichtung der Politik auf Infektionsschutz.* Fachleute aus Virologie und Epidemiologie beherrschten die Diskussion und bestimmten die Maßnahmen.
2. *Phase der multi-dimensionalen Abwägung zwischen dem Ziel des Infektionsschutzes und anderen als zentral angesehenen Zielen.* Beginnend mit dem Herbst 2020 und bis zum Einsetzen der Impfungen Anfang 2021 wurden auch Nebenwirkungen und Kollateralschäden der Corona-Politik diskutiert. Diese Debatte wurde begleitet durch ein sinkendes Vertrauen in die Problemlösungskompetenz der Politik.
3. *Phase der Moralisierung der Debatte:* Ab dem Frühjahr 2021 dominierte die Debatte um das Impfen. Gegensätzliche Positionen polarisierten sich und es entstand spätestens jetzt eine starke politische Protestbewegung.
4. *Phase der Rekalibrierung der Normalität:* Es setzte Anfang 2022 ein Gewöhnungseffekt ein, so wie es für den Verlauf einer Krise charakteristisch ist. Neue wichtige Themen kamen (wieder) auf die Agenda.

1.7 Sternstunde der Wissenschaft?

Zu Beginn der Pandemie wurden Wissenschaft und Kommunikation von vielen Seiten gelobt. Virologen haben den Krankheitserreger rasch identifiziert, erste Tests wurden entwickelt, Wissenschaftler haben Impfstoffe in „Rekordzeit" – wie immer wieder betont wurde – geliefert. Virologen, später auch andere Wissenschaftler haben Politik, Öffentlichkeit und Medien ausführlich informiert. Damals konnte man noch sagen: „Die Corona-Krise ist eine Sternstunde der Wissenschaft" (Bogner 2020, S. 9).

Das generelle Vertrauen in Wissenschaft und Forschung sei vor dem Hintergrund der Corona-Pandemie deutlich gestiegen, stellte das „Wissenschaftsbarometer" im April 2020 fest (Wissenschaft im Dialog 2020). Und Mitte 2020 lobte die damalige Forschungsministerin „Wir alle haben der Wissenschaft in dieser Krise schon jetzt viel zu verdanken" (Wissenschaft kommuniziert 2020) und erkannte eine dadurch gesteigerte Wertschätzung von wissenschaftlicher Forschung und Expertise.

Wissenschaftskommunikatoren wie Christian Drosten und Mai Thi Nguyen-Kim wurden im Verlauf der Krise mit Preisen überschüttet (siehe Abschn. 11.2 und 12.3). Und die Politik freute sich: „Es schlägt die Stunde der Wissenschafts-Erklärer" (Rossmann und Kaufmann 2020). Viele Wissenschaftskommunikatoren waren sich im Sommer 2020 einig: „Die Corona-Pandemie ist weder eine Krise der Wissenschaft noch der Wissenschaftskommunikation" (Siggener Kreis 2020, S. 2).

„Vorbild für künftige Debattenkultur" titelte das Wissenschaftsmagazin DUZ im Herbst 2020. Marcus Beiner (ein Wissenschaftsmanager) beschreibt darin, dass „die Unsicherheit wissenschaftlichen Wissens, seine Revidierbarkeit und seine Neigung, aus jeder vorsichtigen Antwort wieder Dutzende neue Fragen zu entwickeln, in aller Öffentlichkeit akzeptiert" wurde (Beiner 2020). Sehr positiv schreibt (zunächst) auch der Wissenschaftsrat (2021, S. 5):

„Wissenschaft hat vielfach die Basis geschaffen, um der Pandemie und ihren weltweiten Folgen begegnen zu können. Für große Teile der Bevölkerung ist deutlich geworden, welche zentrale Rolle Wissenschaft bei der Bewältigung der Pandemie spielt und welche weiteren wissenschaftlichen Anstrengungen hierzu vonnöten sind."

Haben sich Wissenschaft und Wissenschaftskommunikation in der Corona-Krise also bestens bewährt? Wissenschaft hat geliefert, das Vertrauen wuchs, die Medien haben informiert, Politik und Demokratie funktioniert? Es mochte damals für viele vorübergehend den Anschein gehabt haben.

1.8 Das Kommunikationsdesaster

Der Journalist Hans-Jürgen Jakobs zieht im Handelsblatt im Frühjahr 2021 jedoch eine viel pessimistischere Zwischenbilanz (Jakobs 2021): Die „Debattenkultur befindet sich im Ausnahmezustand", die „Spaltung der Gesellschaft ist vorangetrieben" und „Widerspruch scheint Luxus geworden zu sein", so schreibt Jakobs. Im Herbst 2021 thematisierte der Deutschlandfunk „Die Krise der politischen Kommunikation" (Deutschlandfunk 2021). Diese Krise komme zum Ausdruck in widersprüchlicher Kommunikation der Politik. Auch sei die Rolle der Medien problematisch, weil sie gegenwartsfixiert seien – wobei die Pandemie vorausschauendes Handeln und langfristiges Denken erfordere. Im Frühjahr 2022 stellt die Süddeutsche Zeitung unumwunden fest „Immer wieder wird die schlechte Kommunikation in der Corona-Krise beklagt" (Schroeder 2022) und ZEIT online beschreibt schließlich „Ein kommunikatives Desaster" (Schöps 2022).

Haben die Menschen in Deutschland zu Beginn der Pandemie die Krisenbewältigung noch positiv gesehen, zeigte eine Befragung im Dezember 2021 (More in Common 2022, S. 3):

> „Die Unzufriedenheit mit der Krisenleistung hat … in Deutschland stärker als andernorts zugenommen, nämlich [seit 2020] um ganze 23 Prozentpunkte: 55 Prozent zeigen sich mittlerweile vom Land ‚enttäuscht'.

1.9 Nachdenken, Bilanzieren, Reflektieren

Vor dem Hintergrund der Erfahrungen mit Kommunikation in der Corona-Krise hat der Journalist Heribert Prantl (2022, S. 45) bemerkt:

> „Wir brauchen eine große Phase des Nachdenkens und der Reflexion. … Wir alle müssen darüber nachdenken, was wir falsch und was wir richtig gemacht haben, darüber, was richtig und sinnvoll war. … Dazu brauchen wir in einer gespaltenen Gesellschaft eine offene und respektvolle Diskussion, in der wir immer wieder die Möglichkeit in Betracht ziehen sollten, dass auch der Andersdenkende recht haben könnte."

Und er betont (ebd., S. 49):

> „Nicht nur die Bekämpfung des Virus ist das Ziel. Auch der Weg dahin ist das Ziel – nämlich dabei die Gesundheit der Demokratie und den gesellschaftlichen Ausgleich zu bewahren."

Auch ein im Umfeld des BMBF entstandenes Papier deutet an, dass einiges schief gelaufen ist in der Corona-Kommunikation und nun Fragen zur Qualität der Wissenschaftskommunikation aufzuarbeiten sind (Bundesministerium für Bildung und Forschung 2021, S. 47):

„Eine Weiterentwicklung der bestehenden Leitlinien, die auch die jüngsten Lehren aus der Krisenkommunikation in der COVID-19-Pandemie berücksichtigt, hat erst in Ansätzen stattgefunden."

Und der Ethikrat (Deutscher Ethikrat 2022, S. 241 f.) fordert, durchaus offensiver:

„[Es bedarf] einer kritischen Aufarbeitung der Krisenbewältigung, um persönliches Fehlverhalten, systemische Fehlstellen, dysfunktionale Organisationsformen und/ oder ungeeignete Verfahren offenzulegen und Korrekturen zu ermöglichen. … Das betrifft zunächst und vor allem den Bereich der Politik, aber beispielsweise auch Wissenschaften, Medien und Politikberatung."

Diese Phase der kritischen Aufarbeitung kommt nun, mehr als 3 Jahre nach Beginn der Corona-Krise, in Fahrt. Kommt nun auch die Stunde der Besserwisser? Billige Kritik im Nachhinein, weil: Hinterher ist man immer schlauer? Das allein würde wenig nützen. Vielmehr wäre das Ziel einer Bilanz und Reflexion, Ideen zu entwickeln zur Gestaltung und für konstruktive Änderungen.

Bemerkenswert ist folgende Beobachtung: Ideen, Leitfäden und Handreichungen, die man in der Krise gebraucht hätte – sie lagen schon vor der Corona-Krise vor. Die Herausforderungen der Risiko- und Wissenschaftskommunikation waren keinesfalls neu. Nur hat man die Erkenntnisse nicht beachtet und genutzt. Viele in

Wissenschaft, Politik und Medien sind dagegen teilweise zurückgefallen in überkommene Kommunikationsmuster. Es wäre ein Gewinn gewesen, wenn vorhandene Expertise gefunden und genutzt worden wäre.

Der frühere Gesundheitsminister Jens Spahn formulierte bereits im Frühjahr 2020 (Deutscher Bundestag 2020, S. 19211),

> „dass wir … einander in ein paar Monaten wahrscheinlich viel werden verzeihen müssen, weil noch nie … in der Geschichte der Bundesrepublik und vielleicht auch darüber hinaus in so kurzer Zeit unter solchen Umständen mit dem Wissen, das verfügbar ist, und mit all den Unwägbarkeiten, die da sind, so tiefgreifende Entscheidungen haben getroffen werden müssen; das hat es so noch nicht gegeben. Ich bin immer ganz neidisch auf diejenigen, die schon immer alles gewusst haben."

Gestand er damit als einer der ersten Entscheidungsträger ein, dass einiges falsch lief? Oder wollte er mögliche Kritik im Voraus abstellen? Meinte er selbstkritisch einzelne Maßnahmen – oder die generelle Corona-Politik und deren kommunikative Begleitung? Spahn (2022, S. 248) stellte klar, dass das keineswegs heißen sollte

> „Schwamm drüber, vergessen, verdrängen oder herunterspielen. Sondern: Aufarbeiten, Schlüsse ziehen, daraus lernen und mit Empathie einander begegnen."

In Wissenschaft, Politik und Medien wurden fundamentale Fehler begangen, die nun benannt und aufgearbeitet werden müssen.

Auch damit die Art der Wissenschaftskommunikation, die wir in der Pandemie erlebt haben, nicht zur neuen Normalität wird.

1.10 Buchvorschau

Zunächst wird im folgenden Buchkapitel daran erinnert, dass Wissenschaft keine Wahrheit(en) produziert, Wissenschaftler keine Wahrheitsverkünder sind. Vielmehr sind Kontroversen und Dissens normal und unentbehrlich für Wissenschaft – auch in der Kommunikation. (Selbst) Kritik und Skepsis sind wesentliche Elemente der Wissenschaft (Kap. 2).

Eine Darstellung zu Formen der Wissenschaftskommunikation schließt sich an (Kap. 3, 4 und 5). Pointiert könnte man sagen, dass in der Corona-Krise jeder zum Wissenschaftskommunikator geworden ist, der sich zu Corona-Wissenschaft austauschte. Allerdings werden im Folgenden hauptsächlich die offiziellen Kanäle der Kommunikation von Wissenschaft, Politik und Medien betrachtet.

So unterschiedlich die Themen, Formate und Akteure der Corona-Kommunikation sind (Kap. 6 bis 15), so auffällig sind die hier versammelten Problemfelder: Pluralität wird nicht sichtbar, Dialog findet kaum statt, vorhandene Leitlinien und Maßstäbe der Wissenschaftskommunikation werden nicht genutzt. Es wird viel versprochen und behauptet, Unsicherheiten und Korrekturen werden nicht zugegeben. Selbst bei vermeintlich „einfachen" Fragen (etwa zum Nutzen von Masken oder Lufreinigern) kommt die Wissenschaft verspätet mit Ergebnissen – oder scheitert an einer Klärung. Teilweise wird mit Zahlen und Diagrammen „Wissenschaftlichkeit" vorgetäuscht – wo doch nur eine eingeschränkte Perspektive besteht, die nicht über den gesunden Menschenverstand hinausgeht.

Was vorübergehend in Politik und Medien als ein Konsens zu den Corona-Maßnahmen erschien, stellte sich in vielen Fällen als Produkt einseitiger Darstellungen heraus, als gezielte Ausgrenzung von Bedenken und Kritik (Kap. 16). Angebliche „wissenschaftliche Fakten" wurden verbreitet und daraus „alternativlos" Empfehlungen und Maßnahmen abgeleitet. Eine Abwägung oder Transparenz, welche Interessen und Werte in die Entscheidungen einfließen, gab es praktisch nicht (Kap. 17). Politik und Behörden kommunizierten teilweise auf der Basis von Angstmache, jedoch ohne grundlegende Prinzipien etwa der Gesundheitskommunikation und Verständlichkeit zu berücksichtigen (Kap. 18). Auf Grundlage einer Darstellung von Herausforderungen und Möglichkeiten wissenschaftsbasierter Politikberatung (Kap. 19) werden Beispiele aus dem Deutschen Ethikrat (Kap. 20), der Nationalakademie Leopoldina (Kap. 21) und schließlich Bewertungsansätze der Maßnahmen beleuchtet (Kap. 22 und 23).

Anschließend wird die Rolle des Wissenschaftsjournalismus im Spannungsfeld von Popularisierung und Kontrollfunktion ausgeleuchtet. Wissenschaftsjournalismus wird im Verhältnis zum allgemeinen Journalismus betrachtet, sein Beitrag zur Wissenschaftskommunikation und Rückwirkungen auf die Wissenschaft werden diskutiert (Kap. 25). Problemfelder der Berichterstattung während der Corona-Krise, wie etwa mangelnde Pluralität und Distanz sowie die Vermengung von Fakten und Meinungen, werden benannt und mit journalistischen Prinzipien in Beziehung gesetzt (Kap. 26).

Schließlich werden zusammenfassend zentrale Perspektiven einer künftigen Wissenschaftskommunikation benannt (Kap. 28).

Literatur

Beiner M (2020) Vorbild für künftige Debattenkultur. duz, 18. September, S 28–31

Bogner A (2020) Was kann die Wissenschaft bei Pandemien leisten? Österreichische Akademie der Wissenschaften, https://www.oeaw.ac.at/fileadmin/NEWS/2021/PDF/Bogner_Alexander_de_PF_2020-26_final-CD-1.pdf

Bundesministerium für Bildung und Forschung (Hrsg) (2021) #Factory WissKomm – Handlungsperspektiven für die Wissenschaftskommunikation. BMBF. https://www.bmbf.de/bmbf/shareddocs/downloads/files/factory_wisskomm_publikation.html

Deutscher Bundestag (2013) Bericht zur Risikoanalyse im Bevölkerungsschutz 2012. Drucksache 17/12051

Deutscher Bundestag (2020) Plenarprotokoll 19/155. Stenografischer Bericht der 155. Sitzung (22.4.), https://dipbt.bundestag.de/dip21/btp/19/19155.pdf

Deutscher Ethikrat (2022) Vulnerabilität und Resilienz in der Krise – Stellungnahme. Berlin

Deutschlandfunk (2021) Die Krise der politischen Kommunikation. 18.11., https://www.deutschlandfunk.de/mediasres-corona-und-medien-102.html

Gloger K, Mascolo G (2021) Ausbruch. Innenansichten einer Pandemie – Die Corona-Protokolle. In: Nelte I (Hrsg) Denkanstöße 2022. Piper, München, S 92–110

Guerot U (2022) Wer schweigt, stimmt zu. Westend, Frankfurt a. M.

Jakobs HJ (2021) Debattenkultur beschädigt. Handelsblatt, 13. Mai

Kubicki W (2021) Die erdrückte Freiheit. Westend, Frankfurt a. M.

Merlot J (2020) Das Pandemie-Planspiel (Spiegel online, 7.4.), https://www.spiegel.de/wissenschaft/medizin/coronavirus-was-der-rki-katastrophenplan-aus-2012-mit-der-echten-pandemie-zu-tun-hat-a-8d0820ca-95a7-469b-8a6a-074d940543d6

More in Common (2022) Navigieren im Ungewissen: Impulse zur Zukunft der Gesellschaft. https://www.moreincommon.de/media/loceahag/moreincommon_navigierenimungewissen_1.pdf

Prantl H (2022) Grundrechte in Quarantäne. In: Rudolf Augstein Stiftung (Hrsg) Follow the Science – aber wohin? Ch. Links Verlag, Berlin

Petersen T (2021): Die Mehrheit fühlt sich gegängelt (FAZ, 16.6.), https://www.ifd-allensbach.de/fileadmin/kurzberichte_dokumentationen/FAZ_Juni2021_Meinungsfreiheit.pdf

Pürner F (2021) Diagnose Panikdemie. Langen Müller, München

Renn O (2023) Gefühlte Wahrheiten (3. Aufl.). Barbara Budrich, Opladen

Rieg T (2020) Desinfektionsjournalismus. Journalistik 3(2): 159–171

Rossmann ED, Kaufmann S (2020) Es schlägt die Stunde der Wissenschafts-Erklärer. Welt online (2.6.), https://www.welt.de/debatte/kommentare/article208754407/In-Zeiten-von-Corona-Die-Stunde-der-Wissenschafts-Erklaerer.html

Russ-Mohl S (2020) Diskurs-Belebung. In: ders. (Hrsg) Streitlust und Streitkunst. Halem, Köln

Sachverständigenausschuss nach § 5 Abs. 9 Infektionsschutzgesetz (2022) Evaluation der Rechtsgrundlagen und Maßnahmen der Pandemiepolitik. Bundesgesundheitsministerium, https://www.bundesgesundheitsministerium.de/fileadmin/Dateien/3_Downloads/S/Sachverstaendigenausschuss/BER_lfSG-BMG.pdf

Scheufele DA et al (2021) Misinformation about science in the public sphere. PNAS Vol 118, No 15, pp 1-3

Schöps C (2022) Ein kommunikatives Desaster. ZEIT online, 16.2. https://www.zeit.de/gesundheit/2022-02/gesundheitskommunikation-corona-krise-regierung-lockdown-regeln

Schroeder V (2022) Von Mensch zu Mensch. Süddeutsche Zeitung, 1.4., https://www.sueddeutsche.de/gesundheit/kommunikation-gesundheit-corona-krise-1.5558208

Siggener Kreis (2020) Die Krise kommunizieren. https://www.wissenschaft-im-dialog.de/fileadmin/user_upload/Ueber_uns/Gut_Siggen/Dokumente/201015_Siggener-Impuls-2020.pdf

Spahn J (2022) „Wir werden einander viel verzeihen müssen". Heyne, München

Strohschneider P (2020) Zumutungen. Kursbuch edition, Hamburg

Weitze, MD et al. (2021) Corona-Kabarett-Kritik. In: dies. (Hrsg) Kann Wissenschaft witzig? Springer, Heidelberg

Wissenschaft im Dialog (2020) Wissenschaftsbarometer 2020. https://www.wissenschaft-im-dialog.de/projekte/wissenschaftsbarometer/wissenschaftsbarometer-2020/

Wissenschaft kommuniziert (2020) „Die Pandemie als lehrreiche Erfahrung" (29.6.). https://wissenschaftkommuniziert.wordpress.com/2020/06/29/karliczek-die-pandemie-als-lehrreiche-erfahrung-wissenschaftskommunikation-nach-corona/

Wissenschaftsrat (2021) Impulse aus der COVID-19-Krise für die Weiterentwicklung des Wissenschaftssystems in Deutschland. Köln.

Wyss V (2020) „Journalisten dürfen Kritik nicht dünnhäutig abschmettern" (Gespräch mit L Lehmann, 10.4.). https://www.persoenlich.com/medien/journalisten-durfen-kritik-nicht-dunnhautig-abschmettern

Teil I

Wissenschaftskommunikation in der Coronakrise

Wissenschaftskommunikation umfasst Informationsangebote, Kampagnen, Dialogveranstaltungen und Aushandlungsprozesse zu wissenschaftsbezogenen Themen. Das ist keineswegs ein neues Thema: Öffentliche Debatten um Wissenschaftsthemen wie Gentechnik, Kernenergie, Tierversuche und Impfungen gibt es seit Jahrzehnten.

Zu der Frage, was gute Wissenschaftskommunikation ist, wurden in den vergangenen 20 Jahren in Deutschland und international zahlreiche Analysen erstellt, intensive Diskussionen geführt und Leitfäden verfasst. Zumindest auf dem Papier schien ein Konsens darüber zu bestehen, dass die Kommunikation zwischen Wissenschaft und Öffentlichkeit dialogorientiert zu sein hat. Das war auch der immer wieder beschworene Maßstab aller Kommunikatoren.

In der Corona-Krise fand Wissenschaftskommunikation jedoch in den meisten Teilen nach anderen Maßstäben statt als jenen, die in Leitlinien kodifiziert waren. Überwunden geglaubte Muster der Kommunikation dominierten: Wissenschaftler überschätzten ihre Rolle in gesellschaftspolitischen Debatten, unterschätzten Unsicherheiten und Beschränkungen ihrer Erkenntnisse, blendeten Pluralität aus und sahen in skeptischem Denken eher ein Problem denn eine Triebkraft.

Hier werden Hintergründe und Beispiele der Wissenschaftskommunikation in der Corona-Krise vorgestellt, die anhand von früheren Analysen, Leitfäden etc. beurteilt werden. Fragen werden aufgeworfen.

Welche Art der Wissenschaftskommunikation ist wünschenswert für die Zukunft?

2

Wissenschaft in der Krise

> Kontroversen, Skepsis und Kritik sind Schlüsselelemente der Wissenschaft. Die Öffentlichkeit erwartet dagegen Klarheit und Eindeutigkeit.
> Dieser Widerspruch trat auch in der Corona-Krise immer wieder zutage.
> Das wäre ein Anlass, für die Zukunft über mehr Transparenz, Bescheidenheit und Kritikfähigkeit aufseiten der Wissenschaft und Kommunikation nachzudenken.

2.1 Aufmerksamkeit für die Wissenschaft

Mit der Corona-Krise stand die Wissenschaft im Zentrum der öffentlichen Aufmerksamkeit. Die Gesellschaft war abhängig von wissenschaftlichen Erkenntnissen, die sich rasch änderten und mit Unsicherheit behaftet waren.

Deren Kommunikation sollte in Echtzeit geschehen und eine unmittelbare Wirkung auf die Politik haben. Es war eine große Chance gewesen für die Wissenschaft und ihre Kommunikation mit der Öffentlichkeit.

Wurde sie genutzt?

Es herrschte zunächst ein gegenseitiges Unverständnis von Wissenschaft, Medien, Politik. So erwarteten Politik und Medien von Naturwissenschaft und Medizin Eindeutigkeit. Und es bestätigte sich die Erfahrung, dass Experten in Krisenzeiten dazu neigen, „als Reaktion auf die erlebte Orientierungslosigkeit Gewissheiten anzubieten" (Renn 2023, S. 171): Tatsächlich hatte es bisweilen den Anschein, dass Wissenschaft gerne die Rolle des Wahrheitsverkünders und Faktenlieferanten einnahm.

Doch wir wissen längst, dass Wissenschaft anders arbeitet. Wissenschaft kommt keineswegs auf gradlinigem Weg zur Wahrheit, sondern erzeugt viel unsicheres und vorläufiges Wissen, muss Kontroversen und Skepsis pflegen.

2.2 Kontroversen als Schlüssel zur Wissenschaft

Kontroversen sind in der Wissenschaft fruchtbar, nachgerade das methodische Schlüsselelement zur Erkenntnisgewinnung (Liebert und Weitze 2006). Kontroversen verdeutlichen Vor- und Nachteile konkurrierender Ansätze, deren jeweilige Schwachpunkte.

So verbreitet Kontroversen in der Wissenschaft sind und so produktiv sie sich für die Wissenschaft erweisen – bis heute haben sie einen schweren Stand in der Wissenschaftskommunikation, im Dialog von Wissenschaft und Öffentlichkeit (Weitze und Heckl 2016). In Schule und

Medien wird Wissenschaft oft als gradliniger Weg vermittelt. Warum soll man sich mit „Halbwahrheiten" und „Irrtümern" aufhalten, wenn der Lehrplan sowieso schon voll ist und zudem mehr auf den Einsatz von Formelwissen als auf die Vermittlung von Wissen über Wissenschaft Wert gelegt zu werden scheint? Verwirrt es nicht das Publikum, wenn Streitigkeiten der Wissenschaftler in der Öffentlichkeit ausgetragen werden? Oder steckt Angst vor Autoritätsverlust dahinter, wenn sich die Wissenschaft selbst nach außen als gradliniger Weg zur Wahrheit inszeniert?

Tatsächlich sieht das verbreitete öffentliche Bild die Wissenschaftler im Besitz der Wahrheit (zumindest innerhalb ihres jeweiligen Spezialgebiets). In Fällen, bei denen Wissenschaftler unterschiedliche Ergebnisse haben, muss ein Wissenschaftler einen Fehler gemacht, gepfuscht oder gelogen haben – so meint man. Tatsächlich aber sind Wissenschaft und Technik nicht so eindeutig wie mathematische Logik (Mazur 2018, S. 51): Schon innerhalb der Wissenschaft ist die jeweils aktuelle Forschung oft gekennzeichnet durch Ambivalenz, Komplexität und Unsicherheit wissenschaftlicher Erkenntnisse (vgl. 3.2).

Umso mehr trifft dies zu auf Kontroversen, die von der Wissenschaft ausgehen und die Gesellschaft betreffen. Solche Kontroversen, beispielsweise um die Nutzung der Kernenergie, werden neben wissenschaftlich-technischen Erkenntnissen durch Werte, Interessen und Abwägungen bestimmt. Hier hilft „mehr Forschung" grundsätzlich nicht, um eine „richtige Lösung" zu finden (Trischler und Weitze 2006). So kommt man bekanntlich in Frankreich zu einer anderen Einschätzung der Kernenergienutzung als in Deutschland – obwohl die wissenschaftlich-technischen Grundlagen dieselben sind. Auch bei Corona war der Wissensstand international einheitlich – die Maßnahmen der einzelnen Länder jedoch unterschiedlich.

Kontroversen sind ein Schlüssel zur Wissenschaft. Und sie sind fruchtbar in der Wissenschaftskommunikation, bei der Vermittlung und als Schlüssel zur Partizipation an Wissenschaft für die Gesellschaft. Oder könnten es zumindest sein: Dass es sich dabei nämlich mehr um eine Vision als um Wirklichkeit handelt, wurde vor einigen Jahren beklagt und gilt bis heute (Trischler und Weitze 2006, S. 75):

„Den Schlüsselcharakter von Kontroversen für ein vertieftes Verständnis der Forschung selbst, von Forschung als sozialem Prozess und der damit einhergehenden Offenheit und Unabgeschlossenheit des wissenschaftlichen Erkenntnisprozesses […] hat die Wissenschaftskommunikation noch kaum realisiert, geschweige denn praktisch genutzt."

Dabei bekennen sich die großen Wissenschaftsorganisationen ganz klar zu Pluralität, Kontroversen und Debattenkultur (Allianz 2019):

„Offene Diskurse und die Auseinandersetzung mit Andersdenkenden sind ein wesentliches Fundament der Wissenschaftsfreiheit. Studierenden aller Disziplinen muss der hohe Wert einer freien wissenschaftlichen Debatte vermittelt werden – sie sollen lernen, sich mit unterschiedlichen Perspektiven kritisch auseinanderzusetzen, auch mit der eigenen. Diese Erfahrungen mit wissenschaftlicher Kontroverse tragen auch zur Stärkung der Grundwerte der liberalen Demokratie bei, die für umfassende Wissenschaftsfreiheit wiederum unverzichtbar sind. […] Wissenschaftsfreiheit ist eng gebunden an einen aktiven Austausch und Diskurs in der Gesellschaft. Einer umfassenden Wissenschaftskommunikation kommt deshalb die Aufgabe zu, mit anderen gesellschaftlichen Akteuren in einen steten Austausch über die Wirkung und die Erkenntnisse sowie die Grenzen von Wissenschaft zu treten."

Man muss jedoch den Eindruck gewinnen, dass das nur Sonntagsreden sind. Im Alltag der Wissenschaft und Kommunikation, gerade auch mit Blick auf Corona-Kommunikation, inszeniert sich Wissenschaft noch immer viel zu häufig als gradlinige Erfolgsgeschichte. Dabei wird sie oftmals von Medien und Politik unterstützt – oder sogar dazu gedrängt, weil das „Publikum" klare und sichere Informationen will?

Will man dem Publikum Kontroversen innerhalb der Wissenschaft (z. B. innerhalb der Virologie), aber auch mit Blick auf deren gesellschaftliche Auswirkungen nicht zumuten? Man hat den Eindruck, dass die Streitigkeiten der Wissenschaftler allenfalls hinter verschlossenen Labortüren, aber nicht vor dem Publikum ausgetragen werden sollen. Verfolgt werden stattdessen eher einseitige Darstellungen (siehe dazu Beispiele in den folgenden Kapiteln).

Dabei ist seit Jahren aber bekannt, dass das „Ausblenden diskursiver Prozesse in der Wissenschaftskommunikation … problematische Konsequenzen für das Verhältnis von Wissenschaft und Öffentlichkeit" hat (Weitze und Liebert 2006, S. 9). Der Weg ist daher aber nicht, Kontroversen zu verschweigen, sondern immer wieder deutlich sichtbar zu machen: Wissenschaft ist pluralistisch, kreativ, kontingent und historisch gewachsen – und Kontroversen sind ein Schlüsselelement und der Normalfall.

2.3 Vollmundig und dünnhäutig?

Die Euphorie zur Rolle der Wissenschaft war zu Beginn der Pandemie zwar verbreitet – aber nie ganz einhellig. Der ehemalige Präsident der Deutschen Forschungsgemeinschaft (DFG) Peter Strohschneider diagnostiziert bereits 2020 Fehlfunktionen, die die Wissenschaften entwickeln. Diese Fehlfunktionen sind zunächst allgemein formuliert, aber leicht anwendbar auf Wissenschaft in der Corona-Krise. Er diagnostizierte u. a. (Strohschneider 2020), „dass die enorme funktionale Bedeutsamkeit der Wissenschaften für moderne Gesellschaften im Grunde allenfalls noch von der Vollmundigkeit ihrer Leistungsversprechen überboten wird" (S. 136) und „dass die Praxis der Wissenschaften in manchen Hinsichten im Widerspruch zu ihren Ansprüchen und Verheißungen steht" (S. 139).

Es gab auch während der Corona-Krise große, übertriebene Versprechungen von der Wissenschaft an die Öffentlichkeit zu ihren Erkenntnissen, Produkten und ihrer Arbeitsweise.

Außerdem erkennt der Kommunikationswissenschaftler Hans-Peter Peters in einem Rückblick auf die letzten Jahrzehnte der Wissenschaftskommunikation, dass Wissenschaft zu dünnhäutig ist (Peters 2022, S. 257):

„we may inadvertently have become too defensive, intolerant of criticism of science and knowledge, and anxious that criticism might damage the authority of science required to guide societies through crises and social change."

Wissenschaft ist tatsächlich nicht unfehlbar, sondern muss Kritik von innen und auch von außen ertragen, kann dadurch gestärkt werden. Wissenschaft sollte eher zu Skepsis und Kritik ermuntern, statt blindes Vertrauen einzufordern.

Literatur

Allianz der Wissenschaftsorganisationen (Hrsg) (2019) Zehn Thesen zur Wissenschaftsfreiheit. https://wissenschaftsfreiheit.de/abschlussmemorandum-der-kampagne/

Liebert WA, Weitze MD (Hrsg) (2006) Kontroversen als Schlüssel zur Wissenschaft. transcript, Bielefeld

Mazur A (2018) Technical Controversies over Public Policy. Routledge, New York

Peters HP (2022) Looking back and looking ahead. *Public Understanding of Science, 31*(3), 256–265

Renn O (2023) Gefühlte Wahrheiten (3. Aufl.). Barbara Budrich, Opladen

Strohschneider P (2020) Zumutungen. Kursbuch edition, Hamburg

Trischler H, Weitze MD (2006) Kontroversen zwischen Wissenschaft und Öffentlichkeit: Zum Stand der Diskussion. In: Liebert WA, Weitze MD (Hrsg) Kontroversen als Schlüssel zur Wissenschaft. transcript, Bielefeld, S 57–80

Weitze MD, Heckl WM (2016) Wissenschaftskommunikation. Springer, Heidelberg

3
Zwischen Wissenschaft und Öffentlichkeit

> Wissenschaftskommunikation gibt es nicht erst seit Corona, sondern sie ist so alt wie die Wissenschaft selbst. Das Defizitmodell beherrschte lange Zeit das Denken und war Leitschnur für viele Programme der Wissenschaftskommunikation weltweit: Wissenschaftler sahen ihre Aufgabe darin, die Öffentlichkeit zu informieren, welche Vorteile der „wissenschaftliche Fortschritt" und „neue Technologien" hätten.
>
> Vom Defizit zum Dialog – so lässt sich die Geschichte der Wissenschaftskommunikation zusammenfassen. Inzwischen gilt „Dialog" als adäquater Ansatz der Wissenschaftskommunikation – zumindest in Leitfäden und Sonntagsreden.
>
> Dialogansätze hatten es in der Corona-Krise jedoch schwer. Mithin beschränkte sich Wissenschaftskommunikation im Großen und Ganzen auf Informationsangebote, die von Wissenschaft und Politik über die Medien an die Bürger geschickt wurden.

© Der/die Autor(en), exklusiv lizenziert an Springer-Verlag GmbH, DE, ein Teil von Springer Nature 2023
M.-D. Weitze, *Corona-Kommunikation,*
https://doi.org/10.1007/978-3-662-67518-2_3

3.1 Information und Dialog

Bis Ende des 20. Jahrhunderts herrschte in Wissenschaft und Kommunikation weitgehend der Geist des „Public Understanding of Science" (vgl. Weitze und Heckl 2016, S. 10 ff.): Die Wissenschaft definiert den Stand des Wissens. Dieses Wissen wird in vereinfachter und kondensierter Form an die Öffentlichkeit weitergegeben, deren Rolle stets die eines Empfängers ist, und deren Wissensstand (gegenüber der Wissenschaft) stets defizitär ist. Die Öffentlichkeit bleibt passiv, soll Wissenschaft und neue Technologie verstehen – und akzeptieren.

Dabei hatten empirische Befunde dieses sogenannte Defizitmodell längst widerlegt und auf ein viel komplexeres Verhältnis von Wissenschaft, Technik und Öffentlichkeit hingewiesen (Felt 2000, S. 20):

> „Mehr wissenschaftliches Wissen [in der Öffentlichkeit] sichert keinesfalls immer Unterstützung für die Wissenschaft; es kann auch Skepsis und Unsicherheit hervorbringen."

Man weiß spätestens seit den Diskussionen um Kernenergie und grüne Gentechnik um die Jahrtausendwende: Mehr (popularisiertes) Wissen führt keineswegs zu mehr Akzeptanz. Vertrauensverluste lassen sich nicht durch Information ausgleichen.

Dialog ist die angemessenere Art der Kommunikation – insbesondere, wenn es um Themen geht, die mit Unsicherheiten und Risiken behaftet sind und die Öffentlichkeit direkt betreffen. Dialog bedeutet Verständigung in beide Richtungen, ermöglicht den Austausch von Meinungen und Sichtweisen und damit eine sachgerechte und ausgewogene Kommunikation. Die Argumente für „mehr Dialog" reichen von demokratischer

Legitimation über eine Erweiterung der Wissensbasis bis hin zu Fragen der Akzeptanz (z. B. Weitze und Heckl 2016, S. 217).

Die Sozialwissenschaftlerin Jutta Allmendinger hatte 2019 dementsprechend formuliert, dass sich soziale Gruppen, deren Mitglieder homogen in ihren Meinungen und Lebenswelten sind, viel zu wenig untereinander austauschen. Sie meint (Allmendinger 2019):

> „In dem Aufeinandertreffen mit Menschen anderer Bildungs- und Soziallagen, anderer religiöser und kultureller Hintergründe erweitert sich der Erfahrungsbereich der Menschen, entwickeln sich Eindrücke, die die Identität der Menschen verändern und sie aus ihrem traditionellen Rahmen lösen."

Dieser Blick über den eigenen Tellerrand ist in besonderem Maße wichtig, um diskursfähig zu werden, um Pluralität anzuerkennen und die eigene Ansicht zu hinterfragen.

Auch der Wissenschaftsrat (2021, S. 45) ermuntert

> „Wissenschaftlerinnen und Wissenschaftler, dialogische Kommunikationsformate zu erproben und einzusetzen. Er empfiehlt insbesondere, reale Orte als Begegnungsräume zu nutzen und den direkten Austausch zu suchen."

Unklarheit scheint jedoch zu herrschen, wie ernst man den Anspruch auf Austausch nehmen soll und wie weit der Dialog gehen soll. Der Wissenschaftsrat merkt zu Dialog und Beteiligung in der Wissenschaftskommunikation an: „Eine solche Beteiligung setzt eine adäquate Bildung voraus" (Wissenschaftsrat 2021, S. 8) und fürchtet – zumal in Social Media – „eine unkontrollierte, nicht immer sachbezogene Anschlusskommunikation, die auch Falschinformationen enthalten kann" (ebd., S. 45). Der Wissenschaftsrat äußert konkret einen Verdacht mit Bezug auf die „neuen" Akteure der Wissenschaftskommunikation, die „in Distanz zum Wissenschaftssystem" stehen (Wissenschaftsrat 2021, S. 11):

> „Im Gegensatz zum spezialisierten Wissenschaftsjournalismus verfügen Laien-Akteure oft nicht über wissenschaftliche Kenntnisse und Methoden. Sie können daher in der Regel keine sorgfältige Recherche leisten, sodass ihre Ergebnisse keine systematische Qualitätssicherung haben."

Der Wissenschaftsrat erörtert hier jedoch nicht weiter, wer denn hinreichend gebildet sei, um mitreden zu können, und wer entscheidet, was „sachbezogen" ist und was nicht.

Selbstverständlich ist Information die Grundlage für einen Austausch zu komplexen Fragestellungen mit Bezug zu Wissenschaft und Technik. Informationsvermittlung und Popularisierung sind daher zentrale Elemente der Wissenschaftskommunikation.

Aber wie viel Information muss man jeweils verstanden haben, um mitreden zu können? Konkretes Beispiel: Muss man die Chemie des Schießpulvers kennen, um über Schusswaffengebrauch mitreden zu können? Wohl kaum. Entsprechend ist zu hinterfragen: Wie viel muss man von Kernenergie verstehen, wie viel von Molekularbiologie, um bei Energiewende oder Gentechnik mitreden zu „können"? Und schließlich: Wie viel muss man über Virologie wissen, um über Corona-Maßnahmen mitreden zu können?

3.2 Interessen und Werte

Für die Diskussion um die Entwicklung und den Einsatz von Wissenschaft und Technik sind wissenschaftliche und technische Möglichkeiten eine wichtige Basis – aber nicht die einzige. Zu berücksichtigen sind gleichermaßen Interessen und Werte der Beteiligten (vgl. Abschn. 4.2).

Beispiel Corona: Der Einsatz von Masken, Impfstoffen oder Medikamenten ist ein Ergebnis von Entscheidungen, die gleichermaßen auf wissenschaftlichen und technischen Möglichkeiten sowie Interessen und Werten basieren. Insofern ist es kein Wunder, wenn zu den Corona-Maßnahmen sich regelmäßig Streit entzündet – zumal, wenn die Entscheidungen intransparent sind und die Maßnahmen aufgezwungen werden. Wie schon lange aus der Technikfolgenabschätzung bekannt, muss man sich für eine nachvollziehbare Entscheidung insbesondere mit zwei Fragen befassen (Weitze und Renn 2019, S. 5):

- Welche Folgen sind mit welcher Wahrscheinlichkeit und Urteilssicherheit mit den Maßnahmen verbunden? Und:
- Wie wünschbar sind diese Folgen, wenn man die Werte und Präferenzen der von dem Einsatz der Maßnahmen betroffenen Personen zugrunde legt?

Die positiven Folgen der Maßnahmen sollten die negativen natürlich überlagern – doch wie die einzelnen Folgen zu bewerten sind, ist nicht wissenschaftlich bestimmbar, sondern setzt eine Wertung voraus: Was ist uns wichtig?

Charakteristisch für Diskussionen um den Einsatz von Technik sind zudem die folgenden 3 Merkmale: Ambivalenz, Komplexität und Unsicherheit (Renn 2011).

- Zur **Ambivalenz:** Jede Technik kann für verschiedene Zwecke eingesetzt werden und hat niemals ausschließlich positive Auswirkungen. Das gilt auch für die Maßnahmen in Zusammenhang mit der Corona-Pandemie. Mit Ambivalenz klug umzugehen bedeutet weder, dass Maßnahmen ungefragt entwickelt und eingesetzt werden dürfen, noch, dass wir jede Maßnahme verbannen müssen, bei der irgendwelche negativen Auswirkungen möglich sind.
- Eine solche Abwägung wird erschwert durch die **Komplexität** der Ursache-Wirkungs-Beziehungen. Gerade bei Corona-Maßnahmen ist die Komplexität nicht aufhebbar.
- Hinzu kommt **Unsicherheit,** die sich durch Messfehler, Kontextabhängigkeiten, Nichtwissen und Unbestimmtheit von funktionalen oder kausalen Beziehungsmustern ergibt. Beispiele sind die Wirksamkeit von Masken oder Impfstoffen.

Ambivalenz, Komplexität und Unsicherheit verhindern, dass wir auf einer klaren und eindeutigen Wissensbasis entscheiden können. Und selbst wenn die Wissensbasis eindeutig und klar wäre: Die Frage, was für die Gesellschaft wünschbar ist, ist in einer wertepluralen Gesellschaft nicht eindeutig zu beantworten. So ergeben sich zwangsläufig Kontroversen über die Maßnahmen – so wie insgesamt über die Entwicklung und den Einsatz von Technik (vgl. Abschn. 2.2).

Solche Kontroversen und damit verknüpfte Diskussionen können zwar weder die Ambivalenz auflösen noch die zwingende Unsicherheit und Komplexität außer Kraft setzen. Aber sie können helfen, die Dimensionen und die Tragweite unseres Handelns wie unseres Unterlassens zu verdeutlichen.

3.3 Dialog: Mehr als ein Schlagwort?

Die Bedeutung von Dialog ist also seit Jahren und Jahrzehnten bekannt, hat Einzug gehalten in Stellungnahmen und Reden von Wissenschaftsorganisationen, Wissenschaftsfunktionären und Politikern.

Aber ist das tatsächlich angekommen in der Realität der Wissenschaftskommunikation? Und verstehen alle das gleiche darunter? Anhand von zahlreichen Beispielen der Corona-Kommunikation (siehe unten) muss das bezweifelt werden, wie es rückblickend im Bericht „Evaluation der Rechtsgrundlagen und Maßnahmen der Pandemiepolitik" heißt (Sachverständigenausschuss 2022, S. 14):

> „Die in der Corona-Pandemie bevorzugten Kommunikationsprozesse blieben überwiegend top-down. Wenn dagegen dialogische Kommunikationsstrategien gestärkt und kontroverse Debatten zugelassen werden, verbessern sich die Möglichkeiten der Pandemiebekämpfung. Über partizipative Prozesse wird das klare Signal gesendet, dass Diskussion sowie Mitwirkung und Mitgestaltung der Menschen an Planungs- und Umsetzungsprozessen ausdrücklich erwünscht ist." Partizipative Prozesse wären hilfreich gewesen (ebd., S. 57): „Sie eröffnen die Möglichkeit, die Fragen der Bevölkerung aufzunehmen und einzubeziehen. Zentrale Botschaften lassen sich unter solchen Voraussetzungen effizienter vermitteln. Das Vertrauen in Maßnahmen und der soziale Zusammenhalt werden zusätzlich gestärkt. … Partizipation beinhaltet auch, Kritik und Skepsis ernst zu nehmen und sich aktiv damit auseinanderzusetzen."

In der Stellungnahme der Bundesregierung zu diesen Punkten im Evaluationsbericht heißt es nur diffus (Deutscher Bundestag 2020, S. 11):

> „Eine direkte Kommunikation zwischen Politik, Expertinnen und Experten sowie Bürgerinnen und Bürgern wurde durch verschiedene Maßnahmen – etwa in sogenannten ‚Town Hall Meetings' gefördert. Seit Beginn der Pandemie wurden die externe Beratung der Bürgerinnen und Bürger und die Kommunikationsangebote erheblich ausgeweitet (Telefonhotline, Beratungszeiten etc.)."

Es bleibt also bis heute unklar, um wie viele und welche Dialogangebote es sich handelte. Viele waren es wohl nicht, und das Umfeld war auch nicht besonders dialogbereit, wie die Kommission rückblickend feststellen musste (Sachverständigenausschuss 2022, S. 57):

> „Abweichende Meinungen wurden in der Corona-Pandemie oft vorschnell verurteilt. Wer alternative Lösungsvorschläge und Denkansätze vorschlug, wurde nicht selten ohne ausreichenden Diskurs ins Abseits gestellt."

Mit Dialog hätte man zu sozial robusten Entscheidungen (Nowotny et al. 2001) zu Maßnahmen kommen können. Diese Chance wurde nicht genutzt. Eine nachhaltige gesellschaftliche Akzeptanz der Maßnahmen wurde auf diese Weise unmöglich gemacht.

Es dominierten Informationen, die seitens Wissenschaft, Medien und Behörden an die Bevölkerung gegeben wurden. Dialog und Debatte waren nicht eingeplant. Aber auch die Akteure, die sich jahrelang als Dialoginstitutionen gesehen und dargestellt haben – etwa „Wissenschaft im Dialog" oder Wissenschaftsmuseen – blieben merkwürdig inaktiv zu Corona oder waren coronabedingt sowieso geschlossen.

3 Zwischen Wissenschaft und Öffentlichkeit

In 2020/2021 war das Thema des BMBF-Wissenschaftsjahrs die Bioökonomie. Inhaltlich schien dieses Wissenschaftsjahr recht unbehelligt von Corona. Das ist schon eine besondere Pointe, da die Wissenschaftsjahre gemäß Selbstaussage „eine starke Plattform für den Austausch zwischen Forschung und Gesellschaft" (https://www.wissenschaftsjahr.de/2022/ueber-uns/vergangene-jahre) darstellen. Allerdings ist die thematische Flexibilität (der Wissenschaft? der Organisation der Wissenschaftsjahre?) hier offenbar beschränkt. Dabei wäre der thematische Weg von der Pandemie zur Bioökonomie gar nicht so lang gewesen: Thema sind hier u. a. Mikroorganismen, sodass der Bogen hin zu Viren leicht hätte geschlagen werden können.

Ohnehin war die gesamte gesellschaftliche Kommunikation durch Corona-Maßnahmen stark eingeschränkt, wie auch der Deutsche Ethikrat (2022, S. 153) bemerkt:

> „[Aus] demokratietheoretischer Sicht ebenfalls besorgniserregend ist die Beeinträchtigung von zivilgesellschaftlichem politischem Engagement durch die Kontaktbeschränkungen. Diskussion und Kooperation waren nur noch digital möglich und damit stark eingeschränkt. Dazu kam das Verbot (zu Beginn der Pandemie) beziehungsweise die starke Einschränkung (in späteren Phasen der Pandemie) von öffentlichen Veranstaltungen und Versammlungen."

Mithin war die Corona-Krise auch eine schlechte Zeit für Dialogansätze.

Bevor einzelne Beispiele diskutiert werden, erfolgt in Kap. 4 ein Überblick dazu, welche Ansätze und Herausforderungen es in der Wissenschaftskommunikation gibt.

Literatur

Allmendinger J (2019) Wir brauchen Orte der Begegnung. Akademie aktuell (Ausg. 2), S. 41

Deutscher Bundestag (2022) Stellungnahme der Bundesregierung zum Bericht des Sachverständigenausschusses nach § 5 Absatz 9 des Infektionsschutzgesetzes. Drucksache 20/3850

Deutscher Ethikrat (2022) Vulnerabilität und Resilienz in der Krise – Stellungnahme. Berlin

Felt U (2000) Why should the public „understand" science? In: Dierkes M, Grote C von (Hrsg) Between Understanding and Trust. The Public, Science and Technology. Harwoord Academic Publishers, Amsterdam, S 7–38

Nowotny H et al. (2001) Rethinking science. Knowledge in an age of uncertainty. Polity, Cambridge

Renn O (2011) Neue Technologien, neue Technikfolgen. In: Kehrt C, Schüßler P, Weitze MD (Hrsg) Neue Technologien in der Gesellschaft: Akteure, Erwartungen, Kontroversen und Konjunkturen. transcript, Bielefeld, S 63–76

Sachverständigenausschuss nach § 5 Abs. 9 Infektionsschutzgesetz (2022) Evaluation der Rechtsgrundlagen und Maßnahmen der Pandemiepolitik. Bundesgesundheitsministerium, https://www.bundesgesundheitsministerium.de/fileadmin/Dateien/3_Downloads/S/Sachverstaendigenausschuss/BER_IfSG-BMG.pdf

Weitze MD, Heckl WM (2016) Wissenschaftskommunikation. Springer, Heidelberg

Weitze MD, Renn O (2019) Technikkommunikation, Risikobewertung und Risikokommunikation. In: Hennecke M, Skrotzki B (eds) HÜTTE – Das Ingenieurwissen. Springer, Berlin, Heidelberg

Wissenschaftsrat (2021) Wissenschaftskommunikation – Positionspapier. Kiel.

4

Herausforderungen der Wissenschaftskommunikation

Wissenschaftskommunikation hat eine lange Tradition. Inzwischen ist das Feld weit verzweigt und differenziert.

Unabhängig von spezifischen Themen sind vielfältige Verfehlungen in der Wissenschaftskommunikation bekannt – wie etwa Eigeninteressen, die nicht transparent gemacht werden, oder übertriebene Versprechungen, die nicht eingelöst werden können.

Man könnte dagegen folgendes Idealziel der Wissenschaftskommunikation formulieren: Dialogorientierte Kommunikation geht aus von wissenschaftlichen und technischen Möglichkeiten, macht den Erkenntnisgewinn transparent, ebenso die damit verbundenen Unsicherheiten und Interessen. Sie beschreibt mögliche Anwendungen und deren Folgen. Sie ermöglicht damit eine Abwägung auf Basis individueller Interessen und Werte, wie Wissenschaft und Technik einzusetzen und zu entwickeln sind.

Transparenz statt Übertreibungen, Trennung von Beschreibung und Bewertung: Es gelten für die Kommunikation Maßstäbe wissenschaftlicher Integrität, wie sie auch für Forschung und Lehre gelten.

© Der/die Autor(en), exklusiv lizenziert an Springer-Verlag GmbH, DE, ein Teil von Springer Nature 2023
M.-D. Weitze, *Corona-Kommunikation*,
https://doi.org/10.1007/978-3-662-67518-2_4

4.1 Vielfalt der Wissenschaftskommunikation

Wissenschaftskommunikation beschreibt „alle Kommunikationsformen von und über Wissenschaft sowohl innerhalb der Wissenschaft (Fachöffentlichkeit) als auch in außerwissenschaftlichen Öffentlichkeiten" (acatech et al. 2017, S. 20). Dieser breite Begriff von Wissenschaftskommunikation umfasst so verschiedene Formate wie bilaterale Gespräche von Wissenschaftlern oder Laien, Publikationen (gedruckt oder digital), Wissenschaftsjournalismus, Talkshows zu Wissenschaftsthemen und Marketingaktivitäten von Hochschulen.

Die sogenannte interne Wissenschaftskommunikation bezeichnet den Austausch zwischen den wissenschaftlichen Akteuren, innerhalb der wissenschaftlichen Institutionen, durchaus auch über Disziplingrenzen hinweg; hier sind Wissenschaftler sowohl Publizierende, Herausgeber und Gutachter als auch Rezipienten und Diskursteilnehmer.

Bei der „externen" Wissenschaftskommunikation geht es um die Kommunikation der Wissenschaft mit anderen Teilen der Gesellschaft, um den „(multidirektionalen) Austausch zwischen der Wissenschaft und einem breiten Publikum aus anderen Teilsystemen (darunter Politik, Wirtschaft, Behörden, NGO und Medien)" (acatech et al. 2017, S. 20). Diese externe Wissenschaftskommunikation soll hier im Vordergrund stehen (Abb. 4.1).

In den folgenden Kapiteln werden Herausforderungen und Beispiele selbstvermittelter Kommunikation betrachtet.

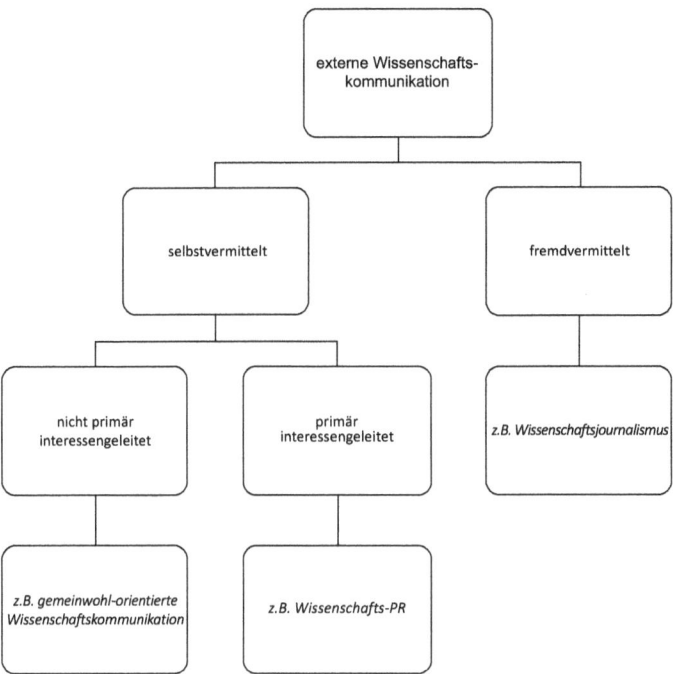

Abb. 4.1 Externe Wissenschaftskommunikation, nach Mike S. Schäfer (https://www.wissenschaftskommunikation.de/wissenschafts-kommunikation-ist-wissenschaftsjournalismus-wissenschafts-pr-und-mehr-3337/)

4.2 Zum Beispiel Biotechnologie

Schon lange vor der Corona-Krise gab es Wissenschaftsthemen, bei denen sich Meinungslager bildeten, die in keinen Austausch mehr traten. So ist die jahrzehntelange Diskussion um den Einsatz der Gentechnik in Medizin und Landwirtschaft ausführlich dokumentiert und analysiert worden (z. B. Weitze et al. 2012). Anhand des Beispiels Biotechnologie soll dargestellt werden, wie es dazu gekommen war und welche Überlegungen es gab, die Biotechnologiekommunikation zu verbessern. Zur Corona-Kommunikation gibt es zahlreiche inhaltliche Bezüge und verwandte Herausforderungen.

Eine Ablehnung von Anwendungen der Biotechnologie ist aus Sicht der Befürworter schwer verständlich. Die Vorteile lägen doch auf der Hand. Kann mangelnde Aufgeschlossenheit gegenüber Teilbereichen wissenschaftlicher Forschung oder neuer Technologien durch mehr Information und eine Ausweitung der Kommunikationsaktivitäten behoben werden? Das war lange Zeit die Überzeugung (siehe Kap. 3, Defizitmodell). Doch alle Erfahrungen und Analysen zur Kommunikation der Biotechnologie und anderer neuer Technologien zeigen seit Jahrzehnten (acatech 2012, S. 10),

> „dass solche Ansätze dann zum Scheitern verurteilt sind, wenn die Ablehnung auf tief liegenden Ängsten und Sorgen oder basalen Werten beruht. Nimmt man dagegen die gesellschaftliche Kritik ernst, ergeben sich neue Perspektiven einer zeitgemäßen Kommunikation. Deren Ziel kann … nicht sein, ein vorab festgelegtes Meinungsbild zu erreichen."

Insofern hätten die Impfkampagnen (Kap. 10) einiges aus der Gentechnikdiskussion lernen können hinsichtlich ihrer Kommunikationsansätze, die weitgehend auf (einseitiger) Information basierten.

Die Fronten in der grünen Gentechnik scheinen bis heute unüberbrückbar. Das Misstrauen gegenüber Informationskampagnen, etwa verbunden mit Versprechungen (vgl. Abschn. 4.5), den Welthunger mittels grüner Gentechnik zu beseitigen, ist groß. Dabei ist seit langem bekannt, dass ein offener Dialog – etwa auf Grundlage der 4 Bedingungen der Akzeptanz

(Abschn. 5.6) eher angemessen und erfolgversprechend wäre.

So hat sich gegenüber der roten Gentechnik in der bundesdeutschen Gesellschaft Ende des 20. Jahrhunderts ein Einstellungswandel vollzogen: Es ist ein Wandel von grundlegender Skepsis zu differenzierter Technikaufgeschlossenheit, die zwischen einzelnen Anwendungsfeldern unterscheidet (vgl. acatech 2012, Kap. 2): Im Laufe der 1990er Jahre wurde nämlich der medizinische Nutzen der Gentechnik greifbar: Rekombinante Proteine waren auf den Markt gekommen, die neuartige Therapien und Schutz vor Krankheiten ermöglichten. Gentechnik wurde also entlang einzelner Anwendungsfelder differenziert (Wieland 2012).

Empfehlungen zur Wissenschaftskommunikation auf Grundlage von Erfahrungen und Analysen mit Biotechnologiekommunikation wurden bereits vor über 10 Jahren zusammengetragen (acatech 2012). Zentrale Empfehlungen sind in Tab. 4.1 wiedergegeben, erläutert und auf Corona-Kommunikation bezogen.

Zusammenfassend lässt sich als Ziel der Wissenschaftskommunikation formulieren (acatech 2012, S. 8),

> „den Einsatz von Technik und die Entwicklung neuer Technologien in einem umfassenden Prozess der Abstimmung von Wissensansprüchen, Interessen, Werten und Präferenzen unter Einbeziehung aller interessierten gesellschaftlichen Gruppen nach Maßgabe der wissenschaftlichen und technischen Möglichkeiten zu gestalten."

Dieser Dialog von Wissenschaft und Gesellschaft lässt sich wie in Abb. 4.2 dargestellt illustrieren (Weitze und Heckl 2016, S. 25). Wie und ob das gelingt, ist die zentrale Frage der Wissenschaftskommunikation.

Tab. 4.1 Empfehlungen zur Biotechnologiekommunikation (acatech 2012, S. 36-38), Erläuterung und Übertragbarkeit auf die Corona-Kommunikation

Empfehlungen zur Biotechnologiekommunikation	Erläuterung	Transfer zur Corona-Kommunikation
„Quellen von Information [sind] transparent zu machen und Ziele der Kommunikation zu reflektieren."	Dabei ist auch die Rolle der Wissenschaftler zu klären: „Wer ist Experte? Welche Interessen und Ziele hat er oder sie? Geht es bei der Kommunikation um Informationsvermittlung, um die Abfrage möglicher Bedenken oder um eine Steigerung der Technikaufgeschlossenheit, möglicherweise rundheraus um Akzeptanzbeschaffung?"	Die Impfkampagne folgte dem kaum: Angaben zur Wirksamkeit der Impfstoffe wurden in den Medien teilweise unkritisch vom Impfstoffhersteller übernommen, Begriffe wie „Wirksamkeit" nicht eingeordnet. Das Kommunikationsziel der Impfkampagnen war: Überreden statt Überzeugen Nudging fand statt und eine Diskriminierung Ungeimpfter

(Fortsetzung)

Tab. 4.1 (Fortsetzung)

Empfehlungen zur Biotechnologie-kommunikation	Erläuterung	Transfer zur Corona-Kommunikation
„[N]icht nur die Inhalte der Wissenschaft, sondern auch die Prozesse des Erkenntnisgewinns in den entsprechenden Wissenschaftszweigen, die Methoden der Risiko- und Chancenabschätzung und die Verfahren der politischen Regulation [sind] gemeinsam mit den Ergebnissen zu kommunizieren. Kommunikation muss aufzeigen, wie Erkenntnisse gewonnen werden, welchen Unsicherheiten sie unterliegen, welche Interessen sich mit ihnen verbinden und wie Wirtschaft und Staat vorbeugendes Risikomanagement betreiben."	Dieser Punkt betrifft die Transparenz	Während der Corona-Krise wurde ein weiteres Mal deutlich, wie wichtig ein solches Wissenschaftsverständnis wäre, um beispielsweise die sich oft verändernden wissenschaftlichen Einschätzungen zu Corona zu verstehen und um Transparenz zu schaffen, welche Maßnahmen auf welchen Grundlagen verfügt worden sind

(Fortsetzung)

Tab. 4.1 (Fortsetzung)

Empfehlungen zur Biotechnologie-kommunikation	Erläuterung	Transfer zur Corona-Kommunikation
„[D]ie Positionen und Bewertungen der einzelnen Stakeholder, also auch jener außerhalb der Wissenschaft, [sind] in allen Kommunikationsprozessen mit Respekt zu betrachten, unvoreingenommen zu reflektieren und ernst zu nehmen. … Experten-Wissen und Laien-Wahrnehmung sollten als einander ergänzend, nicht als gegensätzlich eingestuft werden. … Erwartungen, Wünsche, Hoffnungen, Befürchtungen und Kritik der Laien sind aufzunehmen. … Gleichzeitig sind Expertisen aus Wissenschaft und Wirtschaft für eine wissenschaftlich fundierte Debatte unersetzlich, um absurde oder nicht haltbare Erwartungen oder Befürchtungen zu widerlegen oder zu entkräften."	Hier wird der Dialogansatz betont, die Pluralität der Wissensbestände und Werte innerhalb und außerhalb der Wissenschaft benannt und für eine Offenheit der Wissenschaft für Impulse von außen plädiert	In der Corona-Krise fand dagegen eine Verengung des Diskurses (z. B. in den Medien) statt. Meinungen, die vom herrschenden Expertenkonsens abwichen, wurden diskreditiert, Kritik schien unerwünscht

Abb. 4.2 Wissenschaft und Gesellschaft im Dialog. (C. Gießler)

4.3 Zwischen Gemeinwohl und Eigeninteresse

Wer betreibt Wissenschaftskommunikation mit der Zielgruppe Öffentlichkeit? Einerseits die Wissenschaftler und ihre Organisationen selbst. Gerade hier sind in den letzten 20 Jahren in Deutschland und international viele neue Aktivitäten und Formate entstanden (Weitze und Heckl 2016, Teil II). Der Wissenschaftsrat unterscheidet dabei „verschiedene, teilweise gegensätzliche Funktionen und Ziele von [externer, selbstvermittelter] Wissenschaftskommunikation" (Wissenschaftsrat 2021, S. 9–11):

- Informieren und aufklären
- Dialog und Partizipation ermöglichen
- Beratung und Problemlösungen anbieten

- Bedeutung von Wissenschaft darstellen
- Begeisterung für Wissenschaft wecken
- Aufmerksamkeit schaffen

Hier ist insbesondere die Unterscheidung von „nicht primär interessengeleiteter Wissenschaftskommunikation" und „primär interessengeleiteter Wissenschaftskommunikation" (siehe Abb. 4.1) zu beachten. Während die ersten 4 Punkte als nicht interessengeleitet (bzw. gemeinwohlorientiert) verstanden werden können, nutzen die Ziele „Begeisterung für Wissenschaft wecken" und „Aufmerksamkeit schaffen" der Wissenschaft bzw. den kommunizierenden Institutionen oder Personen selbst, um Aufmerksamkeit und Ressourcen (z. B. Forschungsgelder) zu gewinnen.

4.4 Interessengeleitete Wissenschaftskommunikation

Welche Rolle spielen Wissenschaftler in der Wissenschaftskommunikation? Haben sie die passende Expertise? Welche Glaubwürdigkeit können sie beim Publikum beanspruchen? Welche eigenen Interessen haben sie? Der Leiter des Science Media Center Volker Stollorz erinnert daran (2021, S. 73),

> „dass Forschende bei ihrer Wissenschaftskommunikation mitunter die Partikularinteressen ihrer Förderer in der Politik oder anderer beruflicher Netzwerke beachten – wenn sie zum Beispiel weitere Fördermittel erhoffen oder Kontroversen entfachen wollen."

Hier lässt sich klar erkennen, wie Wissenschaftskommunikation im Spannungsfeld von Gemeinwohlorientierung und Eigeninteressen steht. Der Wissenschaftsrat erkennt beim oben (Abschn. 4.3) genannten Kommunikationsziel „Aufmerksamkeit schaffen" fließende Grenzen zum Marketing (Wissenschaftsrat 2021, S. 11):

> „Es besteht allerdings die Gefahr, dass institutionelles oder individuelles Marketing zur dominierenden Funktion von Wissenschaftskommunikation werden, wenn z. B. der Informationswert von PR-Maßnahmen gering oder nicht qualitätsgesichert ist oder wenn die Darstellung wissenschaftlicher Leistungen oder Leistungsversprechen überzogen ist. … Eine klare Abgrenzung von Funktionen selbstgeleisteter Kommunikation ist wünschenswert, in der Praxis aber oft kaum möglich, da sach- und adressatenbezogene Funktionen häufig mit institutionell-strategischen Funktionen wissenschaftlicher Akteure verbunden sind."

Besonders, wenn (Wissenschaftsrat 2021, S. 39)

> „Wissenschaftlerinnen und Wissenschaftler digitale Plattformen zur direkten Kommunikation nutzen, um z. B. auf eigene Publikationen, Veranstaltungen oder Medienpräsenzen hinzuweisen, ist die Grenze zwischen wissenschaftsinterner und externer Kommunikation aufgehoben. Auch ist nicht immer erkennbar, inwieweit neben einem sachbezogenen Informationsinteresse Eigeninteressen verfolgt werden."

Marketing und PR umfassen viele Lebensbereiche – sei es die eigene Person oder auch die eigenen wissenschaftlichen Leistungen. Ziel ist es, Vertrauen in die eigene Person oder Institution aufzubauen, Glaubwürdigkeit und Akzeptanz beispielsweise für die eigenen Forschungsansätze, Ideen und Publikationen zu schaffen.

Wichtig ist jeweils Transparenz darüber, dass es sich um interessengeleitete Kommunikation handelt (im Unterschied zur gemeinwohlorientierten Kommunikation), wie es etwa im Kommunikationsindex des Deutschen Rats für Public Relations (DRPR) heißt (https://drpr-online.de/deutscher-kommunikationskodex/):

„PR- und Kommunikationsfachleute sorgen dafür, dass der Absender ihrer Botschaften klar erkennbar ist. ... PR- und Kommunikationsfachleute respektieren die Trennung redaktioneller und werblicher Inhalte und betreiben keine Schleichwerbung."

Der Deutsche Rat für Public Relations hat zudem eine „DRPR-Richtlinie Wissenschafts-PR" (https://drpr-online.de/kodizes-2/ratsrichtlinien/wissenschaftskommunikation/) erarbeitet, mit der sie – auch angesichts einer aus Sicht traditioneller Medien „ausgedünnten Medienlandschaft" – eine Wissenschafts-PR fördern möchte, „die sich selbst als kritischen Gatekeeper wie Vermittler zwischen Wissenschaft und zukunftsorientierten Entscheidungsbedürfnissen versteht". Faktentreue, Verständlichkeit, Transparenz und Relevanzfilter für die Gesellschaft werden als zentrale Anforderungen genannt.

Wenn Wissenschaftler und ihre Institutionen PR treiben, ist das also legitim, um für Akzeptanz und Vertrauen zu werben. Problematisch wird es, wenn damit ein Absolutheitsanspruch verknüpft wird und andere Sichtweisen nicht zugelassen werden. Wenn es Institutionen „nicht um einen Dialog mit anderen geht" und ihnen „der Wahrheitsgehalt ihrer Aussagen weitgehend egal ist" (Hoffjann 2023, S. 10), gerät Kommunikation zur Propaganda.

4.5 Große Versprechungen

Wissenschaftler erliegen mitunter der Versuchung, allzu große Versprechungen zu machen. Sie meinen oftmals, mit solchen Versprechungen Punkte sammeln zu müssen im Kampf um Aufmerksamkeit und Forschungsmittel, angesichts befristeter Anstellungsverhältnisse und hohen Publikationsdrucks: „Wunderwelt der Werkstoffe", „Besser als die Natur" oder „Energie im Überfluss" – sind das noch Begriffe der Wissenschaftskommunikation oder bereits Propaganda?

Der Wissenschaftsmanager Volker Meyer-Guckel warnte die Wissenschaftler bereits vor mehreren Jahren vor solchen großen Versprechungen (2013, S. 41 f.):

„Die großen gesellschaftlichen Fortschrittserwartungen, die auf den Schultern der Wissenschaft liegen, werden die Wissenschaft möglicherweise schon bald erdrücken. Spätestens dann, wenn die Rhetorik und der Milliardenregen all der Exzellenzinitiativen und Hochschulpakte dem Alltag wissenschaftlichen Erkenntnisfortschritts gewichen sind, wenn sich die Science wieder von der Fiction trennt, wird der Vertrauensvorsprung der Politik verspielt sein und die Gesellschaft wird Rechenschaft verlangen für die Milliarden von Steuergeldern, die sie in Wissenschaft investiert."

Besonders anfällig für große Versprechungen scheinen hier seit jeher die Lebenswissenschaften zu sein, beispielsweise

(Krebs)Medizin, grüne Gentechnik, synthetische Biologie. Aber auch ein einzelnes Werkzeug wie die sogenannte Genschere CRISPR-Cas hat in den vergangenen Jahren Biologie und Medizin euphorisiert: Mit dieser genetischen Methode könnte das Genom „so einfach und schnell wie noch nie" zuvor (Knox 2015, S. 22) verändert werden. Das Verfahren hinterlasse keine Spuren, wie die Fürsprecher betonen, die Produkte können mithin nicht unterschieden werden von natürlichen Mutationen. Die Schlagzeilen und Narrative ähneln jenen, die wir schon in den 1990er Jahren zur Gentechnik und einige Jahre später zur synthetischen Biologie gelesen haben: „Menschen nach Maß", „Im Reich der neuen Tiere" und „Das Ende des Lebens, wie wir es kennen".

So werden regelmäßig Entwicklungsschübe in den Life Sciences angekündigt. Das alles hört sich gut, günstig, harmlos und sicher an. Der damalige Leopoldina-Präsident Jörg Hacker beschrieb die Methode als „Zauberscheren" und orientiert sich an der Metapher der Textverarbeitung (2016):

> „Mithilfe dieser Zauberscheren [!], CRISPR/Cas genannt, sind Biologen und Mediziner heute in der Lage, die Erbsubstanz, das Genom, umzuschreiben, es wie einen Buchtext zu editieren. Deshalb wird die neue Methode ‚der biologischen Textverarbeitung' auch ‚genome editing' genannt."

Die Versprechungen – welche in dem Beitrag hohe Erwartungen wecken – gleichen denen der grünen Gentechnik aus vergangenen Jahrzehnten (ebd.):

> „Hierbei geht es unter anderem darum, Pflanzen zu entwickeln, die resistent gegen Trockenheit, Schädlinge und hohen Salzgehalt der Böden sind oder die zur zukünftigen Energieversorgung beitragen können, …"

Wenn es eine Lehre aus Wissenschaftskommunikation und Technikentwicklung der vergangenen Jahrhunderte gibt, dann die, dass nicht alle Versprechungen eintreffen – auch nicht, wenn sie immer wiederholt werden. Dagegen treten aber immer nicht beabsichtigte Nebenfolgen auf. Daher sind einseitige Darstellungen möglicher Chancen wissenschaftlich-technischer Entwicklungen stets problematisch.

4.6 Regeln für Wissenschaftskommunikation

Es erscheint vor dem Hintergrund der hier beschriebenen Versuchungen der Wissenschaftskommunikation – insbesondere große Versprechungen oder Absolutheitsansprüche – angebracht, Regeln für Wissenschaftskommunikation zu schaffen. Genau darüber wurde in den vergangenen Jahren viel gesprochen.

Viele Regeln für gute Wissenschaftskommunikation leiten sich ab aus Regeln für gute Wissenschaft. So formuliert die BMBF-Factory (BMBF 2021, S. 5):

„Dabei unterliegt Wissenschaftskommunikation den gleichen Erwartungen und Standards, die an gute Forschung und Lehre angelegt werden: Sie ist integer in ihren Inhalten und Methoden, sie ist relevant, nachvollziehbar, verständlich und transparent. Sie ist forschungsbasiert und reflektiert entsprechend auch ihre Gelingensbedingungen und ihre Folgen für Gesellschaft und Wissenschaft."

Und der Wissenschaftsrat (2021, S. 40) betont:

> „Grundsätzlich ist es von großer Bedeutung, dass die Regeln wissenschaftlicher Integrität auch in der Kommunikation mit der Öffentlichkeit Beachtung finden und eingehalten werden. … Demnach müssen z. B. die wissentliche Übertreibung von Forschungsergebnissen, das Verschweigen oder das fälschliche Behaupten von Unsicherheiten als wissenschaftliches Fehlverhalten gelten."

Nun ist anhand der Einzelbeispiele der Corona-Kommunikation zu beurteilen, inwieweit diese Regeln in der Wissenschaftskommunikation eingehalten worden sind. Um die Bilanz vorweg zu nehmen: Diese Regeln wurden oft ignoriert, und man muss den Eindruck gewinnen, dass sie den Akteuren gar nicht bekannt waren.

Literatur

acatech (Hrsg) (2012) Perspektiven der Biotechnologie-Kommunikation. acatech POSITION. Springer, Heidelberg

acatech et al. (Hrsg) (2017) Social Media und digitale Wissenschaftskommunikation. Analyse und Empfehlungen zum Umgang mit Chancen und Risiken in der Demokratie. München

Bundesministerium für Bildung und Forschung (Hrsg) (2021) #Factory WissKomm – Handlungsperspektiven für die Wissenschaftskommunikation. BMBF. https://www.bmbf.de/bmbf/shareddocs/downloads/files/factory_wisskomm_publikation.html

Hacker J (2016) Der Grund des Lebens. FAZ 17.5.2016

Hoffjann O (2023) Public Relations. SpringerVS, Wiesbaden

Meyer-Guckel V (2013) Marketing oder Kommunikation. Wirtsch Wiss 1:40–43

Stollorz V (2021) Herausforderungen für den Journalismus über Wissenschaft in der Coronapandemie – erste Beobachtungen zu einem Weltereignis. Bundesgesundheitsblatt – Gesundheitsforschung – Gesundheitsschutz, Vol. 64, 70–76

Weitze MD et al. (Hrsg) (2012) Biotechnologie-Kommunikation. Kontroversen, Analysen, Aktivitäten. Springer, Heidelberg,

Weitze MD, Heckl WM (2016) Wissenschaftskommunikation. Springer, Heidelberg

Wieland T (2012) Rote Gentechnik und Öffentlichkeit: Von der grundlegenden Skepsis zur differenzierten Akzeptanz. In: Weitze MD et al. (Hrsg) Biotechnologie-Kommunikation. Kontroversen, Analysen, Aktivitäten. Springer, Heidelberg, S 69–112

Wissenschaftsrat (2021) Wissenschaftskommunikation – Positionspapier. Kiel

5

Randbedingungen der Wissenschaftskommunikation

> Wie die Menschen Wissen aufnehmen und wie Meinungen entstehen, ist ein komplexer Prozess. Randbedingungen wie Vorwissen, Interessen und Deutungsrahmen spielen bei der Rezeption eine Rolle. Einblicke in diese Randbedingungen machen grundsätzliche Beschränkungen der Wissenschaftskommunikation deutlich und können umgekehrt ihre spezifischen Möglichkeiten illustrieren.

5.1 Rezeption und Denkfehler

Hauptmotiv der Rezeption wissenschaftlicher Inhalte durch Laien ist nicht der Erwerb von Wissen (im Sinne von Bildung als „Wert an sich"), sondern die Suche nach Lösungen und Orientierungen für Alltagsprobleme. Das gilt auch und insbesondere mit Blick auf Corona. Insbesondere sollte man sich von der Vorstellung verabschieden, dass Laien bereit wären, sich durch Unmengen an Informationen zu arbeiten, um am Ende zum besten Schluss zu kommen – etwa zur Sinnhaftigkeit von Maßnahmen oder zur Impfentscheidung. Wir sind vielmehr „kognitive Geizhälse", wie der Fachbegriff heißt.

Der Begriff „Motivated Reasoning" bezeichnet eine weitere Abweichung unseres Denkens von rationalen Idealen: Fakten werden unterschiedlich aufgenommen und bewertet, sie werden interpretiert abhängig von bestehenden Werten und Interessen. So kennt man mehrere psychologische Mechanismen, die dazu führen, dass unsere Wahrnehmung erleichtert wird angesichts der Informationsflut, die ständig auf uns einprasselt. Allerdings können genau diese Mechanismen auch dazu führen, dass aus den Informationen und Meinungen, die uns erreichen, bestimmte überbewertet, die darin enthaltenen Aussagen als wichtiger und wahrscheinlicher eingestuft und bevorzugt weiterverarbeitet werden als andere (z. B. Renn 2019, S. 52–57). Das führt dazu, dass keineswegs die Informationen gesammelt und in einem rationalen Verfahren sortiert und gewichtet werden, sondern: Uns und allen anderen unterlaufen permanent „Denkfehler" – in jedem Gespräch, bei jeder Informationsaufnahme.

So werden beispielsweise Informationen, die zu unseren eigenen Überzeugungen passen, etwas für uns Wünschenswertes oder möglichst viele Anknüpfungspunkte enthalten, bevorzugt („Confirmation Bias"). Überzeugte Impfbefürworter werten Informationen zu positiven Wirkungen von Impfungen stärker. Tatsächlich wirken die eigenen Grundannahmen und Werte als ein Filter, durch den neue Informationen, etwa zu komplexen wissenschaftlichen Sachverhalten, erst einmal durchdringen müssen.

Erwartungswidrige Beobachtungen dagegen werden ignoriert, man weicht ihnen nach Möglichkeit aus: „Kognitive Dissonanz tritt dann auf, wenn wir mit

Informationen oder Erfahrungen konfrontiert werden, die unsere bisherigen Überzeugungen infrage stellen" (Renn 2019, S. 62). Es gibt dabei eine Reihe von Ausweichmanövern, die uns helfen sollen, diese Dissonanz zu vermeiden: Man kann gezielt nach Informationen suchen, die die bisherigen Überzeugungen unterstützen. Oder man kann die Glaubwürdigkeit der neuen Information herabstufen und auf diese Weise innere Widersprüche auflösen („Backfire-Effekt").

Änderungen in den eigenen Wissensbeständen und Überzeugungen sind freilich dennoch möglich: Information, die nicht zu den eigenen Einstellungen kongruent ist, wird dann eher angenommen, wenn sie von Fachleuten verschiedener Ausrichtungen beziehungsweise Werthaltungen vertreten wird („Pluralistic Advocacy").

5.2 Deutungsrahmen und Beeinflussung

Ist das Glas halb leer oder halb voll? Ein und dieselbe Information kann unterschiedlich aufgenommen werden, je nachdem, in welchem Deutungsrahmen (Frame) sie steht. Dieser betont bestimmte Aspekte und lässt andere in den Hintergrund treten.

So können bestimmte Wirkmechanismen, Problemlösungen oder Bewertungen nahegelegt werden (Entman 1993, S. 52): Manchmal reicht ein einzelnes Wort („Solidarität", „Verantwortung", „alternativlos", „Frankenfood"). Mit Bezug auf Corona-Maßnahmen wird durch Begriffe wie „Ausgangssperre" bzw. „Ausgangsbeschränkung", „Impfpflicht" bzw. „Impfzwang" jeweils ein Framing vorgegeben und eine Bewertung nahegelegt. Bei den Begriffen „Impfversagen" bzw. „Impfdurchbruch" wird die Bewertung gleich mitgeliefert: Im ersten Fall geht es um einen mangelhaften Impfstoff, im anderen Fall wird transportiert, dass Impfungen „nur noch – in seltensten Fällen natürlich – durchbrochen werden [können], von einem besonders bösen, gefährlichen und wahrscheinlich mutierten Virus" (https://norberthaering.de/liste-manipulationen/).

Auch Bilder, mit denen komplexe wissenschaftliche Zusammenhänge erfasst werden (beispielsweise Inzidenzkurven), transportieren Framings (durch Auswahl der Beobachtungszeiträume, Messwerte, Darstellungsart).

Ein Beispiel, wie Framing Entscheidungen beeinflusst, hat Daniel Kahnemann mit Kollegen in den 1980er Jahren anhand eines Gedankenexperiments zu einer asiatischen Epidemie (!) vorgestellt (Kahnemann und Tversky 1984, S. 343, nach Weitze und Heckl 2016, S. 124 f.):

> „Stellen Sie sich vor, die USA bereitet sich auf den Ausbruch einer ungewöhnlichen asiatischen Epidemie vor, die vermutlich 600 Menschen töten wird. Es wurden zwei alternative Programme zur Bekämpfung der Epidemie entwickelt. Nehmen Sie weiterhin an, dass die exakten wissenschaftlichen Erwartungen für die Konsequenzen der beiden Programme folgende sind: Wird Programm A angewendet, werden 200 Personen gerettet. Wird Programm B angewendet, besteht eine 1/3-Wahrscheinlichkeit, dass 600 Personen gerettet werden, und eine 2/3-Wahrscheinlichkeit, dass kein Mensch gerettet wird. Wie würden Sie sich entscheiden?"

Die Mehrheit (72 %) der Personen wählten Programm A. Sie ziehen also die Alternative, sicher 200 Leben zu retten, der riskanten Wahl vor. In einer weiteren Befragung wurden die zu erwartenden Konsequenzen der beiden Programme nicht mehr mittels der Zahl der

Überlebenden, sondern durch die Zahl der Sterbenden beschrieben (Kahnemann und Tversky 1984):

„Wird Programm C angewendet, werden 400 Personen sterben. Wird Programm D angewendet, besteht eine 1/3-Wahrscheinlichkeit, dass niemand sterben wird, und eine 2/3-Wahrscheinlichkeit, dass 600 Menschen sterben werden. Wie würden Sie sich entscheiden?"

Durch das unterschiedliche Framing fielen hier die Antworten umgekehrt aus: 78 % der Befragten entschieden sich für Variante D, obwohl das Zahlenverhältnis von 200 Überlebenden zu 400 Todesopfern bei den Optionen A und C sowie B und D gleich ist.

Das Framing, also die Art der Wissenschaftskommunikation, ist demnach entscheidend für die jeweilige Wahrnehmung des Risikos, und damit auch für die Akzeptanz (vgl. Abschn. 5.6).

5.3 Plausibilität

Plausibilität hilft uns, den Wahrheitsgehalt von Aussagen einzuschätzen, die wir nicht direkt durch Erfahrung überprüfen können. Das ist hilfreich, denn tatsächlich können wir die allerwenigsten Dinge direkt durch Erfahrung überprüfen (vgl. Renn 2019, S. 43–48). Drei Aspekte sorgen für Plausibilität (Renn 2019, S. 48):

- Es handelt sich um einfache (nicht zu komplexe) Information,
- die Bezugnahme auf mehrere Quellen, die glaubwürdig erscheinen, und
- die Vermeidung von vagen Argumentationssträngen.

Diese 3 Aspekte sind zu berücksichtigen, wenn Laien Informationen zu Corona einordnen, die sie von Experten hören.

5.4 Vertrauen

In komplexen und unübersichtlichen Zusammenhängen verfügen wir nicht über genügend Wissen, um Entscheidungen fällen zu können. Vertrauen wird als eine Strategie der Komplexitätsreduktion beschrieben (Weitze und Heckl 2016, Kap. 10): Es kann über Unsicherheiten hinweghelfen – etwa bei der Wahrnehmung und Beurteilung von Risiken. Wenn Vertrauen und Skepsis ein Gegensatzpaar bilden, wäre es allerdings naiv, blindes Vertrauen in Sachen Wissenschaft und Technik anzustreben.

Dennoch hilft uns soziales Vertrauen (im Sinne des englischen Begriffs „trust") zur Orientierung. Es entsteht aus wiederholten sozialen Interaktionen, in denen sich die dann vertrauenswürdige Person oder Institution als derart verantwortungsbewusst und glaubwürdig erwiesen hat, dass Entscheidungen an sie abgegeben werden.

Christian Drosten, Mai Thi, Hendrik Streeck – wem schenken wir wieso Vertrauen? Der Sozialwissenschaftler Ortwin Renn identifiziert 7 Kriterien zur Zuschreibung von Vertrauenswürdigkeit (Renn 2019, S. 79):

- Wahrgenommene Kompetenz und fachliche Expertise
- Unvoreingenommenheit (keine Parteilichkeit zugunsten eines partikularen Interesses)
- Fairness (Anerkennung und angemessene Darstellung aller relevanten Perspektiven)
- Gradlinigkeit (Vorhersehbarkeit von Argumenten und Verhaltensweisen, die auf der Erfahrung mit vorangegangenen basiert)

- Aufrichtigkeit, Ehrlichkeit, Offenheit
- Empathie (z. B. Mitgefühl mit potenziellen Opfern)
- Engagement (Entschlossenheit und Wille bei der Erfüllung der Aufgaben)

Diese Kriterien spielen eine Rolle bei der Frage, welchen Corona-Experten wir Vertrauen schenken. Vertrauensbeziehungen lassen sich nicht durch Werbemaßnahmen oder Forderungen anbahnen, sondern sie basieren auf Erfahrungen anhand oben genannter Kriterien oder können als Vorschuss gewährt werden. Vertrauenswürdigkeit wird ständig überprüft – und kann sehr flüchtig sein: Es reicht eine einmalige Enttäuschung zur Zerstörung von Vertrauen.

Mit dem Wissenschaftsbarometer ermittelt die Organisation „Wissenschaft im Dialog" regelmäßig in bevölkerungsrepräsentativen Umfragen die Einstellungen der Bevölkerung zu Wissenschaft und Forschung (Wissenschaft im Dialog 2022). Hier zeigt sich, dass das Vertrauen in Wissenschaft und Forschung mit Beginn der Pandemie deutlich gestiegen ist (Abb. 5.1).

Erhoben wurde auch, wie hoch das „Vertrauen in die Aussagen verschiedener Akteure zu Corona" ist. Das Wissenschaftsbarometer 2022 betont zwar, dass das Vertrauen in Aussagen von Wissenschaftlern zu Corona mit 66 % im September 2022 weiterhin recht hoch ist – aber das Vertrauen in die Aussagen von Vertretern von Behörden und Ämtern ist zwischen April 2020 und September 2022 von 45 % auf 24 % gesunken, bei Politikern sogar von 44 % auf 15 % (Wissenschaft im Dialog 2022, S. 27) (Abb. 5.2).

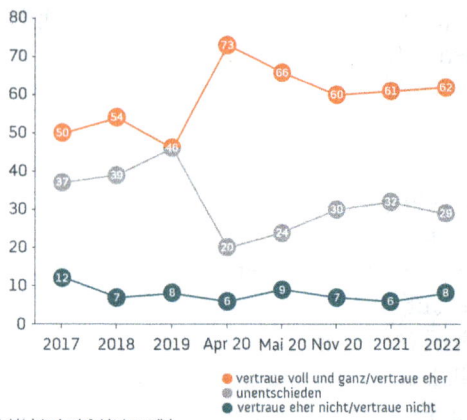

Abb. 5.1 Vertrauen in Wissenschaft und Forschung: Zeitreihe des Wissenschaftsbarometer. (Wissenschaft im Dialog/Kantar)

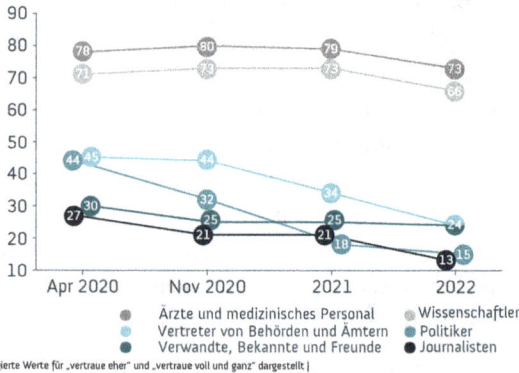

Abb. 5.2 Vertrauen in die Aussagen verschiedener Akteure zu Corona: Zeitreihe des Wissenschaftsbarometer. (Wissenschaft im Dialog/Kantar)

5.5 Einstellungen zu Wissenschaft und Technik

Wünsche und Erwartungen an die Zukunft, aber auch Zustimmung oder Ablehnung von Technologien können durch Umfragen indirekt erfasst werden.

Die Aufgeschlossenheit gegenüber Wissenschaft und Technik spiegelt sich seit Jahrzehnten in Ergebnissen der empirischen Akzeptanzforschung wider (z. B. acatech 2011, S. 13 f., acatech und Körber-Stiftung 2018, S. 81): Von einer generellen Wissenschafts- oder Technikfeindlichkeit in Deutschland – die immer wieder unterstellt wird – kann keine Rede sein. Dabei stehen nicht Wissenschaft und Technik „an sich" im Zentrum des Interesses, sondern ihre gesellschaftliche Einbettung – die mit ihr verbundenen Ziele ebenso wie die Wünschbarkeit der vermuteten gesellschaftlichen Folgen.

So wird im Eurobarometer die generelle Haltung gegenüber verschiedenen Technologien abgefragt: „Sagen Sie mir bitte für jeden Bereich, ob Sie meinen, a) dass er Ihr Leben in den nächsten 20 Jahren verbessern wird, b) keine Auswirkungen haben wird oder c) ihr Leben verschlechtern wird" Eine überwiegend optimistische Einschätzung ist hinsichtlich Sonnen- und Windenergie sowie der Informationstechnologie seit Jahrzehnten generell hoch und liegt für Deutschland bei 96 %, 92 % bzw. 87 %. In diese Spitzengruppe ist „Impfstoffe und die Bekämpfung von Infektionskrankheiten" mit 90 % bei den Deutschen aufgestiegen (europaweit ähnliche Zahlen, siehe European Commission 2021, S. 96 ff.).

5.6 Akzeptanz

Techniksoziologen und -ethiker haben bereits lange nachgedacht über die Akzeptanz von Technik (z. B. acatech 2011). Vieles davon ist übertragbar auf Corona-Maßnahmen und deren Bewertung.

Für die Beurteilung und Akzeptanz einzelner Techniken stellen sich bestimmte Bedingungen als besonders wichtig heraus: So führt ein Nutzen für den Einzelnen zu einer besseren Beurteilung, ebenso eine Einschätzung, dass auftretende Risiken (individuell oder kollektiv) gut beherrscht sind. Technologien, denen einerseits ein Gefährdungspotenzial für den Einzelnen (und dann möglicherweise noch ohne großen eigenen Handlungsspielraum) beigemessen wird und andererseits allenfalls ein abstrakter Nutzen, schneiden deshalb eher schlecht ab. Je nach Technik und Anwendungsfeld werden weitere Kriterien relevant, wie z. B. Sozialverträglichkeit, Umweltverträglichkeit, ethische Unbedenklichkeit oder die politische Legitimierung.

Zusammenfassend benennt der Techniksoziologe Ortwin Renn 4 Bedingungen der Akzeptanz (Renn 2019, S. 167–169), die sich direkt auf die Akzeptanz von Corona-Maßnahmen übertragen lassen:

- **Orientierung und Einsicht:** Liegt eine Einsicht in die Sinnhaftigkeit der jeweiligen Maßnahmen vor und steht man hinter den mit diesem Einsatz angestrebten Zielen und Mitteln, dann ist eher mit Akzeptanz zu rechen.
- **Selbstwirksamkeit:** Hat man den Eindruck, dass die eigenen Handlungsmöglichkeiten durch die Maßnahmen eingeschränkt werden, ist bei den meisten

Bürgerinnen und Bürgern Skepsis angesagt. Bleiben hingegen Freiheitsräume erhalten, ist das der Akzeptanz zuträglich.
- **Positive Nutzen-Risiko-Bilanz:** Akzeptanz ist umso eher zu erwarten, je mehr die Konsequenzen der Maßnahmen einem selbst zugutekommen (oder den Gruppen und Individuen, die man besonders schätzt). Man schätzt den Nutzen für sich selbst (bzw. für andere, die man wertschätzt) höher ein, wenn mit den Maßnahmen ein geringes oder zumindest akzeptables Risiko verbunden ist.
- **Identität:** Je mehr man sich mit einer Maßnahme auch emotional identifizieren kann, desto größer ist die Akzeptanzbereitschaft. Dies ist mit Bezug auf Hygienevorschriften und Lüftung weniger problematisch als beim Abstandhalten und Maskengebrauch.

Dabei ist offensichtlich, dass die Akzeptanz individuell unterschiedlich ist. Experten können beispielsweise völlig andere Risikoeinschätzungen haben als Laien. Und selbst wenn zur Wirksamkeit von Maßnahmen Einigkeit unter Experten herrscht, heißt das noch lange nicht, dass diese akzeptiert werden. Denn dazu sind weitere Bedingungen relevant.

Ob Maskentragen, Impfung oder Lockdown: Die Diskussion um die Maßnahmen lassen sich anhand dieser 4 Bedingungen der Akzeptanz sehr gut nachvollziehen. Auch hier spielen Transparenz und Dialog im Kommunikationsprozess eine wichtige Rolle.

Funktioniert das in der Corona-Kommunikation? Oder fällt man zurück in überkommen geglaubte Kommunikationsmuster, wie in Abb. 5.3 karikiert (Weitze und Heckl 2016, S. 129)?

Abb. 5.3 Wissenschaftskommunikation von gestern? (C. Gießler)

Literatur

acatech (Hrsg) (2011) Akzeptanz von Technik und Infrastrukturen. acatech POSITION Nr. 9. Springer, Heidelberg

acatech und Körber-Stiftung (Hrsg) (2018) TechnikRadar 2018. Was die Deutschen über Technik denken. Hamburg und München

Entman RM (1993) Framing: Toward clarification of a fractured paradigm. Journal of Communication 43: 51–58

European Commission (2021) Special Eurobarometer 516 – European citizens' knowledge and attitudes towards science and technology. https://doi.org/10.2775/071577

Kahnemann D, Tversky A (1984) Choice, values and frames. American Psychologist 39: 341–350

Renn O (2019) Gefühlte Wahrheiten (2. Aufl.). Barbara Budrich, Opladen

Weitze MD, Heckl WM (2016) Wissenschaftskommunikation. Springer, Heidelberg

Wissenschaft im Dialog (2022) Wissenschaftsbarometer 2022. https://www.wissenschaft-im-dialog.de/projekte/wissenschaftsbarometer/wissenschaftsbarometer-2022/

6
Zwischen Zahlengläubigkeit und Datenchaos

> Inzidenzwerte, Daten zur Sterblichkeit oder Ergebnisse aus Computermodellen – Zahlen suggerieren Wissenschaftlichkeit, Präzision und Verlässlichkeit. Transparenz darüber, wie diese Zahlen zustande kommen, ist eher selten.
> Stattdessen werden Zahlen mitunter selektiv verwendet, in bestimmter Weise interpretiert – und so für eine suggestive Wissenschaftskommunikation missbraucht.

6.1 Die Vermessung der Welt

Wissenschaft produziert Ergebnisse, die oftmals in Messwerten und Zahlen dargestellt werden. Zahlen scheinen das zu liefern, was viele von der Wissenschaft erwarten: Eindeutigkeit und Objektivität.

Der Wissenschaftler und langjährige und einflussreiche Wissenschaftsmanager Peter Strohschneider beklagte einen Trend (2020, S. 174),

> „immer neue Aspekte von Welt vermessbar zu machen und datenförmig zu repräsentieren: ein neo-positivistischer ‚Dataismus', der mit der Verheißung einherkommt, dass Zahlen und Fakten selbst sprächen, ohne dabei etwa lügen zu können, und dass sie direkt – vor jeder wissenschaftlich-theoretischen Verarbeitung und vor jeder gesellschaftlichen Wert- und Interessenaushandlung – normative Verbindlichkeit stifteten."

Und das scheint auch zu gelten auf der „Grundlage" lückenhafter, unsicherer, fehlbehafteter „Daten".

Man kann sich viel von Zahlen versprechen: Wahrheit, Verbindlichkeit, Kommunikationshilfe. Aber in der Corona-Krise waren die Zahlen teilweise das Ergebnis von Schätzungen, wurden teilweise falsch ermittelt und Grenzwerte politisch gesetzt – und auf dieser Grundlage wurden wiederum Maßnahmen verordnet. Inzidenzwerte und Zahlen der Corona-Toten wurden monatelang, wie der Wetterbericht, ständig in den Nachrichten mitgeteilt. Aber waren das die relevanten Zahlen? Der Politiker Wolfgang Kubicki erinnert sich (2021, S. 40):

> „In den folgenden Wochen [Frühjahr 2020] wechselte die Referenzgröße der Bundesregierung für die Pandemie-Bekämpfung mehrfach. Hieß es zuerst, man wolle die Überlastung des Gesundheitssystems vermeiden – ‚flatten the curve' –, schwenkte man bald dahingehend um, dass Lockerungen nur bei einer Verdoppelungszeit von ursprünglich zehn, dann 14 Tagen möglich seien. Als dieser Wert bei über 20 Tagen lag, erklärte die Kanzlerin auf einmal den sogenannten Reproduktionsfaktor

6 Zwischen Zahlengläubigkeit und Datenchaos

(R-Wert) zur maßgeblichen politischen Richtschnur. Der R-Wert, so hatte sie in einer Pressekonferenz erläutert, müsse stabil unter 1 bleiben, um die Infektionsdynamik unter Kontrolle zu halten."

Man führte (ebd., S. 104)

„schließlich die Inzidenzwerte 50, 35, 100 sowie bei den Schulen 165 ein. Jens Spahn brachte, als die Zahlen wieder dramatisch sanken, plötzlich die 20 ins Spiel – konnte aber nicht mehr rechtlich oder wissenschaftlich begründen, warum."

Die Zahlen und die ins Spiel gebrachten Grenzwerte klangen wissenschaftlich, erschienen als Fakten – aber die Referenzgrößen wurden anscheinend eher nach pragmatischen als nach wissenschaftlichen Gesichtspunkten gesetzt.

Der Mediziner Friedrich Pürner macht deutlich, dass viele Zahlen (auf denen Statistik, Inzidenzwerte und Maßnahmen basieren) „sehr oft durch Schätzungen" (Pürner 2021, S. 95) zustande kommen. Positiv Getestete und Erkrankte wurden nicht unterschieden, Zahlen und Begriffe wurden immer wieder verzerrt (Pürner 2021, S. 197):

„Nach über einem Jahr der Pandemie … haben wir keine Datenhoheit über konkrete Zahlen. Mit diesem Übel geht auch einher, dass wir kein gutes Instrument zum Umgang mit Corona gefunden haben."

Anfang 2022, 2 Jahre nach Beginn der Pandemie, hat man es noch immer mit einem Datenchaos zu tun, wie Journalisten des Cicero zusammenfassen (Fess et al. 2022, S. 18):

> „Es fehlt an grundlegenden Informationen. Zur Verbreitung des Virus. Zur Impfquote. Zur Zahl der Genesenen, Zur Frage, wie gut die Impfung vor Ansteckung, Übertragung und einem schweren Verlauf von Covid-19 schützt."

Die mangelnde Datenerhebung wurde schließlich auch als eines der Grundprobleme im Gutachten „Evaluation der Rechtsgrundlagen und Maßnahmen der Pandemiepolitik" (Sachverständigenausschuss 2022) benannt (Abschn. 23.1). Und der Deutsche Ethikrat bilanzierte nach 2 Jahren (2022, S. 89 f.):

> „Die politischen Entscheidungen zur Pandemiebekämpfung wurden – vor allem zu Beginn, aber auch in späteren Phasen der Corona-Krise – unter der Bedingung großer wissenschaftlicher Unsicherheit getroffen. Dies betrifft neben der Erkenntnislage zu SARS-CoV-2 und der von ihm verursachten Erkrankung auch die gewünschten und unerwünschten Wirkungen und Nebenfolgen von Schutzmaßnahmen."

6.2 Inzidenzwerte

Im Papier des Ethikrats werden „epidemiologische Kennziffern" verständlich und auch mit Hinweis auf die Begrenztheit dieser Zahlenwerte dargestellt (Deutscher Ethikrat 2022, S. 80):

> „Inzidenz: In der Epidemiologie wird die Häufigkeit des Auftretens einer Krankheit durch verschiedene statistische Maßzahlen näher bestimmt, die Aussagen über die relative Häufigkeit neu auftretender Krankheitsfälle in einer bestimmten Bevölkerung ermöglichen. In Deutschland ist die 7-Tage-Inzidenz die wichtigste epidemiologische Kenn-

6 Zwischen Zahlengläubigkeit und Datenchaos

ziffer für die Beurteilung der Entwicklung des Infektionsgeschehens während der COVID-19-Pandemie. Sie gibt die labordiagnostisch nachgewiesenen und registrierten Neuinfektionen pro 100.000 Einwohner im Zeitraum einer Woche an. In Abhängigkeit von der Test-Aktivität kann diese Zahl allerdings stark von der tatsächlichen relativen Häufigkeit der neu auftretenden Infektionsfälle abweichen. Diese Abhängigkeit erklärt die im internationalen Vergleich sehr unterschiedlichen Angaben zur Letalität in der ersten Phase der Pandemie."

Mit diesem Inzidenzwert (7-Tage-Inzidenz) lässt sich grundsätzlich darstellen, dass die Pandemie „in regional klar erkennbaren Wellen" verläuft (ebd., S. 75–76):

„Diese epidemiologische Maßzahl erlaubt eine zeitnahe Abbildung des Infektionsgeschehens, da sie Infektionen frühzeitig (gegebenenfalls bereits vor Symptombeginn) auf Grundlage eines positiven Testergebnisses erfasst. Im Vergleich zeichnen andere Kennziffern, wie die Hospitalisierungsinzidenz, die Belegung der Intensivbetten und die Todesfälle, die Infektionsdynamik um mehrere Wochen zeitverzögert nach."

Allerdings hat die Aussagekraft der 7-Tage-Inzidenz auch klare Einschränkungen, die die „Unstatistik" (eine regelmäßige Kolumne, die publizierte Zahlen und deren Interpretationen hinterfragt) vom 30.10.2020 verdeutlicht (https://www.rwi-essen.de/presse/wissenschaftskommunikation/unstatistik/archiv/2020/detail/anti-corona-massnahmen-nicht-nur-auf-neuinfektionen-schauen):

„Die aktuelle [und das galt bis 2022] Politik orientiert sich mit ihren Anti-Corona-Maßnahmen vor allem an dieser 7-Tage-Inzidenz, die die Entwicklung der Neuinfektionen abbildet. … Hat beispielsweise eine Stadt mit 250.000

Einwohner in den letzten sieben Tagen insgesamt 50 Neuinfektionen verzeichnet, so beträgt die Sieben-Tages-Inzidenz 50*(100.000/250.000) = 20."

Diese Zahlen sagen für sich jedoch wenig aus, weil die Anzahl positiver Ergebnisse selbstverständlich von der Anzahl durchgeführter Tests abhängt – so ordnet die „Unstatistik" ein. Informativer wäre das Verhältnis positiver Testergebnisse zur Anzahl durchgeführter Tests. Außerdem ist zu berücksichtigen, wer getestet wird: Personen mit Symptomen? Kontaktpersonen? Reiserückkehrer? Jedermann? Und für eine Beurteilung des Corona-Gesamtgeschehens wäre eine Differenzierung nach Altersgruppen erforderlich (u. a., weil schwere Krankheitsverläufe bei Älteren häufiger sind). Die Autoren der „Unstatistik" raten (ebd.),

„nicht alleine die Veränderung der 7-Tage-Inzidenz … zu betrachten, sondern zugleich die Veränderung der Positiv-Test-Raten und der Todesraten bzw. den Anteil an Corona-Patienten in Intensivstationen."

Bei kleinen Einwohnerzahlen ergeben sich zudem zwangsläufig große Sprünge der Inzidenzwerte (Bauer et al. 2022, S. 68):

„In einer Kleinstadt mit 5000 Einwohnern bedeutet ein Fall eine Inzidenz von 20. Kommt einer hinzu, steigt die Inzidenz schon auf 40. Dazwischen gibt es nichts. Sollen jetzt noch fünf Altersgruppen unterschieden werden (und nehmen wir der Einfachheit halber an, dass jede Altersgruppe 1000 Menschen zählt), dann gibt es nur Inzidenzen von 0, 100 oder 200. Solche Daten sind also völlig nutzlos, um entscheidungsrelevante Informationen zu gewinnen."

6 Zwischen Zahlengläubigkeit und Datenchaos

Die Statistikerin Katharina Schüller fordert seit Beginn der Pandemie repräsentative Stichproben, so auch im Rahmen einer Petition auf der Plattform „Führen Sie systematisch repräsentative SARS-CoV-2-Tests durch, um die Pandemie zu stoppen" [https://www.change.org/p/ministerpr%C3%A4sident-dr-markus-s%C3%B6der-f%C3%BChren-sie-systematische-repr%C3%A4sentative-covid-19-tests-durch-um-die-pandemie-zu-stoppen]:

> „Es ist völlig unverständlich, warum in Deutschland bis heute keine systematischen repräsentativen SARS-CoV-2-Tests durchgeführt werden. Die Meldedaten und die Expertise der statistischen Ämter wären bei weitem ausreichend, um – ähnlich wie beim Mikrozensus – täglich einige hundert Tests an einer repräsentativen Bevölkerungs-Stichprobe zu planen. Damit würden sich sehr viel belastbarere Aussagen über das Infektions- und das Todesfallrisiko durch das Coronavirus treffen lassen als mit der bisherigen, rein reaktiven Vorgehensweise."

Pointiert schreibt Wolfgang Kubicki zu den Inzidenzzahlen (2021, S. 97):

> „Die allgemeinen Inzidenzzahlen waren das Goldene Kalb, um das die Bundesregierung wie im Wahn tanzte."

Wenn schon die Erhebung der Inzidenzwerte problematisch war, die Setzung der damit verbundenen Grenzwerte und die damit suggerierte Evidenzbasierung von Corona-Maßnahmen, dann ist es umso problematischer, wenn diese Kenngröße in manipulativer Absicht benutzt wird:

Bayerns Ministerpräsident Markus Söder hatte am 18. November 2021 in einem Tweet (Abb. 6.1) behauptet, dass die Inzidenz von Geimpften bei 110, die von Ungeimpften bei 1.469 liegt.

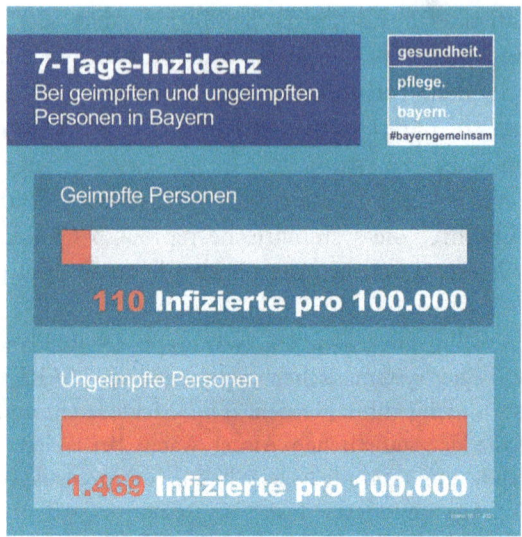

Abb. 6.1 Markus Söder veröffentlicht auf Twitter Inzidenzwerte in Abhängigkeit vom Impfstatus und kommentiert (https://twitter.com/markus_soeder/status/1461362183636279309, 18.11.2021): „Leider nehmen die Corona-Infektionen gerade bei Ungeimpften dramatisch zu. Es gibt einen direkten Zusammenhang von niedrigen Impfquoten und hohen Infektionsraten. Lassen Sie sich daher bitte impfen. Nur Impfen hilft."

Ungeimpfte erscheinen mehr als 10-fach stärker betroffen von Infektionen als Geimpfte. Mit solchen Zahlen und Vergleichen sollten Corona-Maßnahmen, insbesondere Beschränkungen für Ungeimpfte im Alltag wohl „begründet" werden.

Der Journalist Tim Röhn stellte dagegen anhand der Rohdaten fest, „dass die Inzidenz der Geimpften (9320 Fälle) bei 109,7 liegt und die der Ungeimpften (14.254 Fälle) bei 333,8" (https://twitter.com/Tim_Roehn/status/1479393341653585923). 62.722 Fälle mit unbekanntem Impfstatus müssen den Ungeimpften zugerechnet werden, um auf die von Söder verbreiteten Zahlen zu kommen. Handelte es sich um Nachlässigkeiten

6 Zwischen Zahlengläubigkeit und Datenchaos

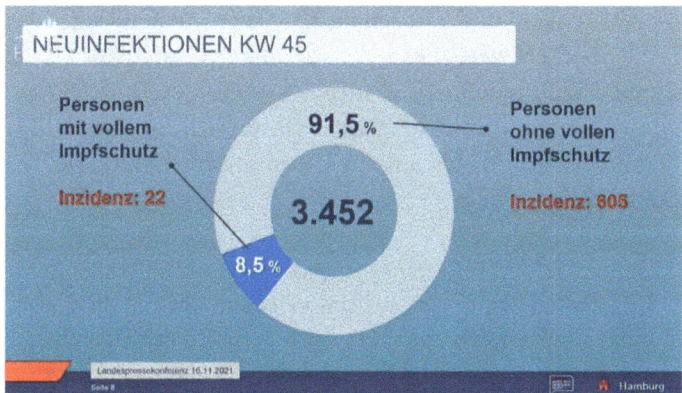

Abb. 6.2 Diese Grafik hat Bürgermeister Tschentscher bei der Hamburger Landespressekonferenz am 16.11.2021 vorgestellt (Screenshot: YouTube/HamburgerSenat)

bei den Berechnungen oder um eine Täuschung, um Ungeimpfte zu stigmatisieren?

Auch in Hamburg meldeten Politik und Behörden im November 2021 Zahlen, denen zufolge der Anteil der Ungeimpften an Neuinfektionen über 90 % liegt (Abb. 6.2). Aber auch hier war in der Mehrheit der Fälle der Impfstatus gar nicht bekannt. Die Zahlen und die Folgerungen daraus waren wenig wert.

Vermeintlich eindeutige, objektive Inzidenzwerte wurden hier errechnet und verbreitet. Wie wenig belastbar diese Zahlen und die daraus gezogenen Folgerungen waren, erschloss sich erst bei kritischer Nachfrage.

6.3 Sterblichkeit

Die Sterblichkeit (Mortalität) bezeichnet die Anzahl der Todesfälle bezogen auf eine Population in einem bestimmten Zeitraum. Man sollte annehmen, dass es sich bei dieser Kennzahl um ein objektives Maß für die

Gefährlichkeit des Virus handelt. Aber auch dieser Wert ist bemerkenswert flexibel, wie die „Unstatistik" vom 25.02.2021 beschreibt [https://www.rwi-essen.de/presse/wissenschaftskommunikation/unstatistik/archiv/2021/detail/verwirrende-zahlen-zur-coronasterblichkeit]: Bei der Sterblichkeit gibt es

> „einen Zähler und einen Nenner, wobei im Falle der Corona-Pandemie beide Komponenten alles andere als einfach zu messen sind. Dass etwa der Zähler eigentlich die an Corona und nicht die mit Corona verstorbenen Menschen zählen sollte, ist zwar allgemein akzeptiert, aber nicht durchgehend implementiert. ... Schwerer wiegt, dass der Zähler der Mortalitätsrate, wie die Statistiker sagen, eine ‚Flussgröße', der Nenner dagegen eine Bestandsgröße ist. Dies bringt gewisse technische Probleme mit sich: Die innerhalb eines bestimmten Zeitraums – aber welchen Zeitraums? – Verstorbenen geteilt durch eine bestimmte Anzahl Menschen an einem bestimmen Tag. Aber welche Menschen und an welchem Tag? Alle Menschen eines Landes insgesamt, die mit dem Coronavirus Infizierten oder die an Corona tatsächlich auch Erkrankten?"

Je nach Bezugsgröße variieren die „Sterblichkeitsraten" also erheblich. Es kommt, so bemerken die Statistiker (ebd.),

> „ferner auf die Zeitspanne an, über die man die Verstorbenen zählt: ein Tag, eine Woche, ein Monat, der komplette Zeitraum seit Beginn der Pandemie? Oder idealerweise die Zeitspanne zwischen Infektion und Entscheidung ‚Überleben ja oder nein'? Je nach Auswahl kommen hier sehr unterschiedliche Raten zustande. Das Statistische Bundesamt zum Beispiel zählt die Zahl der Verstorbenen seit Beginn der Pandemie und teilt durch die

Bevölkerung[szahl] an einem bestimmten Tag. Auf diese Weise erhält man theoretisch, bei einer Zählweise über Jahre hinweg, sogar Mortalitätsraten von über 100 [!] Prozent."

Dabei zählt, wie im Evaluationsgutachten betont wird, die Sterblichkeit (Sachverständigenausschuss 2022, S. 53)

„zu den wichtigsten Kennziffern, um die Gefährlichkeit des Corona-Virus zu beurteilen und wird häufig für Ländervergleiche genutzt. Ohne eine klar erkennbare Bezugsgröße haben absolute Zahlen zur Sterblichkeit jedoch wenig bzw. eine verfälschte Aussagekraft. Wird etwa lediglich die Gesamtzahl der COVID-19-Todesopfer in den USA mit derjenigen in Belgien verglichen, wirkt die Lage in den USA im Vergleich deutlich dramatischer. Eine realistische Einschätzung der Bedrohung ist nur möglich, wenn die absolute Zahl zur Sterblichkeit in Relation zur Gesamtbevölkerung eines Landes gesetzt wird."

Der Virologe Hendrik Streeck hat auf Grundlage einer differenzierteren Betrachtung der Daten wiederholt betont, dass man „SARS-CoV-2 keinesfalls bagatellisieren, aber auch nicht überdramatisieren" soll (Streeck 2021, S. 47, siehe auch Abschn. 8.1). Solche Differenzierungen waren jedoch die Ausnahme. Verbreitet waren eher summarische Betrachtungen, etwa auf Basis der auf die Gesamtbevölkerung bezogenen Sterbezahlen – ohne nach Risikogruppen aufzuschlüsseln. Rückblickend erkennt der Deutsche Ethikrat (2022, S. 66):

„So sehr die Folgen der Pandemie und ihre Bewältigung alle betreffen, treffen sie doch nicht alle in gleicher Weise. Sowohl eine unterschiedlich ausgeprägte physiologische Vulnerabilität (durch Alter oder Vorerkrankung) als auch ein unterschiedliches Expositionsrisiko (besonders hoch beispielsweise beim medizinischen Personal) resultieren in der ungleichen Verteilung von Ansteckungsquoten, schweren Erkrankungen und Tod."

6.4 Daten aus Modellen – und Folgerungen daraus

Wenn Infektionsketten schon längst nicht mehr verfolgt werden können, bleibt unklar, wer wen ansteckt. „Ungeimpfte an neun von zehn Ansteckungen beteiligt" konnte man in der Zeitung lesen (Münchner Merkur, 02.12.21). Die Aussage folgte jedoch nicht aus einer Nachverfolgung mittels realer Infektionsdaten, sondern aus einer Berechnung, deren Basis Annahmen zur Wirksamkeit der Impfstoffe war (Maier et al. 2022, mit Vorabbericht Maier et al. 2021). Die Mathematik dahinter ist einfach:

Es wurde zusammengestellt, wer unter diesen Modellvoraussetzungen wen ansteckt. Es wurde folgende Impfeffektivität angenommen: Die Wahrscheinlichkeit, sich zu infizieren, reduziert sich bei geimpften Erwachsenen um 72 % und bei Kindern um 92 % gegenüber Ungeimpften. Bei 100 Neuinfektionen demnach:

- 51 ungeimpft steckt ungeimpft an
- 15 geimpft steckt ungeimpft an
- 25 ungeimpft steckt geimpft an
- 9 geimpft steckt geimpft an

Daraus lässt sich also folgern, dass bei $51+15+25=91$ von 100 Neuinfektionen Ungeimpfte beteiligt sind (oder „neun von zehn"). Allerdings sind entsprechend an $15+25+9=49$ von 100 Neuinfektionen Geimpfte beteiligt. Geimpfte sind also immerhin bei „fünf von zehn" Infektionen beteiligt.

Dirk Brockmann und Kollegen folgerten aus ihren Modellierungen, dass eine Minderheit der Bevölkerung (also die Ungeimpften) einen wesentlichen Anteil zur Infektionsdynamik beiträgt. Sie betonen im Titel der Publikation: „Germany's fourth COVID-19 wave was mainly driven by the unvaccinated" und forderten u. a., Kontakte zu reduzieren, „v. a. zwischen ungeimpften Personen" (Maier et al. 2021). Diese Beschreibung ist nicht falsch, und die Folgerung klingt zunächst alternativlos – gilt aber nur unter den vorausgesetzten Annahmen zur Effektivität der Impfstoffe (bezogen auf die „Delta"-Variante) und der Bewertung der Zahlenverhältnisse.

Diesen Schritt von den Daten, die man aus Modellen gewinnt (mit entsprechenden Voraussetzungen und Bewertungen), zu den daraus gezogenen Folgerungen übersieht auch die Journalistin Sibylle Anderl. Sie beschreibt, wie „im März 2020 ein Report von britischen Forscher:innen um Neil Ferguson vom Imperial College für Aufsehen [sorgte]. Darin wurden verschiedene epidemische Szenarios diskutiert" (Anderl 2022, S. 141). Es wurde ein Modell vorgestellt mit „sehr pessimistischen Prognosen, die ihm seinen Platz auf den Titelseiten der Zeitungen sicherten. Die Strategie der lediglich abgeschwächten Ausbreitung, im Zuge derer es zu einer relativ zügigen Durchseuchung der betrachteten britischen und amerikanischen Bevölkerung kommen würde, wäre demnach in Großbritannien mit 250.000 und in den Vereinigten Staaten mit 1,1 bis 1,2 Mio. Todesfällen verbunden" (Anderl 2022, S. 142). „Während es zunächst so schien, dass die britische Regierung mit einer ungebremsten Durchseuchung liebäugelte, setzte sie im Folgenden doch auf soziale Distanz, Isolation und die Absage großer Veranstaltungen" (dies., S. 142 f.).

Die Journalistin betont die Nützlichkeit dieser Modellierung: „Die pessimistischen Prognosen erfüllten sich nicht. […] Das lag natürlich nicht zuletzt daran, dass die britische Regierung sich gegen die Strategie der Durchseuchung entschieden hatte" (Anderl 2022, S. 143). Nun ist allerdings ihre Argumentation (die Maßnahmen führten dazu, dass die Todeszahlen nicht so hoch wie befürchtet waren) nicht belegt. Es wird lediglich vermutet, dass bei alternativem Vorgehen die Todeszahlen deutlich höher gewesen wären.

Hinzu kommt in diesem Fall, dass das Computersimulationsmodell von Neil Ferguson „auf Grundlage einer nicht qualitätsgeprüften wissenschaftlichen Publikation vorgelegt wurde" (Sachverständigenausschuss 2022, S. 67).

Wolfgang Kubicki formuliert sein Unbehagen zu Modellierungen und Prognosen wie folgt (Kubicki 2021, S. 45):

> „Die spätere Erklärung, dass die Sorge vor dem Eintreffen der Prognose bereits eine disziplinierende Wirkung gehabt hätte, weshalb das schreckliche Szenario nicht eingetreten sei, war … ziemlich billig. Mit solch einer Begründung müssen die Prognosen nie stimmen. Die Schreckensverbreiter hätten damit immer recht, unabhängig davon, ob das heraufbeschworene Szenario tatsächlich eintritt oder nicht."

Ulrich Dirnagl (2021) beschreibt kritisch, wieso Modellierer besonders gefragt sind in Politikberatung und Talkshow:

> „… ihre Formeln und Modelle [versprechen] nicht weniger als die Aufklärung komplexer Zusammenhänge. Sie sagen uns, was passieren könnte, wenn wir gewisse Dinge tun

6 Zwischen Zahlengläubigkeit und Datenchaos

oder lassen. Auch erklären sie uns, welche Maßnahmen zur Pandemiebekämpfung wirksam sind – und welche nicht. ... Genauso wünscht man sich doch Handreichungen aus der Wissenschaft. Die Politik bekommt Argumente für ihre Entscheidungen – und Bürger sehen ein, warum die Schule schließen muss oder das Geschäft die Türe wieder öffnen darf."

Allerdings zeigt sich auch,

„dass die meisten Schlussfolgerungen aus den Modellrechnungen sehr vage verfasst waren. Wie bei Horoskopen passten sie damit zu jedem Verlauf. Und dort, wo konkrete Zahlen vorhergesagt wurden, sind diese sehr häufig nicht eingetreten. Es sei denn, es handelte sich um Triviales, wie die Vorhersage eines weiteren Anstieges am Anfang eines bereits deutlich sichtbaren Verlaufes."

Die Daten, auf denen die Modellierungen basieren, sind oftmals bloße Annahmen und die in der Kommunikation „oft propagierte Pseudogenauigkeit der Modellierungsergebnisse schlichtweg vermessen", erkennt Dirnagl (vergleiche den in Abschn. 6.1 beschriebenen „Dataismus"):

„Dies gilt sowohl für die Corona-Inzidenzen wie auch viel mehr noch für die Auswirkungen nicht-pharmakologischer Interventionen. Außerdem hängt alles entscheidend davon ab, ob und wie die Maßnahmen in der Bevölkerung dann tatsächlich umgesetzt werden."

Dirnagl vermutet schließlich (ebd.):

„Vielleicht besteht aber der eigentliche Nutzen der Pandemie-Modellierungen darin, *Worst-Case*-Szenarien wissenschaftlicher erscheinen zu lassen – und damit einschneidende Maßnahmen für die breite Masse einleuchtender und akzeptabler zu machen. Diese also wissenschaftlich zu bebildern."

Daten, die Modellierungen entspringen, erscheinen präzise und belastbar. Im Sinne von Transparenz in der Wissenschaftskommunikation wäre eine Offenlegung der Voraussetzungen und Bewertungen der aus den Modellen gewonnen Daten erforderlich: Dann könnten sie verdeutlichen, was im besten oder im schlechtesten Fall geschehen kann und welche Maßnahmen hier welchen Einfluss haben. Dann wären sie ein hilfreiches Instrument in Fragen der Abwägung und Entscheidungsfindung. Diese Transparenz kommt jedoch oft zu kurz. Und so täuschen unzureichend kommunizierte Modellierungsergebnisse oftmals etwas vor, das sie nicht bieten können.

Die Suggestion von Wissenschaftlichkeit in der Corona-Krise hat aber noch viele andere Ausprägungen, wie der folgende Abschnitt zeigt.

6.5 Suggestion von Wissenschaftlichkeit

Der Mathematiker und Biometriker Gerd Antes bemerkt, dass Grafiken und Verlaufskurven von Neuinfektionen etc. in der Öffentlichkeit das Gefühl verbreiteten, „dass der viralen Bedrohung mit profunder wissenschaftlicher Expertise begegnet würde" und dass „der Lockdown bewusste und gezielte Maßnahmen beinhalte" (Antes 2020, S. 14). Dem war aber leider nicht so (siehe Kap. 9): Entscheidungen erfolgten weniger aus Nutzen und Schäden (zumal solch eine Abwägung im Frühjahr 2020 schlicht nicht möglich war), sondern folgten dem, „was gemeinhin als gesunder Menschenverstand gilt: Die Rolle der Wissenschaft in der Phase der Schließungen muss man nüchtern als ‚nicht vorhanden' einstufen, auch wenn Talkshows einen anderen Eindruck vermittelten" (ebd.).

Die Suggestion von Wissenschaftlichkeit, hervorgerufen durch Schaubilder, Statistiken und weiße Kittel, zieht sich durch die Krise. Die erhoffte und behauptete Evidenz ist jedoch sehr schmal.

Diese Art der Suggestion gibt es nicht erst seit Corona. Fast könnte man meinen, dass sie schon immer Begleiter von Wissenschaft und Wissenschaftskommunikation ist: So stellte der US-amerikanische Soziologe Robert K. Merton bereits vor langer Zeit fest (Merton 1938):

> „To the public mind, science and esoteric terminology become indissolubly linked. … Partly as a result of scientific advance, therefore, the population at large has become ripe for new mysticisms clothed in apparently scientific jargon. … The borrowed authority of science becomes a powerful prestige symbol for unscientific doctrines."

Die Entscheidung für viele Maßnahmen hatte also keine wissenschaftliche Basis. Ein Beitrag der Wissenschaft wäre Begleitforschung zu Schließungen und Öffnungen gewesen, um die Wirksamkeit und den Schaden einzelner Maßnahmen einzuschätzen – doch auch hierzu gab es leider keine ernsthaften Ansätze (Sachverständigenausschuss 2022, S. 54):

> „Dass der transparente und nachvollziehbare Umgang mit Daten in der Corona-Pandemie bislang nur bedingt funktioniert hat, belegen zahlreiche Medienberichte. Auch das RKI selbst geriet wegen seines Umgangs mit dem Zahlenmaterial immer wieder in die Kritik. Verwirrung dürfte zudem die Tatsache gestiftet haben, dass sich die

Maßnahmen zur Eindämmung je nach Wissenstand und Entwicklung der Pandemie immer wieder auf unterschiedliche Kennzahlen gestützt haben. Dies ist nur dann vertretbar, wenn die Gründe hierfür klar, verständlich und nachvollziehbar kommuniziert werden."

„Zusammenfassend kann man festhalten: Absolute Zahlen sollten immer ins Verhältnis zur Bezugspopulation gesetzt werden. Aussagekräftige Vergleiche und Visualisierung durch Grafiken oder Tabellen helfen bei der Informationsvermittlung von Daten und erleichtern das Verständnis aufseiten der Empfängerinnen und Empfänger. Wer Zahlen veröffentlicht, sollte auch die damit verbundenen Unsicherheiten klar benennen. Die Bürgerinnen und Bürger erwarten realistische quantitative und verständliche Angaben über die Infektionsgefahren in bestimmten Risikositationen, beispielsweise über die Schutzwirkung verschiedener Masken oder die Genauigkeit von Tests."

Eine mediale Dauerberieselung fand statt mit Inzidenzwerten und anderen Zahlen, bis auf mehrere Nachkommastellen – ohne deren Basis einzuordnen (was misst man mit welcher Unsicherheit?). Besonders problematisch, wenn auf Basis solcher Zahlen und angeblicher „Fakten" Maßnahmen „abgeleitet" oder „begründet" werden. Entscheidungen, die auf Grundlage solcher Zahlen gefällt wurden, wurden mitunter als „evidenzbasiert" dargestellt – das Ganze war aber nur die Suggestion von Wissenschaftlichkeit.

Literatur

Anderl S (2022) Das Modellzeitalter. In: Rudolf Augstein Stiftung (Hrsg) Follow the Science – aber wohin? Ch. Links Verlag, Berlin, S 141–158

Antes G (2020) Wissenschaft in Corona-Zeiten – Hindernis oder Hilfe? Laborjournal 7–8/2020, S. 14–17, https://www.laborjournal.de/rubric/essays/essays2020/e20_03.php

Bauer TK et al. (2022) Grüne fahren SUV und Joggen macht unsterblich. Campus, Frankfurt a. M.

Deutscher Ethikrat (2022) Vulnerabilität und Resilienz in der Krise – Stellungnahme. Berlin

Dirnagl J (2021) Politikberatung, bis der Elefant mit dem Rüssel wackelt! https://www.laborjournal.de/rubric/narr/narr/n_21_05.php (10. Mai)

Fess P et al. (2022) Die Pandemie der Wissenslücken. Cicero 01.2022, S 16–31

Kubicki W (2021) Die erdrückte Freiheit. Westend, Frankfurt a. M.

Maier BF et al. (2021) Die Pandemie wird durch fehlenden Impfschutz getrieben: Was ist zu tun? https://rocs.hu-berlin.de/publication/maier-2021-pandemie/

Maier BF et al. (2022) Germany's fourth COVID-19 wave was mainly driven by the unvaccinated. Communications Medicine, 2:116 [https://doi.org/10.1038/s43856-022-00176-7]

Merton RK (1938) Science and the Social Order. Philosophy of Science, Vol. 5, No. 3 (Jul.), S. 321–337 (zit. n. https://explanantia.wordpress.com/2015/09/07/from-robert-mertons-science-and-the-social-order-1937/)

Pürner F (2021) Diagnose Panikdemie. Langen Müller, München

Sachverständigenausschuss nach § 5 Abs. 9 Infektionsschutzgesetz (2022) Evaluation der Rechtsgrundlagen und Maßnahmen der Pandemiepolitik. Bundesgesundheitsministerium, https://www.bundesgesundheitsministerium.de/fileadmin/Dateien/3_Downloads/S/Sachverstaendigenausschuss/BER_lfSG-BMG.pdf

Streeck H (2021) Hotspot. Piper, München

Strohschneider P (2020) Zumutungen. Kursbuch edition, Hamburg

7

Risiko- und Gesundheitskommunikation

> Risiko- und Gesundheitskommunikation haben in der Corona-Krise eine wichtige Rolle gespielt. Auch hier gab es schon lange Erfahrungen und Leitlinien – die in der Corona-Krise jedoch vielen Akteuren nicht bekannt waren. Um welche Konzepte geht es?

7.1 Risiko – Konzepte und Einschätzungen

Die beiden konstitutiven Merkmale von Risiko sind die erwarteten Konsequenzen einer Handlung oder eines Ereignisses und die Unsicherheit ihres Eintreffens (vgl. Weitze und Renn 2019). Inwieweit diese Konsequenzen positiv oder negativ beurteilt werden, ist dabei eine Frage der subjektiven Bewertung (siehe Abschn. 3.2). Aus diesem Grunde haben eine Reihe von Ökonomen und Soziologen vorgeschlagen, Risiken neutral als Möglichkeit von ungewissen Folgen eines Ereignisses oder einer Handlung zu definieren, ohne Bezug darauf, ob die Konsequenzen positiv oder negativ zu beurteilen sind (International Risk Governance Council 2016, S. 2). Ein Risikobegriff, der in der Corona-Krise anwendbar ist, könnte sich demnach auf ungewisse Konsequenzen von Ereignissen (hier: Corona-Pandemie) oder Handlungen (hier: Maßnahmen) beziehen, die direkt oder indirekt zu Veränderungen von Sicherheit, Lebens- und Gesundheitsrisiken sowie Veränderungen der natürlichen Umwelt beitragen.

Wie sich Wissen, Unsicherheit, unterschiedliche Wahrnehmung und Bewertung und schließlich Entscheidungen miteinander in Verbindung bringen lassen, beschreiben Ortwin Renn und Antje Grobe (2012 S. 77 f.):

1. … Dass Wissen heute zunehmend mehrdeutig und unsicher ist, bedeutet … noch lange nicht, dass es beliebig ist. Im Rahmen der Risikobewertung ist es vor allem wichtig, die Bandbreite des methodisch noch vertretbaren Wissens abzustecken und das Absurde von dem Möglichen, das Mögliche von dem Wahrscheinlichen und das Wahrscheinliche von dem Sicheren zu trennen. …
2. Experten-Wissen und Laien-Wahrnehmung sollten eher als einander ergänzend denn als gegensätzlich eingestuft werden. … Verantwortliches Handeln muss sich daran messen, wie sachlich adäquat und moralisch gerechtfertigt Entscheidungen angesichts von Unsicherheiten getroffen werden. Wenn man Risiko rational und fair beurteilen will, ist es unabdingbar, sowohl ethisch gerechtfertigte Bewertungs-Kriterien und -Standards anzuwenden als auch das beste zur Verfügung stehende systematische Wissen einzubinden.

3. Entscheidungen über die Zumutbarkeit von Risiken beruhen letztendlich immer auf einer subjektiven Abwägung, in der Wissen und Werte eingehen. … Ein Diskurs ohne systematische Wissensgrundlage bleibt leeres Geschwätz, ein Diskurs, der die moralische Qualität der Handlungsoptionen ausblendet, verhilft der Unmoral zum Durchbruch. Moralität und Sachkompetenz sind beide gleichgewichtig in den Risikodiskurs einzubinden.

Reflektierte Ansätze zum gesellschaftlichen Umgang mit Risiken sind also keineswegs neu. Umso bemerkenswerter, dass diese Erkenntnisse in der Corona-Krise kaum berücksichtigt worden sind (siehe Abschn. 7.3). Auch Erkenntnisse zur Kommunikation von Risiken sind lange bekannt. Diese werden im folgenden Abschnitt dargelegt.

7.2 Funktionen und Formen der Risikokommunikation

Risikokommunikation kann definiert werden als Austausch von Informationen und Meinungen zwischen Individuen, Gruppen und Institutionen. Sie betrifft Informationen zu den Risiken selbst, aber auch zu Meinungen, Bedenken oder Reaktionen mit Bezug auf Risiken, zu rechtlichen Aspekten und institutionellen Arrangements. Sie kann der Aufklärung, der Vertrauensbildung, der Verhaltensänderung oder der Konfliktlösung dienen (Renn 2008). Innerhalb dieser Zielkategorien von Risikokommunikation können verschiedene Formen der Risikokommunikation eingesetzt werden. Diese unterscheiden sich in der Tiefe und der Reziprozität der Kommunikation (Weitze und Renn 2019, S. 13 f.):

- **Dokumentation:** Die Dokumentation dient in erster Linie der Herstellung von Transparenz, d. h. es geht vor allem darum zu zeigen, dass der Öffentlichkeit keine Informationen vorenthalten werden. Inwiefern die veröffentlichten Informationen von der gesamten Öffentlichkeit direkt verstanden werden, ist dabei nur die zweite Priorität.
- **Information:** Im Gegensatz zur Dokumentation geht es bei der Information nicht nur darum, relevante Informationen transparent und möglichst neutral bereitzustellen, sondern auch darum, dass die Öffentlichkeit in die Lage versetzt wird, diese Informationen verstehen zu können.
- **Dialog:** Ein Dialog bezieht sich immer auf einen gegenseitigen Austausch, also eine zwei-Wege-Kommunikation bzw. ein zwei-Wege-Lernen. Der Dialog wird durch den Austausch von Argumenten, Erfahrungen, Impressionen oder auch Urteilen gekennzeichnet.
- **Partizipation/gemeinsame Entscheidungsfindung:** Vermehrt möchte die Öffentlichkeit in pluralistischen Gesellschaften in die konkrete Entscheidungsfindung und -gestaltung einbezogen werden, zumindest wenn die Entscheidung sie persönlich betrifft. Eine persönliche Betroffenheit kann dabei sein, dass negative Folgen einer Entscheidung auf einzelnen Akteuren lasten, z. B. eine erhöhte Umweltbelastung in einer bestimmten Region durch eine Entscheidung zur Industrieansiedlung. Genauso kommt es jedoch vor, dass die persönliche Betroffenheit durch die Verletzung von bestimmten Werten oder Wertvorstellungen empfunden wird, auch ohne dass ein materieller Schaden für den Einzelnen eintritt. Durch die Einbeziehung der objektiv oder subjektiv

Betroffenen können mögliche Konflikte frühzeitig behandelt und gelöst werden. Zudem kann die Entscheidungsumsetzung durch den Einbezug von Alltags- und Erfahrungswissen verbessert werden.

Um die unterschiedlichen Bedürfnisse der vielfältigen gesellschaftlichen Akteure mit einer effektiven Risikokommunikation zu begleiten, müssen alle 4 Kommunikationsarten parallel zueinander verfolgt werden. Dokumentation und Information bilden in jedem Fall die Grundlage.

Mit Bezug auf die Corona-Kommunikation scheinen alle 4 Punkte der Risikokommunikation missachtet worden zu sein: Die Dokumentation war nur fragmentarisch, die Information (z. B. zum Impfen) war teilweise persuasiv, nicht transparent und neutral. Wissenschaftskommunikation im Sinne von Dialog und Partizipation hat so gut wie nicht stattgefunden (siehe Abschn. 3.3).

7.3 Die Wiederentdeckung grundlegender Aspekte der Risiko- und Gesundheitskommunikation

Noch 2 Jahre nach Beginn der Pandemie hat ein Expertenrat auf grundlegende Aspekte der Risiko- und Gesundheitskommunikation hingewiesen, die freilich schon längst vorher hätten bekannt sein können. Unter dem Titel „Zur Notwendigkeit evidenzbasierter Risiko- und Gesundheitskommunikation" stellt der „ExpertInnenrat der Bundesregierung zu COVID-19" im Januar 2022 fest (ExpertInnenrat 2022, S. 1):

„Ein Mangel an Übereinstimmung von verfügbaren Informationen, ihrer Bewertungen und den resultierenden Empfehlungen trägt zu Verunsicherung der Bevölkerung bei, bietet Angriffsfläche für Falsch- und Desinformation, untergräbt das Vertrauen in staatliches Handeln und gefährdet den Erfolg von wichtigen Maßnahmen zum Schutz der Gesundheit."

Folgende „Bausteine einer effektiven Risiko- und Gesundheitskommunikation" werden benannt (ebd., S. 1):

„Der erste Baustein ist die Generierung des besten verfügbaren Wissens. … Diese Strukturen sollten geschaffen werden, um aufbauend auf diesem Wissen nutzerzentriert kommunizieren zu können. Die Corona-Pandemie hat die fehlende Verfügbarkeit an wichtigen Daten im Vergleich zu anderen Ländern offensichtlich gemacht und zeigt, wie dieser systemisch geduldete Mangel an Daten die wissenschaftliche Analyse und Bekämpfung der Pandemie erschwert. …"

„Der zweite Baustein ist die Übersetzung der relevanten Daten, Statistiken und Kennzahlen in nutzerzentrierte und zielgruppenspezifische, verständliche, entscheidungs- und handlungsrelevante Informationsformate. Ziele sollen Aufklärung und nicht Werbung oder Persuasion (‚Überreden') sein. …"

„Der dritte Baustein ist die Verbreitung der kommunikativen Inhalte über die multiplen Kanäle einer modernen Informationsgesellschaft, von klassischen über soziale Medien bis zu e- und m-Health [elektronische und mobile Gesundheits-] Angeboten."

Zielgruppenspezifische Ansprache, Nutzung geeigneter Multiplikatoren und Zusammenarbeit mit Journalisten werden hier genannt. Es ist zu gewährleisten (ebd., S. 2),

„dass alle Akteure stets auf demselben und aktuellen Beratungs- und Informationsstand sind, um widersprüchliche Information an die Bevölkerung zu vermeiden. ..."

„Der letzte Baustein ist die Evaluation der erzielten Effekte und falls notwendig die Anpassung der Strategie. Evaluation sollte schon in der Phase der Übersetzung beginnen, um die Wirkung der Inhalte und Formate zu prüfen und unbeabsichtigte Effekte zu antizipieren. Die Einbindung von BürgerInnen z. B. in Fokusgruppen oder Experimentalstudien kann die Effektivität der Kommunikation wie auch das Vertrauen in die KommunikatorInnen erhöhen."

Diese „Bausteine" sind keineswegs neu und hätten bereits vor Beginn der Pandemie den relevanten Akteuren wohlbekannt sein können. Der ExpertInnenrat musste jedoch noch 2 Jahre nach Beginn der Pandemie daran erinnern. Werden diese nun nochmals vermittelten Erkenntnisse der Risikokommunikation im weiteren Verlauf der Pandemie und in neuen Krisen von den Akteuren berücksichtigt werden?

Nach dieser Darlegung der Grundlagen der Wissenschaftskommunikation werden anhand einiger Beispiele zu Themen und Akteuren der Corona-Krise Reibungsflächen der Wissenschaftskommunikation beleuchtet.

Literatur

ExpertInnenrat (2022) 5. Stellungnahme des ExpertInnenrates der Bundesregierung zu COVID-19 (30. Januar), https://www.bundesregierung.de/resource/blob/974430/2002168/115b11-dff651dcf7b64b49923d33aa86/2022-01-30-fuenfte-stellungnahme-expertenrat-data.pdf

Grobe A, Renn O (2012) Zukunft braucht Dialog – Dialog schafft Zukunft: Die Debatte um Nanotechnologien. In:

Heckl WM (Hrsg) Nano im Körper. Chancen, Risiken und gesellschaftlicher Dialog zur Nanotechnologie in Medizin, Ernährung und Kosmetik. Nova Acta Leopoldina, Bd 114, Nr. 392, S 63–82

International Risk Governance Council IRGC (2016) The IRGC Risk Governance framework in revision. IRGC, Lausanne

Renn O (2008) Risk Governance: coping with Uncertainty in a complex world. Earthscan, London

Weitze MD, Renn O (2019) Technikkommunikation, Risikobewertung und Risikokommunikation. In: Hennecke M, Skrotzki B (Hrsg) HÜTTE – Das Ingenieurwissen. Springer, Berlin, Heidelberg. https://doi.org/10.1007/978-3-662-57492-8_84-2

8

Wie breitet sich das Virus aus?

Für einen Überblick über das Infektionsgeschehen und die Entwicklung geeigneter Maßnahmen ist es wichtig zu wissen, auf welche Weise die Viren übertragen werden und wie sie sich ausbreiten. Im Sinne von Ursachenforschung ist dies ein ureigenes Anliegen der Wissenschaft gewesen.

Das stellte sich jedoch in allen Phasen der Pandemie als große Herausforderung heraus. Obwohl regelmäßig Daten erhoben wurden (von Gesundheitsämtern, in Restaurants, durch Apps), sind diese niemals sinnvoll zusammengeflossen.

So blieb die Kontaktnachverfolgung eine Illusion, das Infektionsgeschehen konnte nicht näher beleuchtet werden, es gab viel Raum für Spekulationen – und die Maßnahmen blieben wissenschaftlich unfundiert. Eine denkbar schlechte Voraussetzung für transparente Wissenschaftskommunikation.

8.1 Gescheiterte Nachverfolgung

Um Infektionsketten in einer Pandemie zu identifizieren und mit gezielten Maßnahmen zu unterbrechen, wäre eine effektive Nachverfolgung der Kontakte notwendig, die infizierte Personen gehabt haben (sog. Indexfall, vgl. Deutscher Ethikrat 2022, S. 100). Der Plan: Es wird ermittelt, wo beziehungsweise bei wem der Indexfall sich infiziert haben könnte (sog. Rückwärtsermittlung). Und es wird versucht herauszufinden, welche weiteren Personen sich im Kontakt zum Indexfall infiziert haben könnten (sog. Vorwärtsermittlung).

Die Kontaktpersonennachverfolgung ist sehr aufwendig und personalintensiv. Sie wurde in der Regel telefonisch von Mitarbeitern der Gesundheitsämter durchgeführt, teilweise mit wochenlanger Verzögerung. Weitere „Hilfsmittel" der Erhebung von Kontaktdaten waren handschriftlich auszufüllende Listen, beispielsweise in Gaststätten (die offensichtlich unzuverlässig und schwer auszuwerten waren sowie datenschutzrechtliche Probleme aufwarfen).

Rund ein Jahr nach Beginn der Pandemie musste Hendrik Streeck feststellen, dass Daten fehlen bzw. – falls welche vorlagen – eine Diskussion dazu nicht erwünscht war (Streeck 2021, S. 155):

> „Die Übertragungsmöglichkeiten von Neuinfektionen in Restaurants mit gutem Hygienekonzept wurden bisher noch nicht wissenschaftlich erforscht. ... Auch der Umgang mit Schulen muss differenziert betrachtet werden: ... das Thema ist emotional derart aufgeladen, dass man mit Daten kaum noch argumentieren kann."

Der Deutsche Ethikrat (2022, S. 102) erkennt hier auch im 3. Jahr der Pandemie gravierende Defizite:

„Eine etablierte digitale Kontaktpersonennachverfolgung gibt es hierzulande … bislang nicht. Die Datenqualität litt außerdem mit der Zunahme an nicht ausgebildetem Personal. Immer wieder kam es im Verlauf der Pandemie – vor allem bei hohen Inzidenzen – zu Engpässen in Gesundheitsämtern, sodass die Kontaktnachverfolgung nicht effektiv durchgeführt werden konnte."

Dabei könnte man viel fragen: Wie hängen die Ausbreitung des Virus und die Immunität mit den Jahreszeiten zusammen? Welche Bevölkerungsgruppen (z. B. abhängig von der Blutgruppe) infizieren sich kaum? Was genau hat es mit sogenannten Superspreadern auf sich, die immer wieder in den Medien genannt wurden?

Es gab einzelne Versuche, die Ausbreitung des Virus systematisch oder anhand begrenzter Fälle zu untersuchen. Merkwürdigerweise finden sich hier sehr viele Beispiele, bei denen der Erkenntnisgewinn geschmälert, wenn nicht ganz aufgebraucht wurde durch kommunikatives Ungeschick (Abschn. 8.2), mangelnde Daten (Abschn. 8.3) oder unzulängliche Herangehensweise (Abschn. 8.4).

8.2 Die Heinsberg-Studie

Nach einer Karnevalssitzung im Landkreis Heinsberg kam es zum ersten großen Ausbruch des Corona-Virus in Deutschland. Die lokale Befragung bot zu Beginn der Pandemie die Gelegenheit, Daten zum Krankheitsverlauf, zur Infektiosität und Ausbreitung des Virus zu untersuchen (Streeck 2021, S. 30):

„Wie breitete sich das Virus aus? Wie groß war das Infektionsgeschehen überhaupt? Wie verhielt es sich mit der Immunität? … Was waren die Symptome, und wie reagierte das Immunsystem?"

Die Ziele und Methodik der Studie wurden am 27. März 2020 der Öffentlichkeit vorgestellt (https://www.land.nrw/pressemitteilung/kreis-heinsberg-wird-zur-erstregion-wissenschaftsteam-um-prof-hendrik-streeck):

„Ziele der Studie „Covid-19 Case-Cluster-Study" sind unter anderem die Bestimmung der „Dunkelziffer" von SARSCoV2-Infizierten und derjenigen, die bereits eine Infektion durchgemacht haben, um so eine vollständige Erhebung der Belastung des Kreises Heinsberg mit SARS-CoV-19 zu schaffen. Dazu erfolgt unter anderem die Befragung und Erfassung der bereits bestätigten Fälle sowie derer in häuslicher Gemeinschaft in Quarantäne lebender Familienmitglieder."

„Durch virologische Diagnostik, auch des Lebensumfeldes, sowie mittels einer Fragebogenstudie soll bewertet werden, inwieweit die durchgeführten Tests richtig waren und wie sich das Virus über Luft, über Oberflächen, Bedarfsgegenstände, Lebensmittel und Wasser gegebenenfalls übertragen kann. Zusätzlich sollen die Probanden im Hinblick auf Vorerkrankungen und Kausalketten (Reise, Nahrung, Tierkontakt) befragt werden, um hieraus Präventionsempfehlungen für die gesamtdeutsche und europäische Bevölkerung zu generieren."

Das waren wichtige Fragen, deren Antworten hilfreich hätten sein können für ein evidenzbasiertes Pandemiemanagement.

Allerdings gerieten die Ergebnisse der Studie im weiteren Verlauf zur Nebensache, wurden zerrieben zwischen Fehlern und Vorwürfen auf den Ebenen von Wissenschaft, Politik und Kommunikation in einer Kakophonie von Vorabveröffentlichungen, Pressekonferenzen, Kritik von Wissenschaftlern und Journalisten, schließlich Unterstellungen, Reaktionen und Gegenreaktionen:

Der übliche Weg wäre gewesen, die Ergebnisse in einem wissenschaftlichen Journal nach einer Begutachtung durch Fachkollegen zu veröffentlichen. Das dauert in der Regel ein paar Monate. Daher wurden die Ergebnisse der Studie am 4. Mai 2020 von der Universität Bonn veröffentlicht (https://www.uni-bonn.de/de/neues/111-2020). In der Studie wurde die Sterblichkeitsrate für Heinsberg (vgl. Abschn. 6.3) ermittelt und die Dunkelziffer – also der Unterschied der positiv getesteten und registrierten Personen und der tatsächlich Infizierten.

Wenige Tage später wurde seitens des SWR Kritik anderer Wissenschaftler an der Methodik und Übertragbarkeit der Ergebnisse zusammengestellt (https://www.tagesschau.de/investigativ/swr/heinsberg-studie-103.html). Außerdem wurde Streeck vorgeworfen, zu nahe an der NRW-Landesregierung zu sein, also nicht unabhängig zu arbeiten.

Kritik gab es insbesondere an der Kommunikation der Studie und ihrer Ergebnisse: Hendrik Streeck selbst „wollte, dass die Forschung spricht, dass die Ergebnisse sprechen" (Streeck 2020). „Es war eine Frage der Verantwortung, derart wichtige Erkenntnisse nicht so lange zurückzuhalten, denn schließlich waren wir weltweit die Ersten, die diese Symptomatik beschrieben" (Streeck 2021, S. 44). Die wissenschaftliche Studie sollte daher begleitet und verständlich gemacht werden durch eine PR-Agentur. Die Rolle der PR-Agentur wurde jedoch erst verspätet transparent gemacht.

Die PR-Kampagne startete, wurde dann jedoch rasch überlagert von einem Streit um die PR-Agentur und deren Vorgehen. Als konkrete Kritik an der Arbeit der PR-Agentur wurde in einem Beschluss des Deutschen Rats für Public Relations festgestellt, dass in intransparenter Weise ein vorformuliertes Narrativ in der Öffentlichkeit platziert werden sollte: Insbesondere die „Sondersituation in Heinsberg" so zu vermitteln, dass sie „repräsentativ für die Gesamtbevölkerung ist" (DRPR 2020). Dagegen (ebd.)

„musste bei professioneller Einschätzung den Beteiligten klar sein, dass die Studienergebnisse große Aufmerksamkeit im politischen und öffentlichen Raum erfahren würden. Somit war ein seriöses und umsichtiges Vorgehen geboten und jede Art von ‚Verkaufe' und inhaltlicher Vorbefassung kontraproduktiv."

So aber war (ebd.)

„in der Öffentlichkeit ... zumindest der Eindruck einer manipulativen Darstellung entstanden ... Hierdurch wurde ein überwunden geglaubtes Negativbild von PR und Kommunikationsmanagement in der Öffentlichkeit bedient."

Wie oben ausgeführt (Abschn. 4.4), ist Wissenschafts-PR im Sinne von positiver und authentischer Darstellung der eigenen Arbeit legitim. Hier hatte es den gegenteiligen Effekt. Hendrik Streeck hat die Zusammenarbeit mit dieser PR-Agentur im Nachhinein bedauert. Erstaunt war er jedoch, wie die Diskussion um die Kommunikation mit der Wahrnehmung seiner Forschungsergebnisse zusammenwirkte: „Man wollte unsere Ergebnisse nicht haben, schien es" (Streeck 2021, S. 126).

8.3 Die Corona-Warn-App

Eine zur Kontaktnachverfolgung entwickelte „Corona-Warn-App" für Smartphone-Nutzer erfasst mittels Bluetooth-Technologie den Abstand und die Begegnungsdauer von Personen. Bei der Begegnung mit einer positiv getesteten Person informiert die Corona-Warn-App, dass man nun ein erhöhtes Risiko einer Infektion hätte und sich in der Folge selbst testen lassen soll (https://www.coronawarn.app/de/).

Allerdings konnten die Gesundheitsämter nicht auf die (Kontakt)Daten zugreifen, die Nutzung der App war freiwillig (so dass überhaupt nur ein kleiner Teil an Infektionen erfasst wurde, und tendenziell eher der von jüngeren Bevölkerungsgruppen).

Eine Untersuchung zur Akzeptanz der Corona-Warn-App identifizierte als Schlüsselfaktoren ihren wahrgenommenen Nutzen, Fragen zu Datenschutz, Privatsphäre, Transparenz, Vertrauen im Zusammenhang mit der App und ihrer Nutzung sowie den Einfluss der sozialen Umwelt (Lasarov 2021) – das entspricht weitgehend den 4 Bedingungen der Akzeptanz (Abschn. 5.6).

Allerdings kann zur Wirkung und Effizienz der Corona-Warn-App wenig gesagt werden, wie die Evaluierungskommission nüchtern feststellt (Sachverständigenausschuss 2022, S. 79):

> „Rund 43 Millionen Nutzer haben die CWA heruntergeladen. Aufgrund der Datenschutzeinrichtungen kann die Effizienz der CWA nicht beurteilt werden."

Zwar gibt es einige Zahlen zur App (ebd.):

> „Insgesamt wurden 150.788.351 Testergebnisse an das CWA-Backend-System übermittelt (Stand: 1. März 2022), von denen 15.191.927 positiv, 133.991.100 negativ und 1.292.683 ungültig waren. So wurden 27.307.066 rote Warnungen und 17.571.796 grüne Statusmeldungen übermittelt (Stand: 28. Februar 2022)."

Aber diese nützen wenig zur Beurteilung, denn (Sachverständigenausschuss 2022, S. 79):

> „Wichtig für die Wirksamkeit der Warnungen hinsichtlich des Beendens von Infektionsketten ist, dass die entsprechenden Personen auch zeitnah gewarnt werden. Im Mittel erreichte die Warnung 4,2 Tage nach der Risikobegegnung das Endgerät der zu Warnenden. Ob die CWA in diesem Zeitraum eine Wirkung hatte, kann nicht beurteilt werden."

Man muss befürchten, dass der Zeitraum zwischen Begegnung und Warnung zu lang war (ebd.):

> „Die mittlere Generationszeit von SARS-CoV-2 ist abhängig von der vorherrschenden Variante. Sie lag bei Alpha, Beta und Gamma bei ca. 5 (3–7) Tagen, bei Delta bei 4 (3–5), bei Omikron aber bei 3 (3–4) Tagen. Dies bedeutet, dass die Mehrzahl der Infizierten (>50 Prozent) erst gewarnt wurde, nachdem sie bereits infektiös geworden war."

Der breit angelegte Ansatz, Kontaktnachverfolgung mittels digitaler Technologie zu ermöglichen, blieb in seiner Wirkung begrenzt. Wäre eine Nutzung dieser Möglichkeiten auf breiterer Basis wirksamer gewesen? Wäre hier eine verpflichtende Nutzung angemessen gewesen? Ein Dialog hierzu hatte nicht stattgefunden.

8.4 Viele Fragen, wenig Evidenz

Einige Fälle, in denen es Indizien für Infektionswege gab, wurden in Wissenschaft, Politik und Medien thematisiert. Sie wurden jedoch immer wieder zerrieben in einer aufgeregten öffentlichen Diskussion, in der Vermutungen, Indizien, Preprints, wissenschaftliche Studien und populistische Zuspitzungen vermengt wurden. So hatte es eine wissenschaftliche Herangehensweise (im Sinne der Erhebung relevanter Daten und deren angemessene Auswertung) sehr schwer.

Ein paar weitere Anekdoten:

- Der damalige Gesundheitsminister Jens Spahn meinte mit Bezug auf den Sommer 2020: „Damals haben die Auslandsreisen, häufig Verwandtschaftsbesuche in der Türkei und auf dem Balkan, phasenweise rund 50 % der Neuinfektionen bei uns ausgelöst. Das müssen wir in diesem Jahr verhindern." Die Frage „Beeinflussten Verwandtenbesuche im Ausland die Infektionszahlen?" [https://www.br.de/nachrichten/deutschland-welt/beeinflussten-verwandtenbesuche-im-ausland-die-corona-infektionszahlen,SYbv8u4, Abruf 11.12.2022] wurde anschließend viel diskutiert und kritisiert. Sicherlich wären solche Beobachtungen wichtig, aber es ist nicht gelungen, die Indizien zu verdichten und Schlussfolgerungen daraus zu ziehen. Stattdessen musste sich Spahn Populismusvorwürfe gefallen lassen.
- Die Frage, ob Ansteckung vor allem in Familien stattfindet, tauchte regelmäßig auf, ohne dass hier jemals Klarheit entstanden wäre. Beispiel: Als die Stadt Hof den bundesweit höchsten Inzidenzwert im Frühjahr 2021 hatte, erklärte die Oberbürgermeisterin, dass „Ansteckungen vor allem im privaten Bereich in den Familien geschehen … Und Kinder und Jugendliche

sind jetzt auch stärker an dem Geschehen beteiligt" [BR24, 05.04.2021]. So vage und unbelegt die Vermutung, so konkret eine Folge in Hof: Auf Spielplätzen galt für Kinder ab 6 Jahre danach eine Maskenpflicht (!). Ob es etwas genützt hat?

- Die Fußballeuropameisterschaft im Sommer 2021 stand von Beginn an unter dem Verdacht, ein Superspreader-Event zu werden. Das ist durchaus plausibel, wenn tausende Fans in Stadien jubeln und feiern. Unter Bezug auf einen Preprint (der im Januar 2022 erschienen ist, Smith et al. 2022) hieß es beispielsweise unmittelbar nach dem Finale [https://www.tagesschau.de/ausland/europa/fussballem-finale-corona-101.html, 21.08.2021]: „Das EM-Finale zwischen England und Italien im vollen Wembley-Stadion hat für Tausende Corona-Neuinfektionen gesorgt. Dies geht aus Berechnungen der Gesundheitsbehörde hervor." Die Zahlen waren verblüffend genau (ebd.): „2295 der Anwesenden in und um das Stadion waren demnach zum Zeitpunkt des Finales höchstwahrscheinlich infektiös. 3404 weitere Menschen sollen sich rund um dieses Ereignis infiziert haben." Es wird hier die Illusion einer exakten Nachverfolgung verbreitet, ohne jedoch ansatzweise die Methodik der Studie zu thematisieren, die zu jenem Zeitpunkt noch gar nicht begutachtet und publiziert war. Blindes Vertrauen in Zahlen (vgl. Kap. 6) und in die Wissenschaft? Sicherlich führen Großereignisse zu Übertragungen, jedoch wären für eine Einordnung Vergleiche notwendig (wie sie von den Autoren der Studie durchaus gezogen wurden). So scheint Wissenschaft jedoch lediglich dazu zu dienen, Vorurteile zu bestätigen. Eine Einordnung (Vergleiche, Zuverlässigkeit der Ergebnisse und gezogenen Schlüsse) fand in den Medien nicht statt.
- Schließlich ein Übertragungsweg, der vom ehemaligen RKI-Präsidenten Jörg Hacker thematisiert wurde, jedoch

in der öffentlichen Diskussion gar keine Rolle zu spielen schien (Hacker 2021, S. 26 f.): „In der gegenwärtigen Coronavirus-Pandemie sollte auch die … Gefahr betrachtet werden, dass Menschen das Virus … an Tiere weitergeben können und somit die Verbreitung noch schwieriger einzudämmen ist. Das gilt vor allem dann, wenn eine Übertragung vom Menschen auf Haustiere wie Hunde oder Katzen bzw. Nutztiere wie Nerze nachgewiesen wird." Völlig abwegig wäre diese Art von Übertragungen tatsächlich nicht, wenn das Virus ursprünglich über Tiere auf den Menschen übertragen wurde. Aber wurde das in nennenswerter Weise in Wissenschaft, Medien und Öffentlichkeit thematisiert?

So blieb die Kontaktnachverfolgung eine Illusion, das Infektionsgeschehen konnte damit nicht näher beleuchtet werden, es gab viel Raum für Spekulationen – und viele Maßnahmen blieben wissenschaftlich unfundiert.

Literatur

Deutscher Ethikrat (2022) Vulnerabilität und Resilienz in der Krise – Stellungnahme. Berlin
Deutscher Rat für Public Relations DRPR (2020) DRPR-Verfahren 01/2020, Fall: Heinsberg-Protokolle, https://drpr-online.de/wp-content/uploads/2020/06/2020-06-04_Beschluss_01-20_Heinsberg-Protokoll.pdf
Hacker J (2021) Pandemien. CH Beck, München
Lasarov W (2021) Im Spannungsfeld zwischen Sicherheit und Freiheit: Eine Analyse zur Akzeptanz der Corona-Warn-App. HMD 58(2), S 377–394
Sachverständigenausschuss nach § 5 Abs. 9 Infektionsschutzgesetz (2022) Evaluation der Rechtsgrundlagen und Maßnahmen der Pandemiepolitik. Bundesgesundheitsministerium, https://www.

bundesgesundheitsministerium.de/fileadmin/Dateien/3_Downloads/S/Sachverstaendigenausschuss/BER_lfSG-BMG.pdf

Smith JAE et al. (2022) Public health impact of mass sporting and cultural events in a rising COVID-19 prevalence in England. Epidemiol Infect. Jan 31;150:e42

Streeck H (2020) „Wir werden noch lange mit dem Virus leben müssen". Süddeutsche Zeitung, 30. Oktober

Streeck H (2021) Hotspot. Piper, München

9
Übertragungswege und Masken

> Masken sind ein im Alltag sichtbares Zeichen der Pandemie. Sie sollen einen Schutz vor Ausbreitung und Übertragung des Virus bieten. Seitens der Wissenschaft dauerte es jedoch bemerkenswert lange, bis klare Informationen zur Übertragung des Virus vorlagen und kommuniziert wurden.
>
> In der Frage nach der Wirksamkeit von Masken versuchte Wissenschaft Evidenz zu finden. Die Ergebnisse, die auch von Politik und Medien genutzt und verbreitet wurden, kamen jedoch nie über Plausibilitätsannahmen hinaus.
>
> Teile der Wissenschaft und der Politik behaupteten dennoch wissenschaftliche Evidenz der Wirksamkeit von Masken und bestanden auf einer Maskenpflicht.

© Der/die Autor(en), exklusiv lizenziert an Springer-Verlag GmbH, DE, ein Teil von Springer Nature 2023
M.-D. Weitze, *Corona-Kommunikation*,
https://doi.org/10.1007/978-3-662-67518-2_9

9.1 Rückblende zum Maskentragen

Auf alten Illustrationen sieht man vermummte Pestdoktoren mit schnabelförmigen Masken (Abb. 9.1). Die Masken waren gefüllt mit Duftstoffen und sollten den Träger vor der schlechten Luft schützen.

Solche Bilder finden sich auch in der Ausstellung „Pharmazie" des Deutschen Museums in München, im Bereich Infektionskrankheiten. War die ursprüngliche Wahrnehmung möglicherweise: „Schaut her, wie hilflos die Menschen im Mittelalter waren – heute haben wir dank Medizin und Pharmaindustrie andere Möglichkeiten und Medikamente, die uns schützen", wissen wir seit Corona, dass wir trotz aller Leistungen der Life Sciences immer noch von solchen archaischen Methoden abhängen (wenn auch die Masken keine Duftstoffe enthalten, sondern textile Barrieren gegen Viren darstellen).

Bis heute besteht über Plausibilitätsannahmen hinaus keine Klarheit darüber, wie eine Maskenpflicht wirkt (https://www.cochrane.de/news/cochrane-review-zum-nutzen-von-masken-gegen-atemwegsinfektionen).

Mal wird behauptet: Der Schutz ist so offensichtlich wie der Schutz durch Regenschirme vor Regen. Allerdings ist das unzulässig vereinfachend, weil die Wissenschaft recht lange gebraucht hat, um klare und verlässliche Aussagen zur Übertragung der Viren und zur Wirksamkeit von Masken zu machen. Außerdem geht es – bei Masken wie Regenschirmen – um Abwägungen: Regenschirme schützen manchmal gar nicht vor Regen (z. B. wenn es stürmt), sie sind umständlich (weil man sie tragen muss, selbst auch wenn man sie nicht braucht), sie können sogar zu Verletzungen führen – und es gibt Alternativen (z. B. Regenmäntel mit Kapuzen).

9 Übertragungswege und Masken

Abb. 9.1 Umgang mit der Pest vor 300 Jahren: Pestschutzkleidung für einen Arzt während der Seuche in Marseille 1720. (Anonymes Flugblatt, Germanisches Nationalmuseum Nürnberg)

Wie sind wir früher mit Infektionskrankheiten wie Grippe oder Erkältung umgegangen? Keine Rede von einer Therapie: „Eine Erkältung kommt drei Tage, bleibt drei Tage und geht drei Tage", hieß es – mit oder ohne Medikament. Erkältungen schienen unvermeidbar (beispielsweise nach Volksfesten wie dem Oktoberfest) und man machte sich kaum die Mühe, über Übertragungswege (durch Anhusten, Anniesen, Kontaktübertragung) nachzudenken und auf eine systematische Vermeidung von Übertragung und Ansteckung zu achten.

So schrieb das Bayerische Staatsministerium für Gesundheit und Pflege noch bis Ende September 2020 auf seiner Homepage (nach Pürner 2021, S. 86),

> „dass im Fall einer Influenzapandemie mit dem Tragen von Atemschutzmasken und Mund-Nasen-Schutz durch die Allgemeinbevölkerung keine wesentliche Reduzierung der Übertragung zu erwarten sei, weshalb das Tragen dieser Masken nicht empfohlen wurde. Der Hauptübertragungsweg sei nämlich im privaten Umfeld zu sehen. Im Oktober [2020] wurde diese Aussage dann geändert."

Man könnte fragen, wieso dann nicht bereits vor Jahren der Schutz durch Masken in der Öffentlichkeit so offensichtlich und nützlich war, wie der Schutz vor Regen durch Schirme.

Im gesamten Frühjahr 2020 galten Masken nur für medizinisches Personal als nützlich. Ob man damals meinte, dass sie für die Gesamtbevölkerung im Alltagsgebrauch nicht wirken, Laien damit nicht richtig umgehen konnten – oder einfach nicht ausreichend Masken zur Verfügung standen?

9.2 Auf welche Weise wird das Corona-Virus übertragen?

Man sollte annehmen, dass sich innerhalb weniger Tage oder Wochen wissenschaftlich ermitteln lässt, auf welche Weise ein neuartiges Corona-Virus übertragen wird. Aber es hat sich viel schwieriger gestaltet, wie die Wissenschaftsredakteurin Megan Molteni am 13. Mai 2021 in „Wired" berichtet (Molteni 2021): Die WHO behauptete noch Ende März 2020 (also 3 Monate nach Beginn der Pandemie), dass sich das Virus nur in größeren Tröpfchen

9 Übertragungswege und Masken

verbreitet, die sofort zu Boden fallen, oder durch Kontaktflächen – also nicht über die Luft, https://www.who.int/news-room/commentaries/detail/modes-of-transmission-of-virus-causing-covid-19-implications-for-ipc-precaution-recommendations (Abb. 9.2).

Heute wissen wir, dass das Corona-Virus auf verschiedene Arten übertragen wird: über die Luft (sog. Aerosole oder Tröpfchen und die Atemwege) oder über Oberflächen, die wir berühren. Die Übertragung über Atemluft spielt dabei die weitaus größere Rolle. So schreibt das Robert Koch-Institut im November 2021 (RKI 2021):

> „Der Hauptübertragungsweg für SARS-CoV-2 ist die respiratorische Aufnahme virushaltiger Partikel, die beim Atmen, Husten, Sprechen, Singen und Niesen entstehen. … Eine Übertragung durch kontaminierte Oberflächen ist insbesondere in der unmittelbaren Umgebung der infektiösen Person nicht auszuschließen."

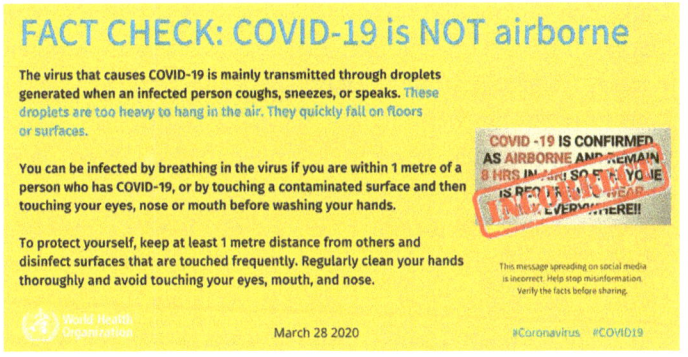

Abb. 9.2 Fact Check der WHO (28. März 2020): „COVID-19 is NOT airborne"

„Schmierinfektionen" über kontaminierte Oberflächen galten in den ersten Monaten der Pandemie fälschlicherweise als der wesentliche Übertragungsweg (obgleich die Heinsberg-Studie, siehe Abschn. 8.1, bereits andere Hinweise gegeben hatte).

Es kann durchaus verwundern, dass – obwohl der Krankheitserreger längst bekannt war und Corona-Viren nichts völlig Neues waren – es seitens der Wissenschaft so lange gedauert hat, die Übertragungswege zu identifizieren.

Die „Gesellschaft für Aerosolforschung" fasste das Wissen um die Virusübertragung im Dezember 2020 in einem Positionspapier „zum Verständnis der Rolle von Aerosolpartikeln beim SARS-CoV-2 Infektionsgeschehen" zusammen (GAeF 2020). Aerosolpartikel sind fest oder flüssig und in der Luft verteilt. Das Gemisch aus den Partikeln und der Luft bezeichnet man als Aerosol. Die meisten Atemwegserkrankungen werden über Tröpfchen verbreitet, von Masern und Tuberkulose ist bekannt, dass sie sich durch Aerosolpartikel über die Luft übertragen. Tröpfchen (größer 100 μm), die beim Husten, Niesen, aber auch Reden oder Singen ausgestoßen werden, können je nach Ausstoßgeschwindigkeit die Umgebung in 1 oder 2 m Entfernung betreffen – Gesichtsvisiere und selbst schlecht anliegende Masken können andere gegen diese herumfliegenden Tröpfchen schützen.

Auf andere Weise, so die GAeF weiter, müssten jedoch Übertragungen durch Aerosolpartikel verhindert werden: Aerosolpartikel zählen bis zu einer Größe von etwa 100 μm, und diese können mit Luftströmungen transportiert werden, also auch unter Gesichtsvisieren vorbei. Kleinere Partikel werden grundsätzlich weiter getragen, aber auch größere Partikel können bei entsprechenden Luftströmungen über längere Zeit in der Schwebe gehalten werden. Diese werden durch Luft(strömung) übertragen, und die Übertragung kann durch Maßnahmen wie Lüften, Luftreiniger und Masken unterbunden werden. Hier gibt die GAeF also detaillierte und nachvollziehbare Hinweise auf der Basis der Erkenntnisse der Aerosolforschung.

9.3 Schützen Masken?

Wie aber steht es um die Schutzwirkung von Masken und den verschiedenen Maskentypen angesichts der nun bekannten Übertragungswege? Die Untersuchung und Klärung dieser Frage lässt sich verorten zwischen undifferenzierten Aussagen wie „schützt wie ein Regenschirm vor Regen" (ohne auf die Situation, die Art der Maske und Trageweise einzugehen, s. o.) und einer grundlegenden Ablehnung dieser mechanischen Barriere.

Sicherlich kann ein Mund-Nasen-Schutz (chirurgische Maske) die Freisetzung erregerhaltiger Tröpfchen aus dem Nase-Rachen-Mund-Raum des Trägers verringern. Es dauerte mehrere Wochen, bis es erste wissenschaftliche Arbeiten zu diesem Thema gab: Mit der Überschrift „Masken reduzieren Infektionsrisiko deutlich" berichtete am 21. Mai 2020 der Spiegel über eine (bis dahin unveröffentlichte) Studie an Hamstern der Universität Hongkong (https://www.spiegel.de/wissenschaft/medizin/coronavirus-masken-reduzierten-infektionsrisiko-deutlich-hamster-studie-a-39a920b4-20ab-4ea1-8bf0-5826c3730181):

> „Die Forscher um den Coronavirus-Experten Kwok-Yung Yuen von der Universität Hongkong haben das Masketragen bei den Hamstern simuliert, indem sie Stoff von einfachen OP-Masken zwischen zwei Käfige hängten."

Der „Spiegel" beschreibt in seinem Bericht die schwache Validität der Studie:

> „Am Experiment ohne Maske waren 15 gesunde Hamster beteiligt, an den anderen beiden zwölf. Die Werte sind daher mit Unsicherheiten behaftet."

Tatsächlich hätte die Studie durch die schwache Datenbasis und Unklarheit, ob die „Ergebnisse" überhaupt übertragbar sind, eher Anlass sein können für eine kritisch-kabarettistische Betrachtung.

Diese Studie wurde jedoch von anderen Seiten ernst genommen, maßlos überschätzt und in unzulässiger Weise interpretiert: Der Bayerische Rundfunk schloss auf Basis dieser Studie gleichsam vage und verallgemeinernd (17.5.2020): „Masken können vor Corona-Infektion schützen". Das ZDF folgerte sogar (17.5.2020): „Hamster-Studie weist Wirkung von Masken nach" und das RedaktionsNetzwerk Deutschland schrieb (22.5.2020) „Experiment mit Hamstern zeigt: Masken schützen vor Corona-Infektionen" [https://www.rnd.de/gesundheit/corona-experiment-mit-hamstern-masken-schutzen-zuverlassig-vor-infektionen-CMJUS4EIG5CTZC4MG3VCJNWMP4.html]. Es wird also suggeriert, dass eine wissenschaftliche Studie einen Schutz durch Masken nachgewiesen habe – ohne zu erläutern, auf welcher (schmalen) Basis die Ergebnisse zustande gekommen sind.

Die Wissenschaft tat sich mithin recht schwer, den Sinn und Unsinn des Masketragens differenziert zu klären.

9.4 Maskenpflicht

Ab Januar 2021 mussten „in Bayern im Einzelhandel, in den öffentlichen Verkehrsmitteln und in anderen Einrichtungen … FFP2-Masken getragen werden. Das Argument der

Politik war, dass diese Masken auch einen gewissen Eigenschutz haben" (Pürner 2021, S. 177). Welche Vor- und Nachteile haben die FFP2-Masken nun gegenüber anderen Arten des Mund-Nasen-Schutzes? „Die Anwendung von FFP2-Masken braucht eine Einweisung und setzt eigentlich das Angebot einer vorherigen medizinischen Untersuchung voraus. Viele Fachexperten … fanden die Einführung der FFP2-Maskenpflicht unglücklich" (ebd. S. 178).

So stellte die GAeF bereits im Dezember 2020 (GaeF 2020) fest, dass systematische „Untersuchungen zum Dichtsitz von Masken sämtlicher Maskentypen, insbesondere beim Ausatmen und unter realistischen Bedingungen" weitgehend fehlen – also auch und insbesondere für FFP2-Masken. Die Deutsche Gesellschaft für Krankenhaushygiene (DGKH) und der Infektiologe Andreas Widmer, Präsident des Nationalen Zentrums für Infektionsprävention Swissnoso in Bern, wiesen darauf hin, dass FFP2-Masken früher meist zum Arbeitsschutz an Orten mit hoher Feinstaubbelastung getragen wurden und dass die Leckage bei schlecht sitzenden FFP2-Masken erheblich sei. Medizinische Gesichtsmasken würden daher für den Alltagsgebrach reichen (Titz 2021). Auch hier (vgl. Abschn. 17.4) wird ein Vergleich mit dem Straßenverkehr gebracht (ebd.):

„Eine FFP2-Maske sei wie eine gepanzerte Präsidentenlimousine. Natürlich sei diese sicherer als ein gewöhnlicher PKW."

Aber in normalen Situationen braucht es das gar nicht. Insbesondere Bartträger haben kaum eine Chance, FFP2-Masken hinreichend dicht anzulegen. Man könnte hier den Vergleich weiter treiben und an eine gepanzerte Präsidentenlimousine denken, bei der alle Fenster geöffnet sind.

Mehrere Kläger gegen die FFP2-Maskenpflicht, darunter der Kabarettist Helmut Schleich, hatten bereits hier die zusätzliche Schutzwirkung (in Relation zum Aufwand) infrage gestellt und die korrekte Handhabung problematisiert (zit. n. Huber 2021):

„Die FFP-2-Masken gelten selbst nach den Empfehlungen des Robert-Koch-Instituts für den Privatgebrauch grundsätzlich als nicht geeignet. Wie sollen denn Herr Müller und Frau Meier die Masken sachgerecht aufsetzen? Hier ist die Bayerische Staatsregierung eindeutig über das Ziel hinausgeschossen."

Weitere Argumente gegen die Verpflichtung zum Tragen einer FFP2-Maske wurden zusammengetragen: Diese reichen von einer Beeinträchtigung körperlicher Unversehrtheit beim langen Tragen einer Maske (z. B. Einkaufen, Fahrten mit öffentlichen Verkehrsmitteln), zumal mit zunehmendem Schutzniveau ein erhöhter Atemwiderstand einhergeht, bis hin zu einem Verschwinden des individuellen Ausdrucks der Träger, wie er bei anderen Masken noch möglich sei.

Es ist nicht übertrieben, wenn man meint (Russ-Mohl 2020, S. 450):

„[Mit der] Maskenpflicht bekam das Wörtchen ‚Bevormundung' regelrecht eine Zusatzbedeutung. Jedenfalls war sie der sichtbarste Beweis dafür, wie weit staatliche Eingriffe in die Persönlichkeitsrechte gehen können."

Die Klagen wurden vom Bayerischen Verwaltungsgerichtshof abgewiesen: Die FFP2-Maskenpflicht wurde begründet mit der höheren Schutzwirkung der Produkte. Die FFP2-Masken böten voraussichtlich gegenüber medizinischen oder sogenannten Community-Masken einen höheren Selbst- und Fremdschutz. Gesundheitsgefährdungen seien vor allem wegen der begrenzten Tragedauer nicht zu erwarten [https://www.vgh.bayern.de/media/bayvgh/presse/21a00171b.pdf].

9.5 Überhörte Aerosolforschung

Die Gesellschaft für Aerosolforschung war weiterhin bestrebt, die Diskussion um Übertragungswege und den Nutzen von Masken auf eine Faktenbasis zu stellen. Sie musste jedoch die Erfahrung machen, dass ihr Positionspapier vom Dezember (GAeF 2020) nur begrenzte Wirkung entfaltete. So schickte sie im April 2021 einen offenen Brief an die politischen Entscheidungsträger hinterher [https://ae00780f-bbdd-47b2-aa10-e1dc2cdeb6dd.filesusr.com/ugd/fab12b_2351153712d045088f336256cf7b1b5e.pdf]:

> „Aus der Aerosolforschung sind vielfältige Erkenntnisse zur Übertragung der SARS-CoV-2 Viren über den Luftweg publiziert worden, zusammengefasst und aufbereitet in einem im Winter 2020 erschienenen Positionspapier der Gesellschaft für Aerosolforschung … Leider werden bis heute wesentliche Erkenntnisse unserer Forschungsarbeit nicht in praktisches Handeln übersetzt."

Anscheinend konnte die Politik mit ihren Maßnahmen bis dahin nicht priorisieren und sich um „Orte [zu] kümmern, wo die mit Abstand allermeisten Infektionen passieren", nämlich Innenräume.

> In der Fußgängerzone eine Maske zu tragen, um anschließend im eigenen Wohnzimmer eine Kaffeetafel ohne Maske zu veranstalten, ist nicht das, was wir als Experten unter Infektionsvermeidung verstehen,

so die GAeF im offenen Brief.

Aus Sicht der GAeF war also noch im April 2021 keine vernünftige Priorisierung der Maßnahmen durch die Politik erfolgt. So verblüfft es, dass gegen wissenschaftlichen Rat eine FFP2-Maskenpflicht eingeführt wurde und bis Februar 2023 noch im Fernverkehr der Deutschen Bahn galt.

Dialogorientierte Wissenschaftskommunikation zu diesen Fragen, in der beispielsweise ein Abwägen der Probleme und Möglichkeiten unterschiedlicher Maskentypen hätte diskutiert werden können, hatte gar nicht stattgefunden."

9.6 Masken tragen: Eine „Stellungnahme" zweier Wissenschaftler

Der Nutzen von (FFP2-)Masken lag für viele Akteure in Wissenschaft, Medien und Politik klar auf der Hand, wie etwa durch den Vergleich mit den Regenschirmen (Abschn. 9.3) illustriert wurde. Dennoch war man bemüht, zumindest nachträglich noch wissenschaftliche Evidenz für einschneidende Maßnahmen wie die FFP2-Maskenpflicht zu liefern. So fassten – einige Monate nach dem Positionspapier der GAeF – der Max-Planck-Forscher Ulrich Pöschl und Christian Witt von der Charité die Wirksamkeit und Nutzung von Gesichtsmasken in einer 3-seitigen „Stellungnahme" zusammen (Pöschl und Witt 2021). Ausgangspunkt war die Veröffentlichung einer Studie im Wissenschaftsmagazin *Science* (Cheng et al. 2021), also eine wissenschaftliche Basis. Dort wurde die Wirksamkeit von Masken unter verschiedenen Bedingungen betrachtet.

Anhand einzelner Teilaspekte werden hier beide Papiere (die Stellungnahme von Pöschl und Witt sowie das GAeF-Positionspapier) gegenübergestellt (Tab. 9.1). Obwohl thematisch nahe beieinander, weist die Herangehensweise deutliche Unterschiede auf.

Inhaltlich in Einklang mit dem GAeF-Positionspapier, fallen hier einige Unterschiede der Herangehensweise in der Stellungnahme von Pöschl und Witt auf, wobei auch Probleme der Politik- und Gesellschaftsberatung sichtbar werden: Wesentliche Aussagen der Stellungnahme leiten sich nämlich gerade nicht aus dem in *Science* veröffentlichten Papier (Cheng et al. 2021) ab.

Die Darstellung von Pöschl und Witt überdehnt auf diese Weise das Mandat der Wissenschaft, weil weitreichende Aussagen auf nicht explizierter Faktenbasis gemacht werden. Vielmehr fließen persönliche Werte ein, was jedoch nicht explizit gemacht wird.

9.7 Wirksamkeit von Masken: Ein später Beitrag

Anfang Dezember 2021, also fast 2 (!) Jahre nach Beginn der Pandemie, legt das MPI für Dynamik und Selbstorganisation eine Studie vor (Bagheri et al. 2021), die das maximale Risiko einer Corona-Infektion für verschiedene Szenarien mit und ohne Masken ausweisen möchte. Die Pressemitteilung [https://www.mpg.de/17915640/corona-risiko-maske-schutz] betont:

„Dicht abschließende FFP2- und KN95-Masken senken das Risiko einer Coronainfektion drastisch, selbst bei längeren Begegnungen auf kürzeste Distanz, wie sie in öffentlichen Verkehrsmitteln unvermeidbar sind.

Tab. 9.1 Einschätzungen zur Wirksamkeit von Masken im Vergleich

„Stellungnahme zur Wirksamkeit und Nutzung von Gesichtsmasken gegen COVID-19" von Ulrich Pöschl und Christian Witt (Pöschl und Witt 2021)	„Positionspapier der Gesellschaft für Aerosolforschung zum Verständnis der Rolle von Aerosolpartikeln beim SARS-CoV-2 Infektionsgeschehen" (GAeF 2020)
Unklar bleibt, an wen sich die Stellungnahme richtet (an die allgemeine Bevölkerung? An politische Entscheidungsträger?)	Die GAeF ist transparent, benennt auf S. 7 als Adressaten des Papiers „Vertreter von Medien, Behörden, Verwaltung und Politik, sowie an die interessierte Öffentlichkeit"
Als Absender fungieren die beiden Wissenschaftler Ulrich Pöschl und Christian Witt. Unklar bleibt, ob sie für ihre Institutionen sprechen (für ihr Max-Planck-Institut? Die Charité? Die Max-Planck-Gesellschaft?), ob es sich um „Konsens in der Wissenschaftsgemeinde" handeln soll oder um eine Einzelmeinung	Die GAeF ist transparent, benennt auf S. 26 f. „Autoren und Unterzeichner" und stellt dar, wie das Papier zustande gekommen ist
Es werden bei Pöschl und Witt 8 „Referenzen" genannt, allerdings wird darauf nicht im Text referenziert; die Quellen werden am Ende nur summarisch aufgelistet	Die GAeF referenziert in ihrem Text an zahlreichen Stellen auf die jeweilige Quelle in der Literatur, wodurch die Argumentation transparent gemacht wird
Um die Abwägung von Gefahren und Schutzmaßnahmen zu illustrieren, ziehen Pöschl und Witt einen Vergleich (wiederum) zum Straßenverkehr (Stellungnahme S. 1). Unklar bleibt, wieso gerade dieses Beispiel herangezogen wird und ob es überhaupt solch eine Illustration braucht, die dann auch ein neues Framing eröffnet	Es erfolgt kein fachfremdes Framing

(Fortsetzung)

Tab. 9.1 (Fortsetzung)

Neben dem im Titel benannten Thema „Stellungnahme zur Wirksamkeit und Nutzung von Gesichtsmasken gegen COVID-19", das auf der ersten Seite behandelt wird, werden auf den folgenden 1,5 Seiten Bezüge zu anderen Aspekten wie effektiver Reproduktionszahl, Impfen, Long COVID hergestellt, ohne diese weiter auszuführen, zu begründen oder in ihrer Relevanz zu erläutern: So wird behauptet „Würden Gesichtsmasken von einem großen Teil der Bevölkerung konsequent bei allen persönlichen Kontakten genutzt, so könnte diese Maßnahme sogar ausreichen, um die effektive Reproduktionszahl von COVID-19 unter eins zu halten und die Pandemie einzudämmen" (S. 2). Unklar bleibt, woher diese Aussage kommt, und es wird von den Autoren sogleich zugestanden, dass dies ein völlig unrealistische Szenario ist, weil etwa beim Essen und Trinken die Maske abgenommen werden muss	Eine Ausweitung der Thematik (und damit ein Wechsel der Präsentation wissenschaftlicher Evidenz hin zur Äußerung der persönlichen Meinung) erscheint in dem GAeF-Papier nicht
Unerklärt erscheint auch die Aussage „Je schneller die Pandemie durch Verwendung von Masken in Kombination mit anderen Maßnahmen eingedämmt werden kann, umso geringer wird die Wahrscheinlichkeit, dass sich weitere Mutanten des Virus ausbreiten" (S. 2). Es erfolgt keine Begründung im Text, sodass man das den beiden Wissenschaftlern einfach glauben muss	

(Fortsetzung)

Tab. 9.1 (Fortsetzung)

Schließlich plädieren Pöschl und Witt auf S. 3 ihrer Stellungnahme für „eine Art ‚Maskenkultur' im Sinne der zwischenmenschlichen und gesellschaftlichen Verantwortung". Sie folgern und verlassen damit den Bereich der wissenschaftlichen Evidenz: „Ja, die Maske ist zuweilen lästig, aber ihre hohe Schutzwirkung gegen Infektionen spricht für den weiteren Einsatz in Innenräumen und Menschenmengen – auch im Hinblick auf die neue, noch infektiösere Delta-Variante von SARS-CoV-2." Der Text endet mit einem Plädoyer auch für freiwilliges Maskentragen „bis zum Ende der Pandemie": „Obwohl wir selbst bereits geimpft sind, wollen wir zunächst weiterhin FFP2-Masken tragen, unter anderem wenn wir einkaufen gehen und fremde Personen in Innenräumen treffen, auch falls die Regeln dafür gelockert werden sollten." Schließlich wird der Einzelne verantwortlich gemacht: „Damit hat jeder Mensch eine der effektivsten Schutzmaßnahmen gegen COVID-19 ebenso wie gegen andere luftübertragene Infektionskrankheiten stets selbst zur Hand."	Die GAeF verzichtet komplett auf Appelle und beschränkt sich auf die Darstellung ihrer Evidenz

Besonders gut schützen sie, wenn sowohl die infizierte als auch die nicht-infizierte Person ihre Masken richtig tragen."

Diese Botschaft ist zu diesem Zeitpunkt längst keine Neuigkeit mehr, das wusste man bereits im Frühjahr 2020.

Bekannt war längst auch die Einschränkung (die angesichts verordneter FFP2-Maskenpflicht auch politisch heikel ist): Masken wirken – „vor allem wenn sie an den Rändern möglichst dicht abschließen," wie es in der Pressemitteilung vom 2. Dezember 2021 heißt. (Mit etwas Humor hätte man noch vorschlagen können, dass für Bartträger nun eine Rasierpflicht eingeführt wird, um die Wirksamkeit der Masken zu gewährleisten.)

Neu an der Untersuchung ist, dass man für zahlreiche Situationen „das maximale Infektionsrisiko" ermittelt und dabei Abstufungen im Prozent- und Promillebereich ermittelt hat. Das lässt zunächst eine klar kalkulierbare Wirksamkeit von Masken erwarten. Allerdings geht die Studie von einer optimalen Trageweise der Masken aus und basiert auf Modellierungen. Die Wissenschaftler schränken die Übertragbarkeit ihrer Ergebnisse auf „reale Situationen" daher sogleich selbst ein (https://www.mpg.de/17915640/corona-risiko-maske-schutz):

„Im täglichen Leben ist die tatsächliche Infektionswahrscheinlichkeit sicherlich 10- bis 100-mal kleiner."

Und (ebd.):

„Aufgrund der Komplexität der Übertragung von Krankheiten in der Luft ist es jedoch schwierig, ihre Wirksamkeit zu quantifizieren, insbesondere bei Eins-zu-Eins-Exposition. Hier stellen wir das Konzept einer Obergrenze für die Eins-zu-Eins-Exposition gegenüber infektiösen menschlichen Atemwegspartikeln vor und wenden es auf SARS-CoV-2 an."

Man könnte nun fragen, ob die Studie damit überhaupt relevante Aussagen machen kann. Die Wissenschaftler schlussfolgern dennoch weitergehend: „Unsere Ergebnisse zeigen noch einmal, dass das Maske-Tragen an Schulen und auch generell eine gute Idee ist" (ebd.). Die Aussage zu den Schulen ist dabei gar nicht gedeckt durch die Untersuchungen der Forscher. Und die Einschätzung „eine gute Idee" ist in wissenschaftlichen Papieren ein eher ungewöhnlicher Ausdruck.

Was machen nun Medien und Politik im Dezember 2021 (und noch Monate später) aus diesen Ergebnissen? Die Autorität der Max-Planck-Forscher und die präzise angegebenen Zahlenwerte führen zu Schlagzeilen wie folgt:

- „Ungeimpfte stecken sich innerhalb von fünf Minuten mit Corona an, zeigt Studie" (https://www.businessinsider.de/wissenschaft/gesundheit/ungeimpfte-stecken-sich-in-fuenf-minuten-mit-corona-an-zeigt-studie-a/).
- „Gut sitzende FFP2-Masken schützen 75-mal besser als OP-Masken" (https://www.derstandard.de/story/2000131772396/gut-sitzende-ffp2-masken-schuetzen-75-mal-besser-als-op).
- Der NDR gibt Werte mit 2 Nachkommastellen an: „So wahrscheinlich ist es im Schnitt, sich in einem geschlossenen Raum innerhalb von 20 min mit dem Coronavirus zu infizieren, wenn beide eine Maske tragen oder nur Abstand zueinander halten." (https://www.ndr.de/nachrichten/info/Gesichtsmasken-So-effektiv-helfen-verschiedene-Modelle,coronamasken102.html).
- Der BR schreibt im Juni 2022 zur Maskenpflicht [https://www.br.de/nachrichten/deutschland-welt/justizminister-buschmann-bei-maskenpflicht-weiter-skeptisch,T957uDa]: „Justizminister Marco Buschmann hält deren Nutzen offensichtlich wissenschaftlich noch nicht für erwiesen." Dem stellt der Sender eine Grafik auf Grundlage der MPI-Daten gegenüber (Abb. 9.3), deren Validität - wie beschrieben - gar nicht gegeben ist.

Abb. 9.3 Der BR erklärt, wie eine FFP2-Maske schützt – auf der Basis idealisierter bzw. simplifizierter Laboruntersuchungen. (Daten: Max Planck Institute for Dynamics and Self-Organization, Göttingen; optische Umsetzung: Bayerischer Rundfunk)

Die unkritische Übernahme von Folgerungen aus einer wissenschaftlichen Studie erinnert an die Medienberichte zur Hamsterstudie mit den Masken (Abschn. 9.3): Aus idealisierten bzw. simplifizierten Laboruntersuchungen werden in Medienberichten Zahlenwerte übernommen, auf allgemeine Situationen übertragen und damit suggeriert, wie präzise die Wirkung bestimmter Maßnahmen „nachweisbar" sei. Maßnahmen werden dann als „evidenzbasiert" und „wissenschaftlich begründet" dargestellt. Es findet keine Differenzierung statt zwischen Laboruntersuchungen und ihrer Übertragung (bzw. Nichtübertragbarkeit) auf Alltagssituationen. Und Studien dieser Art legen für manche Politiker und Medien fälschlicherweise nahe, auf dieser „Basis" allgemeine Empfehlungen auszusprechen und eine FFP2-Maskenpflicht einzufordern.

9.8 Lüften und Luftreiniger

Im Sommer 2021 wurden erhebliche Finanzen bereitgestellt für Luftreiniger in Klassenzimmern. Diese sollten das Infektionsrisiko in Innenräumen verringern, die nicht durch Fenster gelüftet werden (können). Die öffentliche und mediale Diskussion war monatelang laut. Teilweise erschienen die Luftreiniger als „Wundermittel". Selten wurde in medialen Darstellungen und politischen Diskussionen deren Wirksamkeit in konkreten Anwendungen den Installationskosten, dem Energieverbrauch und ihrer Geräuschentwicklung gegenübergestellt.

Tatsächlich gab es keine klaren Aussagen seitens der Experten zu Wirksamkeit und Erforderlichkeit der Anlagen. Diese hätte man sich gewünscht, aber die Anforderungen (welche Wirksamkeit ist gefragt?), Rahmenbedingungen (konkrete Einsatzbedingungen vor

Ort) und die Abwägung von (unklarem) Nutzen und Nachteilen (Kosten, Geräusche) konnten auch hier nicht verallgemeinert werden.

Das Umweltbundesamt (UBA) hat im September 2021 eher skeptisch bemerkt [https://www.umweltbundesamt. de/themen/lueftung-lueftungsanlagen-mobile-luftreiniger-an]:

> „Neben der Einhaltung der Hygieneregeln (‚AHA' [Abstand halten, Hygieneregeln, Alltag mit Maske]) bleibt … die regelmäßige Lüftung über die Fenster die wichtigste Maßnahme zur Reduzierung der Virenmengen in der Luft sowie zur Aufrechterhaltung einer gesunden Raumluft (‚AHA+L')."

Das UBA macht zudem deutlich (ebd.),

> „dass mobile Luftreinigungsgeräte die Notwendigkeit für das Lüften nicht ersetzen können. Die mobilen Geräte beseitigen nicht die sich in einem Schulraum durch Atmung anreichernde Luftfeuchte, das Kohlendioxid und weitere chemische Gase aus Mobiliar und Bauprodukten. Daher muss auch bei Nutzung mobiler Luftreiniger regelmäßig gelüftet werden."

In den Medien kamen zu diesem Thema vorwiegend Gemeinplätze heraus. So wollte der BR unter der Überschrift „Was mobile Luftreiniger im Klassenzimmer bringen" im Dezember 2021 eine „erste umfangreiche Studie" vorstellen [https://www.br.de/nachrichten/wissen/corona-studie-was-mobile-luftreiniger-in-schulen-bringen,Sr1h6zz]: Ein Wissenschaftler von der Hochschule München hat in Klassenräumen mit verschiedenen Lüftungs- bzw. Luftreinigungssystemen die CO_2-Werte im Zeitverlauf gemessen und daraus auf die Luftqualität geschlossen. Allerdings sucht man in dem Beitrag vergeblich eine Antwort auf die Frage, was mobile Luftreiniger im Klassenzimmer bringen. Das Hauptergebnis der Untersuchungen war anscheinend bislang, dass in Schulen zu wenig gelüftet wird. Das freilich hätte man auch einfacher feststellen können. Hier wird also von einer wissenschaftlichen „Studie" etwas versprochen, was diese gar nicht einlöst.

9.9 Zwischen Wissenschaft und gesundem Menschenverstand

Die Übertragungswege des Corona-Virus und die Wirksamkeit von Masken war zunächst unklar. Im Frühjahr 2020 waren dann grundlegende Zusammenhänge, die Rolle von Tröpfchen und Aerosolen bei der Übertragung des Virus bekannt, die durchaus plausibel waren. Weitere wissenschaftliche Untersuchungen brachten wenig neue Informationen – sie bezogen sich oftmals auf Laborsituationen, die nicht auf den Alltagsgebrauch der Masken übertragbar waren. Und systematische Untersuchungen zur Virusausbreitung beispielsweise in Schulen oder Kindergärten mit oder ohne Masken: Fehlanzeige.

Die Positionen und von der Politik verordneten Maßnahmen zum Maskentragen veränderten sich über Jahre hinweg nicht mehr. Die textile, mechanische Barriere gilt bis heute als wesentliches Instrument im Kampf gegen die Pandemie. Bis heute (Ende 2022) werden dazu OP- oder FFP2-Masken vorgeschrieben und eingesetzt – Masken, die ursprünglich für andere Zwecke vorgesehen waren, nämlich für eine Nutzung durch geschultes Personal und nicht für eine Dauernutzung. In den 3 Jahren der Pandemie wurden anscheinend keine neuen Masken entwickelt für die spezifischen Erfordernisse und den Alltagsgebrauch, mit denen Nachteile und

Unzulänglichkeiten der FFP2-Masken hätten ausgeräumt werden können.

Medien und Politik mussten selbst bei der übersichtlichen Fragestellung zur Wirksamkeit und zum Nutzen von Masken einige Monate auf Informationen vonseiten der Wissenschaft warten, können aber bis heute keinen Sinn daraus machen: Sie berufen sich selektiv mal auf „die Wissenschaft" (und dabei auf Studien mit eingeschränkter Aussagekraft, die unzulässig verallgemeinert werden), mal auf den gesunden Menschenverstand (so wie bei der „unbestrittenen Wirksamkeit" von Regenschirmen).

Muss man über Masken überhaupt diskutieren? Ja, denn sie schränken uns ein, verursachen Kosten und Abfallberge. Aber eine Diskussion im Sinne der 4 Bedingungen der Akzeptanz (Abschn. 5.6) hat nur ansatzweise stattgefunden. Zwar wurde versucht, Einsicht in die Notwendigkeit des Schutzes zu vermitteln, Selbstwirksamkeit zu betonen und emotionale Identifikation (mit „schützen Sie sich und andere", „übernehmen Sie Verantwortung"), aber die Vor- und Nachteile des Maskentragens wurden kaum differenziert erörtert. Die wissenschaftlichen Erkenntnisse dazu blieben diffus, Unsicherheiten wurden kaum thematisiert.

Bis heute stehen sich in der Frage des Nutzens von Masken unversöhnliche Positionen gegenüber.

Literatur

Bagheri G et al (2021) An upper bound on one-to-one exposure to infectious human respiratory particles. PNAS, December 2, 118 (49) e2110117118

Cheng Y et al (2021) Face masks effectively limit the probability of SARS-CoV-2 transmission. Science, 20 May, Vol 372, Issue 6549, S 1439–1443

Gesellschaft für Aerosolforschung GAeF (2020) Positionspapier der GAeF zum Verständnis der Rolle von Aerosolpartikeln beim SARS-CoV-2 Infektionsgeschehen. https://www.info.gaef.de/position-paper

Huber T (2021) Helmut Schleich klagt gegen FFP2-Maskenpflicht. Bild-Zeitung 21.1., https://www.bild.de/regional/muenchen/stuttgart-aktuell/muenchen-helmut-schleich-klagt-gegen-ffp2-maskenpflicht-74991198.bild.html

Molteni M (2021) Wie ein 60 Jahre altes Missverständnis Covid noch gefährlicher machte. https://www.wired.com/story/the-teeny-tiny-scientific-screwup-that-helped-covid-kill/, zitiert nach https://www.republik.ch/2021/06/15/wie-ein-60-jahre-altes-missverstaendnis-covid-noch-gefaehrlicher-machte

Pöschl U und Witt C (2021) Stellungnahme zur Wirksamkeit und Nutzung von Gesichtsmasken gegen COVID-19. https://www.mpic.de/4972415/stellungnahme

Pürner F (2021) Diagnose Panikdemie. Langen Müller, München

Robert Koch Institut RKI (2021) Epidemiologischer Steckbrief zu SARS-CoV-2 und COVID-19 (Stand: 26.11.). https://www.rki.de/DE/Content/InfAZ/N/Neuartiges_Coronavirus/Steckbrief.html?nn=13490888#doc13776792bodyText2

Russ-Mohl S (2020): Diskurs-Belebung. Tipps für jedermann und jedefrau, für Journalisten und für Wissenschaftler. In: Ders. (Hrsg) Streitlust und Streitkunst. Halem, Köln

Titz S (2021) Hätte ein Wechsel zu den dichteren FFP2-Masken in der Pandemie einen klaren Vorteil für die Allgemeinheit? Viele Fachleute zweifeln daran. Neue Zürcher Zeitung 22.12., https://www.nzz.ch/wissenschaft/corona-ffp2-masken-verpflichtend-waeren-im-alltag-kaum-besser-ld.1661588

10

Impfen und Impfkampagne

> Impfstoffe sind keine Wunderstoffe. Eine Abwägung ihrer Wirkung, Nebenwirkung und Kosten wäre im Rahmen einer dialogorientierten Wissenschaftskommunikation sinnvoll gewesen.
> Stattdessen wurde im Rahmen von Impfkampagnen informiert, teilweise in einseitiger und persuasiver Art. Es gab wenig Raum für individuelle Abwägung, und Entscheidungen, die der gesamtgesellschaftlichen Präferenz widersprachen, wurden diffamiert.
> Die Lager von „Impfbefürwortern" und „Impfgegnern" verfestigten sich dadurch.

10.1 Ein Segen, aber kein Wunder

Impfstoffe sind ein Segen für die Menschheit. „Man trainiert das Immunsystem, den krank machenden Erreger zu erkennen und eliminieren" (Streeck 2022, S. 183). „Die durch Viren verursachten schwarzen Pocken waren jahrtausendelang eine gefürchtete, da oft tödliche Geißel der Menschheit" (ebd., S. 180). So gilt die Auslöschung der Pocken als einer der größten Erfolge der Medizin (Hacker 2021, S. 32). Weitere Impfstoffe wurden gegen Krankheiten wie Diphterie, Keuchhusten und Kinderlähmung entwickelt.

Impfstoffe sind jedoch keine Wunderstoffe. Ihre Wirkung, Nebenwirkung und Kosten sind sorgfältig zu ermitteln und abzuwägen. Kontroversen zu Impfstoffen sind so alt wie die Impfstoffe und gehören auch zum Erfahrungsschatz der Wissenschaftskommunikation. Allerdings scheint man bis heute wenig daraus gelernt zu haben, wenn man die Impfkampagne und den Umgang mit Kritikern während der Corona-Krise zugrunde legt.

10.2 Drakonische Strafen für Impfgegner – vor 200 Jahren

Es ist keine neue Herausforderung, die Bevölkerung vom Nutzen der Impfungen zu überzeugen. Tatsächlich hat diese eine über 200-jährige Geschichte: 1807 führte Bayern eine Pockenschutzimpfung ein. Schon damals weigerten sich Teile der Bevölkerung, sich impfen zu lassen. Diese Impfgegner waren aus Sicht der Herrschenden ein Problem, und die Gründe, sich nicht impfen zu lassen, gelten bis heute: etwa die Abneigung in der Bevölkerung gegen alles, was neu ist. Oder die Sorge von Eltern, die geimpften Kinder könnten in der Folge eine andere Krankheit erleiden.

Zudem lässt sich, so sah man es schon damals, „die schwache Impfquote auf die Bosheit übelgesinnter Menschen zurück[führen], die die abgeschmacktesten Berichte über das Impfen und etwaige Unglücksfälle ausstreuen" (zit. n. Kratzer 2021). Hinzu kamen (ebd.)

„die irrigen Ansichten mancher Ärzte über die negativen Folgen einer Schutzimpfung."

„Der Staat reagierte auf die Bockigkeit der Impfgegner mit Härte. König Max I. Joseph ließ verlautbaren, er bedauere, dass so viele Menschen wegen Vorurteilen und Gleichgültigkeit ‚auf diese große Wohlthat verzichten', und dadurch sowohl sich als auch andere in Gefahr setzten. Am 26. August 1807 ordnete er an, dass sich alle Bewohner des Königreichs, die noch nicht von den Blattern heimgesucht wurden, einer kostenlosen Impfung unterziehen mussten. Verweigerern begegnete man mit empfindlichen Sanktionen: ‚Um der gegenwärtigen Verordnung den gehörigen Nachdruck zu geben, finden Wir nothwendig, die Saumseligen und Widersezlichen mit angemessener Geldstrafe zur Annahme des Guten zu bestimmen.'"

10.3 Impfstoffeuphorie in Wissenschaft, Politik und Medien

Heilsversprechen und Lobhudelei zu Corona-Impfstoffen fanden sich vielfältig in Wissenschaft, Medien und Politik: Die Impfstoffentwicklung erfolgte „in kürzester Zeit" (Bundespräsidialamt, https://www.bundesregierung.de/breg-de/suche/verdienstorden-biontech-gruender-1879078), Impfstoffe bringen uns die Freiheit wieder zurück (Spahn 2021) - so ein gängiges Narrativ in der Politik.

Wenn das Unternehmen Biontech selbst von der Wirksamkeit seiner eigenen Impfstoffe überzeugt ist, verwundert das nicht. Problematisch ist es, wenn deren Pressemitteilungen von Zeitungen teilweise unverändert abgedruckt werden. Zwei Beispiele aus dem *Münchner Merkur:* Am 22.10.2021 wird auf Seite 1 getitelt: „Dritte Impfung sehr effektiv". Als Quelle für die Nachricht werden die beiden Unternehmen Biontech und Pfizer genannt. Die zugrunde liegenden medizinischen Studien werden ansatzweise beschrieben, aber der Bericht und die Schlagzeile sind ausschließlich gestützt auf Informationen, die die Unternehmen für Medien und Investoren bereitstellen. Und das sind naturgemäß einseitige und interessengeleitete Informationen, schließlich möchten die Unternehmen gut dastehen und Investoren anziehen. Eine journalistische Einordnung und Bewertung fehlen hier. Ähnlich am 21.12.2021: Die Schlagzeile im *Münchner Merkur* „Moderna: Boostern schützt vor Omikron" nennt zwar die Quelle – und im Text erscheint immerhin ein Hinweis „bislang nicht in einem Fachjournal veröffentlicht" –, aber wieder beschränkt sich der Inhalt auf die Informationen der Pressemitteilung aus der Pharmaindustrie (diesmal das Unternehmen Moderna). Kein aufklärender Journalismus, sondern Übernahme von Unternehmens-PR.

Der Astrophysiker und Wissenschaftskommunikator Harald Lesch äußert sich am 28. Mai 2021 in einem Interview mit dem *Münchner Merkur* erleichtert über die Leistungsfähigkeit des Gesundheitssystems. Er möchte keine Kritik an den öffentlichen Kliniken hören: „Dabei sollte man dem Herrn auf Knien dafür danken, dass die Zahlen nicht so schlimm geworden sind wie befürchtet" (https://www.merkur.de/kultur/harald-lesch-neues-buch-denkt-mit-corona-klimawandel-interview-tv-professor-zr-90779577.html). Und er freut sich schließlich über die Impfung: „Mir ist ein Stein vom Herzen gefallen, als ich erstmals diese Spritze in meinem Oberarm gespürt habe. Ich weiß jetzt: Es wird für mich keinen schlimmen Verlauf von Corona geben. Ich werde mich vielleicht infizieren und leichte Symptome haben – aber ich werde nicht da liegen und mir Röhren durch den Rachen schieben lassen."

Ist das Wissenschaftskommunikation? Persönliche Meinung? Oder Stimmungsmache? Wie unkritisch und persuasiv die Journalistin Mai Thi Nguyen-Kim die Impfkampagne befeuert hat, wird in Kap. 12 dargestellt.

10.4 Preise für Impfstoffentwickler

Die Euphorie zu den Impfstoffen in der Öffentlichkeit fand ihren Ausdruck auch darin, dass die Entwickler eines mRNA-Impfstoffs gegen das Corona-Virus und Biontech-Gründer mit Preisen überhäuft wurden, u. a. mit dem Verdienstorden der Bundesrepublik Deutschland (https://www.bundesregierung.de/breg-de/suche/verdienstorden-biontech-gruender-1879078):

„Innerhalb kürzester Zeit haben Özlem Türeci und Uğur Şahin mit ihrem Unternehmen Biontech einen Impfstoff gegen das Coronavirus entwickelt – es war der erste, der in der Europäischen Union zugelassen wurde."

Der Bundespräsident betonte (ebd.):

„Mit jedem geimpften Menschen können wir einen kleinen Schritt zurück in Richtung Alltag gehen, einen Schritt hin zu dem Leben, das wir vermissen, und zu den Menschen, die wir lieben."

In der Laudatio zum Deutschen Zukunftspreis (dem Preis des Bundespräsidenten für Technik und Innovation) 2021 heißt es (https://www.deutscher-zukunftspreis.de/de/bundespraesident-verleiht-deutschen-zukunftspreis-biontech-forscher):

„Das Team hat als erstes einen Impfstoff gegen das Virus entwickelt und zur Zulassung gebracht, basierend auf langjährigen Forschungen zu mRNA und der Einsicht, dass sich das Coronavirus exponentiell verbreiten würde. Gleichzeitig hat das Unternehmen Produktionsstätten und Lieferkapazitäten aufgebaut. So konnten Millionen Menschen in kürzester Zeit Impfungen angeboten werden."

In diese Lobreden wurden große Versprechungen für die Zukunft eingebaut, sozusagen Vorschusslorbeeren (ebd.):

> „Der erfolgreiche Einsatz der mRNA-Technologie ermöglicht zudem weitere Entwicklungen etwa gegen Krebs, Autoimmunerkrankungen und in der regenerativen Medizin."

10.5 Wie gut wirken Impfungen?

Immer wieder wurde in Wissenschaft, Politik und Medien eine hohe Wirksamkeit der Impfstoffe behauptet, ohne diese genauer darzulegen, zu definieren und in Vergleich mit bekannten Bezugsgrößen (z. B. der Wirksamkeit der Grippeimpfstoffe) zu bringen. Im Gegenteil: Statt transparent statistische Daten zu vermitteln, wurden teilweise Fehlinterpretationen von Zahlen zur Wirksamkeit verbreitet. Selbst die Frage, wovor die Impfung schützten soll, blieb häufig offen: Geht es um Ansteckung, Erkrankung, schwere Verläufe oder Weitergabe des Virus?

Zur Intransparenz kamen statistische Fehlinterpretationen. So schrieb Karl Lauterbach als SPD-Gesundheitsexperte am 12. September 2021 auf Twitter (https://twitter.com/karl_lauterbach/status/1437024278520737794):

> „Die Wirkung der 3. BionTech Impfung fällt deutlich stärker aus als von vielen Experten erwartet. Mehr als 10-facher Schutz gegen Infektion oder schwere Krankheit."

Also könnte man meinen, dass der zusätzliche Schutz der 3. Impfung ein 10-Faches des schon bestehenden Schutzes sei. Die „Unstatistik des Monats" sieht diese Aussage sehr kritisch (2021a):

„Hier liegt … ein Klassiker der Fehlinterpretation von relativen Risiken vor."

Die veröffentlichten Daten lassen sich wie folgt zusammenfassen (gerundet und bezogen auf Personentage unter Risiko) (ebd.):

- „Mit zwei Impfdosen lag das Risiko einer Infektion bei rund 85 Fällen je 100.000 Personentage und mit drei Dosen bei rund 8 Fällen je 100.000 Personentage."
- „Mit zwei Impfdosen lag das Risiko einer schweren Erkrankung bei rund 6 Fällen je 100.000 Personentagen und mit drei Dosen bei rund 0,3 Fällen je 100.000 Personentagen."

Die „Unstatistik" (2021a) weist nun darauf hin, dass die Senkung des hier angegebenen Risikos (um den Faktor 11 bzw. 20) nicht als Erhöhung des Impfschutzes verstanden werden darf. Katharina Schüller erläutert (2022, S. 16):

„Nehmen wir an, das Risiko mich zu infizieren geht von 10 Prozent auf 1 Prozent runter. Das ist eine Reduktion um den Faktor 10. Aber der Schutz kann sich nicht von 90 Prozent auf 900 Prozent verzehnfachen."

Wenn man in diesem Fall umrechnet, ergibt sich demnach eine Erhöhung des Impfschutzes für eine Infektion um 2 % bzw. für eine schwere Erkrankung um 0,2 %.

10.6 „Impfdurchbrüche"

Kein Impfstoff bietet absoluten Schutz. Das Robert Koch Institut erläutert (https://www.rki.de/SharedDocs/FAQ/COVID-Impfen/FAQ_Liste_Wirksamkeit.html, Stand 13.10.2022):

> „Ein Impfdurchbruch liegt vor, wenn eine PCR-bestätigte SARS-CoV-2 Infektion mit Symptomatik nach mindestens erfolgter Grundimmunisierung, die spätestens 2 Wochen vor der Infektion abgeschlossen wurde, festgestellt wird. […] Davon abzugrenzen sind asymptomatische Verläufe bei mindestens grundimmunisierten Personen, d. h. die Personen sind PCR-positiv, zeigen aber keinerlei Symptome; diese gelten nicht als Impfdurchbrüche."

Der Wirtschaftsjournalist Norbert Häring macht darauf aufmerksam, dass „Impfdurchbruch" den Begriff „Impfversagen" ersetzt hat. Er hat beobachtet, dass das Framing durch einen neuen Begriff von fast allen (auch in den Medien) unhinterfragt übernommen wurde (https://norberthaering.de/liste-manipulationen/#impfversagen, 7.12.2022).

> „Traditionell hat das Robert-Koch-Institut (RKI) in Fällen, wo Geimpfte krank werden, von Impfversagen gesprochen. In der Broschüre ‚Fachwörterbuch Infektionsschutz und Infektionsepidemiologie. Fachwörter – Definitionen – Interpretationen' aus dem Jahr 2015 wird zur Definition von „Impfdurchbruch" auf den Eintrag für „Impfversagen" (‚vaccine failure') verwiesen. Seit es die Covid-Impfung gibt, spricht das RKI soweit ich sehen kann nur noch ausschließlich von Impfdurchbrüchen. Versagen, welch negatives Wort. Impfungen können nur noch – in seltensten Fällen natürlich – durchbrochen werden, von einem besonders bösen, gefährlichen und wahrscheinlich mutierten Virus."

Wie auch immer man es nennt – es entwickelte sich zu einem zentralen Thema der Diskussion um die Corona-Impfung (Unstatistik 2021b):

> „im November [2021] thematisierten zahlreiche Medien die Impfdurchbrüche – und folgen dabei häufig einem

ähnlichen Muster: Während die Beiträge selbst durchaus klarstellen, dass die Impfdurchbrüche kein Argument gegen die Impfung sind, werden Schlagzeilen irreführend formuliert und schüren – bewusst oder unbewusst – große Verunsicherung."

So twitterte der WDR im November 2021: „Impfdurchbrüche sind keine Ausnahme mehr. Auch doppelt Geimpfte erkranken – zum Teil schwer und sterben. Was bringen die Impfungen überhaupt? Und was sagen die Zahlen?" (https://mobile.twitter.com/WDRaktuell/status/1460558262206672902.

Dabei, so stellt die „Unstatistik" klar, geht die Wirksamkeit der Impfung keinesfalls massiv zurück, sondern der Anteil der Impfdurchbrüche steigt unvermeidlich, je höher der Anteil der Geimpften in der Bevölkerung ist. Wären alle geimpft, käme es ausschließlich bei Geimpften zu Impfdurchbrüchen (bei einem nicht zu 100 % wirksamen Impfstoff). Und: „rund 215.000 wahrscheinliche Impfdurchbrüche, die das RKI seit Beginn der Impfkampagne verzeichnet, [machen] bei fast 56 Mio. vollständig geimpften Menschen nicht einmal 0,4 %" aus (Unstatistik 2021b), sind also eher selten.

10.7 Kritische Meinungen zu Impfstoffen

Viel wurde versprochen: Die Impfung sollte vor Ansteckung bewahren, die Weitergabe des Virus an andere verhindern, Herdenimmunität herstellen, schwere Krankheitsverläufe dauerhaft verhindern, kurz: Die Impfung sollte die Pandemie beenden und die „Freiheit wiederbringen" (vgl. 10.3). Risiken wurden in Kauf genommen bei einer Impfung

> „mit nur kurz erprobten Stoffen, die die sonst üblichen langjährigen Zulassungsverfahren nicht durchlaufen hatten. Über deren Neben- und Langzeitwirkungen deswegen nur unzureichende Erkenntnisse vorlagen. Die teilweise auf vollkommen neuartigen Wirkungsprinzipien beruhten."

So bringt es ein Debattenbeitrag des Soziologen Alexander Zinn (2022) auf den Punkt.

Man sollte meinen, dass ein „hochwirksamer Impfstoff" die Ausbreitung einer Infektionskrankheit wirksam unterbindet und nicht lediglich die Schwere des Krankheitsverlaufs reduziert. Und hält die Wirkung Jahre, Monate oder Wochen? Aber der Begriff „hochwirksam" wird wohl von Experten anders verstanden als von Laien. Hendrik Streeck hatte deutlich vorsichtiger formuliert und darauf hingewiesen (Streeck 2021, S. 168),

> „dass sich die Wirkung eines Impfstoffes erst auf lange Sicht beurteilen lässt, wie die vielen Beispiele aus der Geschichte zeigen. Ob die aktuell [Ende 2020] entwickelten Impfstoffe gegen SARS-CoV-2 den Krankheitsverlauf nur mildern oder eine Infektion verhindern, geschweige denn wie lange der Impfschutz vorhält, ist noch offen. Allein auf die Impfung sozusagen als Allheilmittel zu setzen ist zu kurz gegriffen."

Viele Virologen schienen überrascht, dass das Corona-Virus mutiert. Würden die Impfstoffe bei neuen Virusvarianten weniger nützen und angepasst werden müssen? Hätte man das Aufkommen neuer Varianten/Mutationen, die in der Öffentlichkeit anfangs gar nicht thematisiert wurden, voraussehen können?

Bis heute (Anfang 2023) fehlen in Deutschland Daten zu Impfungen und deren Wirksamkeit: Handelt es sich um eine „Pandemie der Ungeimpften", oder sind die Impfstoffe zu wenig wirksam? Wieso können die Impfstoffe nicht rascher angepasst werden, nachdem deren Entwicklung, wie immer wieder betont wird, so rasch erfolgte? Viele Fragen – die aber aus Sicht vieler Impfbefürworter völlig unverständlich erschienen und selten thematisiert wurden.

Es hatte zeitweise den Anschein, dass man einer Diskussion aus dem Weg gehen wollte, indem bestimmte Fragen für unzulässig erklärt wurden. Wie Ulrike Guerot (2022, S. 53 f.) bemerkt, wurde in Wissenschaft, Politik und Medien immer wieder impliziert,

> „dass Impfskeptiker:innen mit ihrer Kritik, Skepsis oder Sorge notwendigerweise im Unrecht oder nur falsch informiert seien – Kindern gleich. Man müsste sie eben nur richtig aufklären. … Impfskeptiker:innen, die immer gleich ein Impfgegner waren, wurden pathologisiert."

Tatsächlich wurde vielfach das überkommene und längst überwunden geglaubte Defizitmodell (siehe 3.1) genutzt, um das Verhältnis von Wissenschaft und Gesellschaft zu beschreiben. Und viele Menschen (dies., S. 96)

> „haben sich resigniert in digitale Ausweisprogramme gefügt, die eine Impfung gegen Corona bescheinigen und als Schlüssel zur Wiederherstellung der persönlichen Freiheit bezeichnet wurden."

Alexander Zinn (2022) hat nach einem Jahr der Impfkampagne einige Gründe für Impfskepsis zusammengestellt, die sich erst in der Kampagne ergeben haben. Die Impfstoffe haben nämlich gar nicht gehalten, was versprochen wurde: Auch Geimpfte können andere anstecken, der Schutz vor schweren Verläufen ist nicht von Dauer (man muss den Impfstoff mehrere Male verabreichen). Der Soziologe benennt damit Versprechungen von Wissenschaft, Politik und Medien, die nicht eingehalten werden konnten.

Statt nun Überzeugungen im Licht neuer Erkenntnisse zu revidieren, projizierten Vertreter der Impfkampagne ihren Ärger „auf Außenstehende, in diesem Fall auf die Ungeimpften", die „egoistisch" und „unsolidarisch" seien und dafür verantwortlich gemacht werden, dass die Hoffnungen enttäuscht wurden. Wenn wir uns aber darauf besinnen, so betont Alexander Zinn, „dass Skepsis, Zweifel und Widerspruch die Fundamente von Aufklärung, Wissenschaft und Fortschritt sind", wird das Problem klar (Zinn 2022):

> „Bedenklich ist es …, dass wir uns mittlerweile angewöhnt haben, nahezu jeden Kritiker als ‚Spinner', ‚Schwurbler', ‚Wissenschaftsfeind' oder ‚Rechten' zu diskreditieren. Was wir dabei übersehen: ‚Wissenschaftsfeinde' sind nicht diejenigen, die Zahlen, Studien und Maßnahmen hinterfragen, sondern diejenigen, die den offenen Diskurs darüber unterbinden wollen."

10.8 Kontroversen ums Impfen

Kontroversen um das Impfen gibt es nicht erst seit Corona (vgl. Abschn. 10.2): Dem Schutz der Allgemeinheit vor gefährlichen Infektionskrankheiten stehen Nebenwirkungen gegenüber. Wie geht Wissenschaftskommunikation damit um?

Der Wissenschaftssoziologe Alexander Bogner (2021, S. 28 f.) sieht wissenschaftliche Expertise als Basis für eine Abwägung, indem sie informiert über die Gefährlichkeit der Krankheiten und Risiken von Nebenwirkungen. Allerdings ist die wissenschaftliche Expertise selbst vorläufig und mit Unsicherheiten behaftet (S. 30):

„Es besteht also durchaus Diskussionsbedarf, etwa über die Unzulänglichkeiten einzelner Impfungen und manche Unsicherheiten des medizinischen Wissens."

Impfbefürworter dagegen wünschen das Vertrauen in diejenigen Experten zu stärken, denen sie selbst vertrauen, und weisen gerne auf einen „überwältigenden Expertenkonsens" zur Wirksamkeit der Impfstoffe und zu den zu vernachlässigenden Nebenwirkungen hin. Wird hier ein blindes Vertrauen gegenüber einer Mehrheit der Experten gewünscht? Was ist dann mit der verbleibenden Minderheit der Experten: Wird deren Expertise komplett beiseitegewischt? Und was nützt das, wenn der „wissenschaftliche Konsens" eigenen Erfahrungen oder Informationen aus dem nächsten Umfeld entgegensteht?

Alexander Bogner betont: Die Einschätzungen der Experten sind für die Impfgegner gar nicht unbedingt unwahr, sondern eher irrelevant" (2021, S. 29), wenn es um individuelle Impfentscheidungen geht.

Zudem lässt sich beobachten, dass sich (Bogner 2021, S. 31)

„viele Fachleute […] an diese Fragen [zu Unzulänglichkeiten einzelner Impfungen und manche Unsicherheiten des medizinischen Wissens] öffentlich gar nicht heran[trauen], um nicht sofort als Mitstreiter von den Impfgegnern vereinnahmt zu werden. Die real existierenden Vorteile, aber auch die Defizite der aktuellen Impfpolitik kommen auf diese Weise erst gar nicht auf den Tisch."

Alexander Bogner erkennt das kreative Potenzial alternativer Experten und Skeptiker, etwa in Gestalt von „Konsensleugnern" (Bogner S. 121): Sie widersprechen einem falschen Wahrheitsanspruch der Politik, die sich – dank „Übereinstimmung mit der Wissenschaft", angeblichem überwältigendem Expertenkonsens und wissenschaftlicher Evidenz – als alternativlos versteht.

Das kreative Potenzial dieser „Skeptiker" zu erkennen, ist eine Aufgabe und Herausforderung, auch für die Wissenschaft und die Wissenschaftskommunikation. In Dialogveranstaltungen etwa sollte ihnen ein viel größerer Raum gegeben werden, statt sie unter dem Vorwand einer „False Balance" (siehe Abschn. 26.9) auszugrenzen.

10.9 „Solidarität": Vom Miteinander zur Ausgrenzung

Ein im Zusammenhang mit der Impfkampagne besonders oft gebrauchter Begriff ist die Solidarität. Der Deutsche Ethikrat definiert (2022, S. 204):

> „Solidarität besteht in der Bereitschaft, eigene Ansprüche, die einer Person oder einer Personengruppe unter Gerechtigkeitsgesichtspunkten prinzipiell zustehen, zugunsten anderer zumindest zeitweilig zurückzustellen."

Er differenziert dabei zwischen Freiwilligkeit und Verpflichtung (ebd.):

> „Hinsichtlich der ethischen Güterabwägungen, die in Zeiten einer Pandemie erforderlich sind, gilt es zu unterscheiden zwischen einer Solidarität, die Personen aus eigenem Antrieb freiwillig üben, sodass sie auch über ihr Ausmaß sowie ihre etwaige zeitliche Befristung selbst bestimmen, und jener Solidarität, zu der Personen oder ganze Bevölkerungen durch staatliche Entscheidungen verpflichtet werden."

Im Bereich der Solidaritätspflichten werden klare Grenzen markiert (ebd., S. 205):

„In einer Pandemie spielt Solidarität in der Form staatlich verordneter Solidaritätspflichten eine wesentliche Rolle. Damit dürfen diejenigen, denen diese Pflichten auferlegt werden, erwarten, dass ihre Solidaritätsbereitschaft nicht über Gebühr strapaziert wird. Die Lasten, die bestimmten Personen(gruppen) zugunsten anderer auferlegt werden, müssen zumutbar und so weit als möglich gerecht und fair auf die ‚Schultern' der in Frage kommenden Personen(gruppen) verteilt werden."

Nun steht gerade die Risikokommunikation im Spannungsfeld von Selbstschutz und Solidarität, wie eine „Praxishilfe für Risikokommunikation" herausstellt (Dialogik 2022, S. 19):

„Risikokommunikation sollte die Vorteile solidarischen Handelns klar benennen, aber keinen Druck zu Solidarität aufbauen und sorgfältig darauf achten, das Solidaritätsargument nicht moralisch aufzuladen und in polarisierenden Freund-Feind-Schemata zu kommunizieren."

Gerade ein Maßhalten beim Einfordern angeblicher Solidaritätspflichten ist in Politik und Medien nicht immer gelungen, und leider wurde „Solidarität" in der Corona-Krise auch zur Ausgrenzung missbraucht. Im November 2021 verbreitet sich das Narrativ der „Pandemie der Ungeimpften". Immer wieder stehen die Ungeimpften – medial befeuert – am Pranger: Ausgrenzung, Schuldzuweisung, Bezichtigung der Unsolidarität und Verantwortungslosigkeit. So unterteilt ein „Tagesthemen"-Kommentar (19.11.2021) von Sarah Frühauf die Bevölkerung in die „Solidarischen" und die

„Impfverweigerer" (https://twitter.com/tagesthemen/status/1461795932391960578):

> „Na, herzlichen Dank, an alle Ungeimpften. Dank euch droht der nächste Winter im Lockdown."

Undifferenzierte Schwarz-Weiß-Malerei war auch ein Element einzelner Kommunikationsaktivitäten zur Impfkampagne in den USA und in Deutschland, die im Folgenden vorgestellt und beleuchtet werden.

10.10 Zur Impfkampagne in den USA

Die US-amerikanischen Wissenschaftsakademien haben im Jahr 2021 Empfehlungen herausgebracht, wie Vertrauen in die Impfstoffe gegen Corona aufgebaut werden kann. Ausgangspunkt ist die Überzeugung, dass eine möglichst hohe Akzeptanz und Bereitschaft, sich impfen zu lassen, Voraussetzung ist, um Herdenimmunität, den Schutz besonders vulnerabler Gruppen zu erreichen und schließlich das gesellschaftliche und wirtschaftliche Leben wieder zu ermöglichen (National Academies 2021, S. 3). Es geht hier also nicht um einen ergebnisoffenen Dialog, wie man ihn von einer nationalen Wissenschaftsakademie erwarten könnte, sondern um Kommunikation mit dem Ziel, die Bürger von einer bestimmten Sache zu überzeugen.

Mehrere Kommunikationsstrategien werden genannt (National Academies 2021, S. 10–13). So stehen diejenigen, die noch zögerlich oder unentschlossen sind, im Zentrum der Kommunikationsstrategie: Hier können

Kommunikationsmaßnahmen greifen und das gewünschte Ziel erreichen. Außerdem ist in der Kommunikation zu berücksichtigen, aus welchen Gründen die Gesprächspartner die Impfung nicht akzeptieren (z. B. Sicherheit der Impfstoffe, Nebenwirkungen, Langzeitfolgen, Wirksamkeit). Es wird dabei durchaus betont, dass diejenigen, die skeptisch sind, nicht als „die anderen" dargestellt werden sollen. Vielmehr soll man deren Einwände hören und darauf eingehen. Diese Strategien wären vereinbar mit einer transparenten und offenen Kommunikation (vgl. Kap. 4).

Problematischer sind die folgenden Punkte, die teilweise die Grenze von Überzeugen hin zu Überreden berühren: Die Ansprache von Zielgruppen soll idealerweise durch Personen erfolgen, die deren Vertrauen haben. So wird empfohlen, beispielsweise Friseure einzubinden, diese gezielt für die Impfkampagne zu gewinnen, damit sie Falschinformationen gegenüber ihrer Klientel ausräumen und dafür sorgen, dass sich die richtigen Ansichten verbreiten. So heißt es dort: „set social norms in their community" (National Academies 2021, S. 13).

Als weitere Strategie wird empfohlen, (Zwischen-) Erfolge der Kampagne hervorzuheben. Die Menschen schauen, was andere in ihrer Umgebung tun und was die soziale Norm ist. Wenn immer mehr bei der Impfkampagne mitmachen, verstärkt sich das selbst (S. 12), Sticker mit Aufschriften wie „I got vaccinated" können Freunde und Familie positiv im Sinne der Kampagne beeinflussen (S. 13). Diese Strategie der Beeinflussung durch Vertrauenspersonen und Anpassung an das Umfeld entspricht Marketingmaßnahmen für ein gesetztes Ziel (vgl. Abschn. 4.4).

10.11 Zwischen Aufklärung und Persuasion

Vergleichbar sind die Strategien der Impfkampagne in den USA, die sich zwischen Wissenschaftskommunikation und Marketing bewegen, mit denjenigen der Impfkampagne in Deutschland.

„Das Impfbuch für alle" vom Robert Koch-Institut und der Bundeszentrale für gesundheitliche Aufklärung (2021) bietet Hintergründe und Historisches zum Impfen und zur Impfstoffforschung in allgemein verständlicher Weise auf 80 Seiten. Ziel soll eine Aufklärung zum Impfen sein: „Damit Sie sich mit guten Informationen und einem guten Gefühl entscheiden können" (hintere Umschlagseite). Auf S. 4 heißt es einerseits: „Wie Sie persönlich zum Impfen stehen und ob Sie sich impfen lassen, ist und bleibt allein Ihre Entscheidung." Allerdings ist klar, dass das Buch von Impfbefürwortern erstellt wurde („Klar, wir … krempeln die Ärmel hoch", S. 4). Und ebenso klar wird das Ziel der Broschüre dargelegt: dass sich die Leser spätestens nach der Lektüre überzeugt impfen lassen.

Es wird beschrieben, wie in der Bundesrepublik Deutschland auf Aufklärung und Freiwilligkeit bei den meisten Impfungen gesetzt wird, mit dem Hinweis und der Abgrenzung, „dass in der DDR Impfpflicht herrschte" (S. 64). Das klingt großzügig: „Damit zwingt der Staat sich selbst, für alle seine Bürgerinnen und Bürger gute Argumente zu finden, warum sie sich beziehungsweise ihre Kinder impfen lassen sollten" (S. 64).

Funktioniert das? Nein, denn es wird hier persuasive Information geliefert, die sich als neutral ausgibt. Einwände gegen das Impfen werden nur oberflächlich behandelt. Eine ausgewogenere Darstellung, die die Einwände der Impfgegner ernst nimmt (siehe Abschn. 10.6), wäre wohl passender gewesen – auch und gerade für eine staatliche Behörde wie das RKI.

Stattdessen werden „Impfgegner:innen" mit mehreren Gruppen in einen Topf geworfen (S. 61):

„Vegetarier:innen und Naturfreund:innen, Antikapitalist:innen und Antisemit:innen, Staats- und Technikkritiker:innen, christliche Fundamentalist:innen und Anthroposoph:innen. Ihre Motive waren durchaus unterschiedlich, ähneln jedoch denen, die heute noch von Impfgegnerinnen und Impfgegnern geäußert werden."

Dies ist ein besonders deutlicher Fall von Ausgrenzung der Impfgegner, indem diese recht willkürlich in Verbindung gebracht werden mit ganz verschiedenen Gruppen: Während „Vegetarier" und „Naturfreunde" noch harmlos sind, ist die Verbindung zu „Antisemiten" oder „Fundamentalisten" diffamierend.

Auch andere Elemente der Impfkampagne des Gesundheitsministeriums sind fragwürdig: „Ärmel hoch" (https://www.zusammengegencorona.de/mitmachen/deutschland-krempelt-die-aermel-hoch) arbeitet mit Fotos und Videos, in denen die Oberarme von Prominenten zu sehen sind. Ob das motiviert? Ebenso unreflektiert, fast infantil, erscheint die ständige Rede vom „Pieks". Zwei-Wort-Sprüche wie „Impfen hilft" werfen die Frage auf, ob diese Impfskeptiker überzeugen – oder eher mehr Widerstand hervorrufen.

10.12 Eine erfolgreiche Impfkampagne in Bremen

Als gelungenes Beispiel einer zielgruppen- und kontextorientierten Impfkampagne wird diejenige in Bremen gesehen, die zu dem im bundesweiten Vergleich höchsten

Bevölkerungsanteil mit einer Grundimmunisierung geführt hat. Merkmale der Kampagne waren (Dialogik 2022, S. 21):

- eine frühzeitige Ermittlung der Einflussfaktoren hoher Inzidenzen (z. B. Armut, Migrationshintergrund, fehlende Hausarztbindung),
- ein frühzeitiges und direktes Informieren der Bürger über Infektionsrisiken und Impfangebote in den Stadtteilen vor Ort,
- vertrauensbildende, niedrigschwellige Aufklärung in den Stadtteilen (Aufsuchen am Wohnort, Information in sozialen Einrichtungen),
- eine direkte, gezielte Ansprache durch Gesundheitsfachkräfte vor Ort,
- ein umfassendes Impfkonzept mit niedrigschwelligen, zielgruppenorientierten, lokalen und zentralen Impfangeboten (z. B. mobile Impftrucks in Stadtteilen mit hoher Inzidenz, Kinderimpfzentrum).

Zielgruppenorientierung, direkte und transparente Kommunikation waren die Erfolgsrezepte dieser Kampagne. Leider wurden diese Kommunikationsmerkmale, die ja keinesfalls Geheimrezepte sind, nur punktuell etabliert.

10.13 Für Aufklärung, gegen Überredung

Die Kommunikationsansätze der Impfkampagnen in Deutschland und den USA sind also zu problematisieren, weil mit ihnen generell keine informierte Entscheidung, sondern Überreden im Vordergrund stand. Der Risikoforscher Felix Rebitschek stellt dazu fest (2021):

„Es wurde erst geworben (Prominente und Nachbarn) und geschubst (Nudging: ‚Ärmel hoch'), dann folgten indirekter (‚Testnachweis bitte') und direkter Druck sozialer (‚Du kommst hier nicht rein') oder moralischer Natur (‚Trittbrettfahrer')."

Statt eine Wissensgrundlage für eigene Entscheidungen bereitzustellen, wurden die Menschen überredet.

„Doch wer wurde von der Impfung überzeugt? Was benötigen Menschen, um sich zu entscheiden, und wie ermöglicht man es fortan?"

Felix Rebitschek wird noch deutlicher (ebd.):

„Es kann ... nicht im gesellschaftlichen Interesse sein, wirksame Aufklärung so hintenan zu stellen, und damit Impfen oder Nichtimpfen aus falschen Gründen ... sowie Widersprüche zum gesetzlichen Patientenschutz und zum jahrzehntelang erarbeiteten Fortschritt partizipativer Entscheidungsfindung in der Medizin hinzunehmen."

Informationen zur Wirksamkeit und Sicherheit der Impfung müssen klar dargestellt werden. Und ebenso ist zu verdeutlichen, was wir nicht wissen. Vor diesem Hintergrund kann dann eine individuelle Abwägung stattfinden. Und diese (ebd.)

„aufgeklärte und freie Impfentscheidung eines Bürgers ist auch in Zukunft keine gewichtete Verrechnung der zuverlässig belegten Nutzen und Risiken. Sie basiert auf der besten medizinischen Erkenntnis und individuellen Werten und Zielen, und kann der gesamtgesellschaftlichen Präferenz klar widersprechen," so Rebitschek, der damit ein gutes Beispiel liefert für die Unabhängigkeit von wissenschaftlichem Wissen und individuellen Werten (vgl. Abschn. 3.2). Im Unterschied zum strategischen Ansatz der US-Akademien (siehe Abschn. 10.9) setzen Forscher vom Harding-Zentrum für Risikokompetenz auf Aufklärung beim Impfen: Sie wollen nicht überreden, sondern überzeugen (Rebitschek und Jenny 2021). Hierzu haben die Wissenschaftler (in Kooperation mit dem Robert Koch-Institut) „Faktenboxen" erstellt, die es Verbrauchern „ermöglichen, Vor- und Nachteile bestimmter medizinischer Maßnahmen zu verstehen, damit sie selbst entscheiden können, ob sie sich diesen unterziehen möchten oder nicht" (https://www.hardingcenter.de/de/transfer-und-nutzen/faktenboxen). Diese Faktenboxen dienen der Information, um – im Gespräch mit dem Arzt – eine Entscheidung für oder gegen das individuelle Impfen treffen zu können. Um das leisten zu können, müssen die Faktenboxen freilich vereinfachende Annahmen machen und können bestehende Unsicherheiten nicht vollständig darstellen.

Nach der Darstellung der Herausforderungen der Wissenschaftskommunikation zu Masken und Impfen folgen Betrachtungen zu einzelnen prominenten Vertretern der Corona-Kommunikation.

Literatur

Bogner A (2021) Die Epistemisierung des Politischen. Reclam, Ditzingen.
Deutscher Ethikrat (2022) Vulnerabilität und Resilienz in der Krise – Stellungnahme. Berlin.
Dialogik (Hrsg) (2022) Praxishilfe für Risikokommunikation in der COVID-19-Pandemie. https://www.dialogik-expert.de/

sites/default/files/downloads/de/ricort-praxishilfe-covid-19-risikokommunikation-april-2022.pdf.

Guerot U (2022) Wer schweigt, stimmt zu. Westend, Frankfurt a. M.

Hacker J (2021) Pandemien. CH Beck, München.

Kratzer H (2021) Als Bayern drakonische Strafen für Impfgegner verhängte. Süddeutsche Zeitung, 26. November, https://www.sueddeutsche.de/bayern/impfpflicht-pocken-impfung-geschichte-widerstand-1.5472406.

National Academies of Sciences, Engineering, and Medicine (2021) Strategies for Building Confidence in the COVID-19 Vaccines. https://doi.org/10.17226/26068.

Rebitschek F (2021) Drei Dinge müssen wir schaffen, um genug Menschen von der Booster-Impfung zu überzeugen. 3. November, https://www.focus.de/gesundheit/coronavirus/gastbeitrag-von-psychologe-felix-rebitschek-drei-dinge-muessen-wir-schaffen-um-genug-menschen-von-der-booster-impfung-zu-ueberzeugen_id_24384518.html.

Rebitschek FG, Jenny MA (2021) How skeptics could be convinced (not persuaded) to get vaccinated against COVID-19. PsyArXiv, March 22, https://hdl.handle.net/21.11116/0000-0008-383F-4.

Robert Koch-Institut, Bundeszentrale für gesundheitliche Aufklärung (2021) Das Impfbuch für alle. www.dasimpfbuch.de.

Schüller K (2022) „Eine Grundbildung rund um Daten und Statistik fehlt". Laborjournal 3, S. 14–17.

Spahn J (2021) „Wir impfen Deutschland zurück in die Freiheit", 24. August, https://www.welt.de/politik/deutschland/article233333163/Jens-Spahn-zu-Corona-Wir-impfen-Deutschland-zurueck-in-die-Freiheit.html.

Streeck H (2021) Hotspot. Piper, München.

Streeck H (2022) Unser Immunsystem. Piper, München.

Unstatistik (2021a) Dritte Covid-19-Impfung – Mehr als 10-facher Schutz? https://www.hardingcenter.de/de/unstatistik/unstatistik-des-monats-september-dritte-covid-19-impfung-mehr-als-10-facher-schutz.

Unstatistik (2021b) Die Angst vorm Impfdurchbruch. https://www.hardingcenter.de/de/unstatistik/unstatistik-des-monats-november-die-angst-vorm-impfdurchbruch.

Zinn A (2022) Zwischenruf eines Geimpften. Berliner Zeitung, 8. Januar.

11
Der Podcast „Coronavirus-Update"

> Aktuelle und fundierte Information wollte der Podcast „Coronavirus-Update" bieten. Unsicherheit und Komplexität wurden darin durchaus transparent gemacht, jedoch wurde das Publikum auch überfrachtet mit vielen, detaillierten Informationen – und es wurde weitgehend die Sichtweise nur eines einzelnen Virologen dargestellt, der seine herausgehobene Position auch dazu nutzte, zu Themen jenseits seiner eigentlichen Expertise zu sprechen.
> Dialog und Pluralität bleiben auf der Strecke. Umso bedenklicher, dass diese Art der Wissenschaftskommunikation vielfach gelobt und ausgezeichnet wurde.

11.1 Informationen aus erster Hand

In Reaktion auf das hohe Informationsbedürfnis in der Bevölkerung zu Corona hat der NDR den Podcast „Das Coronavirus-Update" ins Leben gerufen (https://www.ndr.

© Der/die Autor(en), exklusiv lizenziert an Springer-Verlag GmbH, DE, ein Teil von Springer Nature 2023
M.-D. Weitze, *Corona-Kommunikation,*
https://doi.org/10.1007/978-3-662-67518-2_11

de/nachrichten/info/Coronavirus-Update-Der-Podcast-mit-Christian-Drosten-Sandra-Ciesek,podcastcoronavirus100.html, Stand 6.12.2022):

> „Seit Ende Februar 2020 hat Prof. Dr. Christian Drosten (Leiter der Virologie an der Berliner Charité) Fragen zur aktuellen Situation beantwortet, Zusammenhänge erklärt und geschildert, wie er diese Monate persönlich erlebt."

Anfangs täglich mit 30 min, ab April 2020 3-mal in der Woche und manchmal 2 Stunden lang.

Marcus Engert und Sandro Schroeder beschreiben in ihrer „Podcast-Kritik" (Engert und Schroeder 2020):

> „Drosten … versucht Antworten zu geben, wo Fragen waren. Er malt Grauschattierungen, wo andere nur Schwarz und Weiß sehen wollten. Er widerspricht, wo Politikern ihr Geltungsdrang wichtiger war als ihre Verantwortung. Er gefällt sich nicht im Dagegen-Sein. Ruhe und Wissen gegen Sorgen und Panikmache – ein großer Verdienst."

Woher kam der Erfolg? (Engert und Schroeder 2020):

> „Er wurde nicht von einer professionellen Vermarktungsmaschinerie wochenlang herbeigetrommelt. Nein, es war die gute alte Faustregel: Content first. Relevante Inhalte. Expertise. Erklären, was man weiß. Transparent machen, was nicht."

Das Format berichtet nicht nur von Ergebnissen, sondern zeigt Wissenschaft als Prozess, macht auch Unsicherheiten und Komplexität deutlich. Drostens Podcast-Partnerin, die Virologin Sandra Ciesek (2022, S. 10) bilanziert:

„Auf dieser Langstrecke ließen sich wissenschaftliche Standpunkte ausführlich begründen und man konnte herausarbeiten, wie stark oder wie schwach die Evidenz für bestimmte Aussagen ist."

Inwieweit funktioniert die Langstrecke? Die Medienforscher Leif Kramp und Stephan Weichert bemerken (2021, S. 46):

„Die eigentliche Leistung des Podcast ist es, das Gespräch über die Pandemie in Gang zu halten und die Corona-Krise über den langen Zeitraum hinweg immer aktuell einzuordnen."

Kramp und Weichert sehen aber auch ein Problem (ebd.):

„Wenn Drosten mitunter in sein ‚Wissenschaftssprech' abdriftet, das Laien nicht ohne weiteres nachvollziehen können, macht sich Langeweile breit. Mitunter wiederholen sich auch Argumentationen, von denen man glaubt, sie schon einmal vor Wochen gehört zu haben."

Zum „Wissenschaftssprech" ein Beispiel aus Folge 109 (vom 1.2.2022), Thema: Wirksamkeit angepasster Booster-Impfungen (https://www.ndr.de/nachrichten/info/coronaskript360.pdf, S. 10):

„Ja, das ergibt insofern Sinn, als eben die Influenza-Erfahrung zeigt, dass diese Bevölkerungsimmunität, auch wenn sie sich manchmal in Sprüngen entwickelt, sich doch kontinuierlich in einem gewissen Immunitätsraum fortentwickelt. Das heißt, diese Immunitäten, die bauen schon aufeinander auf. Also das Virus würde sich jetzt sehr schnell entwickeln zu einem dritten Serotypen, dann hätte jemand, der sich in der Zwischenzeit gegen Omikron weder impfen lassen würde noch sich infizieren würde, eine Brücke verpasst in dem Aufbau der Immunität. Also wir können schon davon ausgehen, dass die Omikron-Impfung einfach die Entwicklung des Virus verfolgt und nachhält in eine bestimmte Richtung."

Hier wird eine kontinuierliche Entwicklung von Immunität behauptet. Das sollen die Podcast-Hörer glauben (jedenfalls wird keine Evidenz oder Plausibilität geliefert), obwohl sich die Bevölkerungsimmunität doch auch „manchmal in Sprüngen entwickelt"? Details und Fachbegriffe rauschen hier (zumal ohne visuelle Unterstützung) am Publikum vorbei. Ist es überhaupt nachvollziehbar, wie hier argumentiert wird? Oder muss man dem Experten einfach glauben?

Oftmals bezieht sich Drosten auf vorläufige Studien und Preprints. Die Auswahl, Einordnung der Aussagekraft und Interpretation liegt allein bei ihm selbst. Die Botschaft: Hier kennt sich der Experte aus, er hat den Überblick zu aktuellen Studien. Das Publikum bleibt rezeptiv und staunt. Spürt man den Geist des Defizitmodells (siehe Kap. 3)?

Ist dieses Format „Journalismus", weil jemand einen Wissenschaftler befragt (vgl. Abschn. 25.2)? Es sind keine kritischen Fragen, sondern Fragen, die nach Informationen suchen – bei einer einzigen Quelle. Es wird eine Bühne für einen einzigen Experten (bzw. eine Kollegin) errichtet, der sich an das Publikum wendet. Für ein journalistisches Format bräuchte es doch mehr als einen Fragesteller als Stichwortgeber, mehr Kontext und andere Perspektiven, und mehr Bemühen, aus dem Gespräch etwas Verständliches zu machen.

Wenn der öffentlich-rechtliche Rundfunk nun für einen (oder zwei) Wissenschaftler eine solche Bühne baut, um die Welt zu erklären, mag das für Themen ohne aktuellen Handlungsdruck, wie Zoologie (Dr. Grzimek) oder Kosmologie (Prof. Lesch), wenig problematisch sein. Bei kontroversen und politisierten Themen wie Corona ist zu hinterfragen, wieso bestimmte Wissenschaftler den Platz auf dieser Bühne beanspruchen dürfen und andere – mit anderen Positionen – nicht.

11.2 Der öffentliche Wissenschaftler

Der FAZ-Journalist Joachim Müller-Jung stellt, scheinbar ironiefrei, fest (2021): „Christian Drosten war gewissermaßen das kommunikative Geschenk der Wissenschaft an die Öffentlichkeit." Das entspricht sicherlich der allgemeinen Wahrnehmung. Aber wieso gerade Drosten?

Vielleicht ist die Erklärung einfach: „Dessen räumliche Nähe zur Regierung und die ausgesprochene Medientauglichkeit des damals 47-Jährigen mögen die Wahl begünstigt haben. … also war er da. So plötzlich, wie auch das Virus da war" (Hanselle 2022, S. 44). Aber wollte er, oder wurde er in eine Rolle des Kommunikators und Politikberaters gedrängt? Das Magazin Cicero beschreibt es mit Goethe: „Halb zog sie ihn, halb sank er hin" (Hanselle 2022, S. 48).

Sicherlich erfüllte Drosten die Rolle des öffentlichen Wissenschaftlers, eines „Chefberaters" für die Regierung in Sachen Corona, indem er durchgängig fundiert informierte und beriet. Allerdings wurde mit ihm die Diskussion auf die Virologie eingeschränkt: Der Fokus wird von „Corona" auf molekularbiologische Prozesse gelenkt, weg von Krankheitsbildern und gesellschaftlichen Auswirkungen. Wenn es „um Fragen von Wirksamkeit, Nutzen und Schaden (präventiver) medizinischer

Maßnahmen geht, dann widerspricht die Befragung eines einzelnen Virologen zu einer Vielzahl von Themen aus den unterschiedlichsten Disziplinen grundlegend den Ansprüchen an eine evidenzbasierte Wissenschaftskommunikation", kritisiert die Gesundheitswissenschaftlerin Ingrid Mühlhauser (2021, S. 28 f.).

11.3 Lob und Auszeichnungen

Christian Drosten und der Podcast wurden überhäuft mit Preisen und Anerkennung. Unter anderem mit dem Bundesverdienstkreuz 2020 (https://www.bundespraesident.de/SharedDocs/Berichte/DE/Frank-Walter-Steinmeier/2020/10/201001-Verdienstorden-TdDE.html):

> „Der Direktor des Instituts für Virologie der Charité Berlin gehört national wie international zu den führenden Wissenschaftlern, denen eine herausragende Rolle bei der Bekämpfung der Corona-Pandemie zukommt. ... Er lieferte wichtige und weltweit anerkannte Erkenntnisse zum Infektionsgeschehen und hat diese auch mit innovativen Formaten der Öffentlichkeit vermittelt. Dass sein wöchentlicher Podcast ‚Coronavirus-Update' mehr als 60 Millionen Mal abgerufen wurde, zeigt, wie groß gerade zu Beginn der Pandemie das Bedürfnis nach fundierter und verständlicher Erläuterung und Aufklärung in der Bevölkerung war."

Und ebenfalls 2020 der Grimme Online Award. „Der Grimme Online Award Information zeichnet herausragende Beiträge aus, die demonstrieren, wie das Internet oder Apps für aktuelle Formen des Online-Journalismus und der Informationsvermittlung, für vertiefende Analysen und Reportagen, aber auch für publizistische Kritik und Kontrolle oder publizistisch relevante Service-Leistungen eingesetzt werden können" (https://www.grimme-online-award.de/ueber-den-preis/statut). Als die Jury den Podcast „Das Coronavirus-Update" auszeichnen wollte, stellt sie sich zunächst selbstkritisch die Fragen: „Vergeben wir einen Preis für Popularität? Prämieren wir Erfolg oder gar Prominenz von Prof. Dr. Christian Drosten?" – fand aber eine scheinbar stimmige publizistische Begründung und Würdigung (https://www.grimme-online-award.de/archiv/2020/preistraeger/p/d/das-coronavirus-update-1):

„Das Redaktionsteam hat zu einem sehr frühen Zeitpunkt entschieden, das Thema Corona wissenschaftlich und zugänglich zugleich aufzubereiten. Es wurde ein Experte ausgewählt, der genau dies zu bewerkstelligen weiß und der zu diesem Zeitpunkt einer breiten Öffentlichkeit noch nicht bekannt war. Das Format des Interviews verlangt es, sich intensiv mit der Faktenlage und den aktuellsten Veröffentlichungen zu beschäftigen und die richtigen Themenkomplexe in Fragen zu übersetzen. Getrieben von der Erkenntnis, dass täglich neues Wissen generiert wird und der Informationsbedarf kontinuierlich wächst."

„Im Podcast entsteht ein geschützter Gesprächsraum, der es Christian Drosten ermöglicht, sich ausführlich zu äußern, ohne dass seine Aussagen zugespitzt oder verkürzt werden. Im Gegenteil, die Gesprächspartner*innen suchen die Faktenausarbeitung und haben auch keine Angst, das Publikum punktuell zu überfordern. Wer noch tiefer einsteigen will, kann eigene Fragen einreichen, das Glossar und die Linklisten auf der Website nutzen und in den transkribierten Episoden per Volltextsuche recherchieren."

> „Das Coronavirus-Update' demonstriert, dass auch ausführlicher Wissenschaftsjournalismus das Publikum fesseln kann."

Haben wir es hier also tatsächlich mit einem journalistischen Format zu tun? Dem wurde bereits oben (11.1) widersprochen, und auch der Kommunikationswissenschaftler Markus Lehmkuhl bemerkt (2020, S. 272):

> „Hier hat die Medienbranche eine sehr erfolgreiche Inszenierung ausgezeichnet, für die nahezu keine journalistische Auswahl- und Bewertungsleistung nötig ist, weil sie ganz überwiegend vom Hauptakteur dieses Podcasts erbracht wird, nämlich von Christian Drosten, der bekanntlich kein Journalist ist."

Durch diese Auszeichnungen wird ein einzelner Wissenschaftler bzw. Kommunikator herausgehoben, die Aufmerksamkeit fokussiert sich auf eine Person, eine Position, eine Disziplin (die Virologie).

11.4 Medien und Kommunikation aus der Sicht eines Virologen

Christian Drosten erklärt nicht nur das Virus, sondern sieht sich (wohl auch durch den Erfolg seines Podcast) ebenso berufen, Einschätzungen zum Journalismus abzugeben. Eine Aufweitung der Perspektive ist an sich positiv. Allerdings spricht Drosten dann lediglich als (betroffener) Laie, und seine Autorität als Virologe ist auf diese Themen nicht anwendbar.

Den Wissenschaftsjournalismus in Deutschland hält Drosten für gut, äußerte sich jedoch kritisch über den politischen Journalismus (zit. n. Meedia Redaktion 2021):

11 Der Podcast „Coronavirus-Update"

„Es geht mir vor allem um diejenigen, die systematisch und subtil vorgehen, die ständig sticheln. Sie finden freie Journalisten, Kommentatoren, auch im Fernsehen, die immer und immer wieder zur Verharmlosung beitrugen. … Und das hat natürlich dazu beigetragen, dass das Vertrauen erodiert ist in die leider schmerzhaften politischen Maßnahmen, die man nun einmal ergreifen musste. Ich bin mir sicher, dass auch unsere schlechte Impfquote daher kommt."

Also zu viel Pluralität, zu viel Diskussion? Drosten hatte bereits 2020 eine ähnliche Entwicklung beklagt: Zu Beginn der Pandemie war aus seiner Sicht noch alles gut – allgemeine Zustimmung und keine große Diskussion. Aber dann (so rückblickend am 10.6.2022 auf Twitter, https://twitter.com/c_drosten/status/1535164753449984001):

„In D [Deutschland] ist im Herbst 2020 die bis dahin erfolgreiche Politik in Kritik geraten, es folgten ‚Teil-Lockdown' und schwere Winterwelle."

Kritik an der Politik und gesellschaftliche Diskussion wären demnach verantwortlich für viele Corona-Tote.

In der vorerst letzten Folge des Podcast war auch die Wissenschaftskommunikation selbst ein Thema (Folge 113 v. 29.3.2022, https://www.ndr.de/nachrichten/info/coronaskript368.pdf, S. 11):

„… es muss nicht jeder Wissenschaftler kommunizieren. Das würde gar nicht gehen, das gäbe ein Geschnatter. Also wer hat eigentlich das Mandat, so zu kommunizieren? … Soll die Wissenschaft das vielleicht auswählen, wer mal für diesen Bereich sprechen soll zu dem Thema? … Im Moment wählt alleine der Journalismus aus, welche Wissenschaftler gehört werden. Und die Auswahlkriterien sind zum Teil relativ subjektiv. Manchmal geht es nur um Medienpräsenz dabei und bisherige Medienpräsenz, die dann wieder neue Medienpräsenz provoziert, ohne dass eigentlich die wirklichen Experten dazu gehört werden."

Dass „alleine der Journalismus" entscheidet, welche Experten gehört werden, ist allerdings eine vereinfachende Darstellung. Grundsätzlich ist das keine subjektive Entscheidung, sondern geschieht anhand mehrerer Kriterien. Und es stellt sich die Frage: Wer entscheidet, wer eigentlich „die wirklichen Experten" sind? Wolfgang Kubicki bemerkt dazu (2021, S. 37):

„Wenn wir in der Wissenschaftskommunikation nur noch die ‚richtigen' Wissenschaftler – denen es wirklich nur um die Wahrhaftigkeit geht – einsetzen sollten, wer wählt diese aus? Und vor allem: Wer ist ‚wir'?"

11.5 „Wissenschaftsleugnung"

In einem Podcast im Frühjahr 2021 (https://www.ndr.de/nachrichten/info/82-Coronavirus-Update-Die-Lage-ist-ernst,podcastcoronavirus300.html) befasst sich Christian Drosten mit Grundmotiven der „Wissenschaftsleugnung", die schon aus der Klimadiskussion bekannt sind und die sich seiner Meinung nach „immer weiter durchsetzen in unserer Gesellschaft".

Die Hauptprinzipien, die Drosten wiedergibt, werden mit dem Akronym PLURV bezeichnet, das steht für „Pseudoexperten", „Logikfehler", „unerfüllbare Erwartungen" an die Wissenschaft, „Rosinenpickerei" und „Verschwörungsmythen" (Tab. 11.1).

Wie schön wäre es, wenn man mit einer einfachen Checkliste „Wissenschaftsleugnung" identifizieren könnte.

Tab. 11.1 „Wissenschaftsleugnung" aus Sicht von Christian Drosten, mit Einordnung

Merkmal der „Wissenschaftsleugnung"	Beschreibung durch Drosten	Einordnung
„Pseudoexperten"	Genannt werden die Autoren der Great Barrington Declaration (siehe 13.2): Die seien „alle nicht aus dem Fach", „absolute wissenschaftliche Minderheitenmeinungen"	Wer entscheidet, wer die Experten sind? Wer entscheidet, welche Experten sich zu welchen Themen äußern dürfen?
„Logikfehler"	Tricks und unscharfe Argumentationen, irreführende Analogien	Gibt es solche Tricks nur aufseiten der „Wissenschaftsleugner", oder werden diese teilweise auch in der Wissenschaftskommunikation eingesetzt?
„Unerfüllbare Erwartungen" an die Wissenschaft	Die Leistungsfähigkeit von Tests, Wirksamkeit von Impfungen werden hier als Beispiele genannt	Wissenschaft macht selbst große Versprechungen. Daraus können solche Erwartungen entstehen, die „unerfüllbar" sind
„Rosinenpickerei"	Es werden nur die Informationen ausgewählt und genannt, die zur eigenen Argumentation passen	Gibt es solche Tricks nur aufseiten der „Wissenschaftsleugner", oder werden diese teilweise auch in der Wissenschaftskommunikation eingesetzt?
„Verschwörungsmythen"	Als Beispiel genannt wird hier u. a. (als eine subtilere Form), dass „beispielsweise immer wieder versucht worden [sei], Experten zu unterstellen, sie würden wirtschaftliche Vorteile aus einer Situation ziehen".	Das Beispiel hat gar nichts mit einer „Verschwörung" zu tun; vielmehr ist das eine allzu menschliche Eigenschaft und muss jeweils geprüft werden

Solche Versuche sind aber leider naiv und die hier von Christian Drosten genannten Merkmale nicht passgenau, wie in der Tabelle unter „Einordnung" beschrieben wird. Alle einzelnen Punkte sind bei näherer Betrachtung keine eindeutigen Indikatoren für „Wissenschaft" bzw. „Wissenschaftsleugnung". Werden sie mitunter als Vorwand genutzt, Kritiker mit relevanten Einwänden zu delegitimieren, als „Leugner" abzutun, so dass man auf sie inhaltlich gar nicht einzugehen braucht?

11.6 Wissenschaft zum Staunen

Christian Drosten sieht seine Aufgabe darin, die Öffentlichkeit zu informieren. Bei der Wissenschaftskommunikation im „Corona-Update" wird das Publikum mit Informationen und Argumenten allerdings teilweise überfrachtet. Deren Einordnung kann ausschließlich Drosten selbst vornehmen – das Publikum hört und staunt.

Der Virologe als Autoritätsperson und Chefberater, die Journalisten als seine Stichwortgeber – das wird heute mal als „Journalismus" wahrgenommen (etwa von der Jury des Grimme-Preises), mal als „Geschenk der Wissenschaft an die Öffentlichkeit" (Müller-Jung 2021). Beide Bezeichnungen sind unzutreffend, pflegen ein belehrendes und längst überkommen geglaubtes Verständnis von Wissenschaftskommunikation.

Literatur

Ciesek S (2022) Virologie im Medienfokus: Lehren aus der Corona-Krise. Laborjournal 7–8/2022, S 8–11.

Engert M und Schroeder S (2020) Das Jahr, in dem Professor Drosten das Medium Podcast zum Popstar machte (und umgekehrt). 28. Dezember, Über Medien, https://uebermedien.de/56114/das-jahr-in-dem-professor-drosten-das-medium-podcast-zum-popstar-machte-und-umgekehrt/.

Hanselle R (2022) Langsame Heimkehr. Cicero 06.2022, S 42–48.

Kramp L, Weichert S (2021) Konstruktiv durch Krisen? Fallanalysen zum Corona-Journalismus. Otto Brenner Stiftung, https://www.otto-brenner-stiftung.de/fileadmin/user_data/stiftung/02_Wissenschaftsportal/03_Publikationen/AH107_Konstr_Journalismus.pdf.

Kubicki W (2021) Die erdrückte Freiheit. Westend, Frankfurt a. M.

Lehmkuhl M (2020) Covid-19 und der Journalismus. In: Bundeszentrale für politische Bildung (Hrsg) Corona. Pandemie und Krise, S 266–276.

Meedia Redaktion (2021) Drosten kritisiert Medien im Umgang mit Corona-Pandemie. https://meedia.de/2021/12/24/drosten-kritisiert-medien-im-umgang-mit-corona-pandemie/.

Mühlhauser I (2021) Wissenschaftsleugnung – ein Kommentar aus Sicht der Evidenzbasierten Medizin, Ärzteblatt Sachsen 9/2021, S 28–31.

Müller-Jung J (2021) Weltverbesserer sollen sich am Riemen reißen. Frankfurter Allgemeine Zeitung, 23. Juni.

12
Der YouTube-Kanal „maiLab"

> Der YouTube-Kanal „maiLab" wollte in regelmäßigen Folgen aufklären, verlässliche und differenzierte Informationen zu Corona liefern.
> Inwieweit funktioniert das? Handelt es sich um Aufklärung, um Journalismus oder um eine einseitige Informationskampagne? Tatsächlich war die Perspektive sehr eingeschränkt. Informationen wurden einseitig dargestellt, Fakten und Meinung nicht immer getrennt.
> Soll diese Art der Wissenschaftskommunikation Maßstäbe setzen?

12.1 Eine neue Art der Wissenschaftskommunikation?

Der YouTube-Kanal „maiLab" war ein Angebot von „Funk", einem Gemeinschaftsangebot von ARD und ZDF, die im Internet ein jüngeres Publikum erreichen wollen. Der Kanal (https://www.youtube.com/c/maiLab/channels)

erreichte (im Sommer 2022) 1,4 Mio. Abonnenten mit folgendem Anspruch (https://www.youtube.com/@maiLab/about, Stand 14.5.2023):

„Während viele Medien vereinfachen und zuspitzen, kämmen wir wissenschaftliche Studien bis ins kleinste Detail durch und liefern euch verlässliche, differenzierte Infos, die man nicht so einfach ergoogeln kann."

Mai Thi Nguyen-Kim wird als „Wissenschaftsjournalistin und Wissenschaftskommunikatorin" (z. B. https://www.zdf.de/dokumentation/terra-x/lesch-und-co-mai-thi-nguyen-kim-100.html) vorgestellt.

„Corona geht gerade erst los" (https://www.youtube.com/watch?v=3z0gnXgK8Do, 2.4.2020) ist mit 6,4 Mio. Views das in Deutschland erfolgreichste YouTube-Video im Jahr 2020. „Mit dem Video hatte die promovierte Chemikerin im Frühjahr ihre Zuschauer auf eine länger andauernde Corona-Krise eingestimmt", erläutert die Deutsche Presseagentur (https://www.sueddeutsche.de/service/internet-mai-thi-nguyen-kim-an-der-spitze-der-youtube-charts-dpa.urn-newsml-dpa-com-20090101-201203-99-558275). Ranga Yogeshwar wird zitiert: „Und da braucht es die Stimme der Aufklärung. Und ich bin so happy, weil wir eine solche Stimme haben."

„Stimme der Aufklärung" – ist das gemeint im Sinne von Information (Licht ins Dunkel zu bringen) oder Aufklärung im Sinne des „Enlightenment"? Wird das Publikum ausgewogen informiert und angeregt, sich selbst eine Meinung zu bilden? Werden Pluralität und Kontroversen in der Wissenschaft sichtbar gemacht, die Vorläufigkeit wissenschaftlicher Erkenntnis anerkannt?

Leider nein, viele Beispiele aus maiLab sehen anders aus: Sie fällt zurück in überwunden geglaubte Spielarten der Kommunikation. Und sie fällt zurück in eine Zeit, als Wissenschaftler ihre Aufgabe im Sinne des Defizitmodells (siehe 3.1) darin sahen, die Öffentlichkeit im ausschließlich positiven Duktus zu informieren, welche Vorteile der „wissenschaftliche Fortschritt" habe.

12.2 Beispiele aus dem YouTube-Kanal „maiLab"

Am 27.1.2021 geht maiLab in „So endet Corona" (https://www.youtube.com/watch?v=pGJEVXvOcRY) der Frage nach, wie viele Menschen geimpft sein müssen, damit wir wieder ein normales Leben führen können. Suggeriert wird, dass mit der Impfung (s. Kap. 10) nach Erreichen einer „Herdenimmunität" die Normalität wiederkommt. Wenn die Kommunikatorin rhetorisch fragt, nach wie vielen Corona-Impfungen wieder ein normaler Alltag möglich sei, meint sie dies bezogen auf die Gesamtbevölkerung. Mai Thi Nguyen-Kim betont:

> „Ich bin jedenfalls super dankbar für all die Wissenschaftler, die diesen Impfstoff möglich gemacht haben, damit wir uns eben nicht einfach mit diesem Virus abgeben müssen und der uns Spritze für Spritze [!], ganz langsam, aber Stück für Stück unseren normalen Alltag wieder zurückgibt."

Das ist weder Journalismus noch transparente Information, sondern Werbung für die Impfstoffe und unkritische Lobhudelei der Impfstoffentwickler: Es wird keine Einordnung der Wirksamkeit der Impfstoffe vorgenommen, und die künftige Herausforderung, Impfstoffe an neue Virusvarianten anzupassen, wird ignoriert. Vielmehr wird in dieser Folge Anfang 2021 das Negativszenario „Impffaulheit" (6:03) an die Wand gemalt.

Schließlich stellt sich die Kommunikatorin in den Dienst der Impfkampagne: In einem Video mit dem Titel „Impfpflicht ist OK" (https://youtu.be/KEggd1S9_9Y,

14.11.2021) plädiert Mai Thi Nguyen-Kim für eine allgemeine Impfpflicht und preist die Segnungen der Impfstoffe. Zur Frage, wieso so viele Geimpfte im Krankenhaus landen, meint sie nur: Wer gegen Corona geimpfte Personen auf der Intensivstation als Argument gegen Impfungen heranzieht, müsse sich auch gegen Sicherheitsgurte aussprechen – denn 99 % der schwerverletzten Unfallopfer seien angeschnallt gewesen. Und weiter: „Flügel von Flugzeugen bringen nichts, denn bei 99 % der Flugzeugabstürze waren vorher noch beide Flügel [dr]an. … Torwarte nützen nichts, denn bei 99 % der Tore war ein Torwart da. Selbe Logik", erklärt sie. Und schließlich: „Nur, wer die Fakten nicht verstanden hat oder von Desinformation getäuscht wurde, entscheidet sich bewusst gegen die Impfung."

In diesen Beispielen wird deutlich: Mai Thi Nguyen-Kim entscheidet (für die Hörer) was „Fakten" (oder auch „ganz rational" oder „objektiv") sind und was „gut" ist (das Impfen). Wissenschaft produziert Wahrheit und lässt uns die Krise (auf die uns Mai Thi „einstimmt") bewältigen – „Spritze für Spritze". Durch Suggestivvergleiche („Selbe Logik") macht sie andere Positionen verächtlich, ohne zu versuchen, diese zu verstehen. Sie fordert Dankbarkeit gegenüber der Wissenschaft. Wer anders denkt als sie, hat die „Fakten nicht verstanden" oder wurde „getäuscht".

12.3 Verständnis von Wissenschaftskommunikation

Das ist also ein weiteres (vgl. Kap. 11) Beispiel für Wissenschaftskommunikation von oben herab, weder Aufklärung noch Journalismus. Es ist Ausdruck eines überkommen geglaubten Verständnisses von Wissenschaftskommunikation im Sinne des Defizitmodells (siehe Kap. 3), nach dem die Wissenschaft den Stand des Wissens definiert, dieses Wissen in vereinfachter und kondensierter Form an die Öffentlichkeit weitergegeben wird. Diese soll passiv bleiben, Wissenschaft verstehen – und akzeptieren.

In einem Gespräch mit dem Journalismuskollegen Kai Kupferschmidt von „Riffreporter" (Kupferschmidt 2021) räumt Mai Thi Nguyen-Kim ein, dass sie ursprünglich wohl eine falsche Vorstellung von Wissenschaftskommunikation hatte: „weil ich anfangs dachte, alles, was die Wissenschaft braucht, ist mehr Aufmerksamkeit … Also auch da war ich einfach naiv, weil ich vielleicht noch gedacht habe: Naja, man muss die Leute, man muss es denen einfach erklären und dann werden sie es verstehen." Sie hat also das Metier der Wissenschaftskommunikation scheinbar erfolgreich betrieben, ohne es zu verstehen. Sie hat über Wissenschaft kommuniziert, ohne Prinzipien wie Unsicherheit und Pluralität wahrzunehmen. Sie hat Sachverhalte dargestellt, ohne deren Zusammenhang und ohne andere Perspektiven aufzunehmen.

Sie stellte in ihren Beiträgen Sachverhalte als „sicher" dar, die tatsächlich gar nicht so eindeutig sind. Da ist sie durchaus selbstkritisch (Kupferschmidt 2021):

> „Also ich denke immer wieder, dass ich in jedem Beitrag hätte noch deutlicher machen können, dass wir im Team sehr genau auf Formulierungen achten, wie, ob etwas sein ‚kann' oder ‚könnte'. Und ich achte da auch drauf, dass ich das im Zweifelsfall auch richtig betone, dass etwas sein ‚könnte' aber nicht ‚muss' und so. Aber ich glaube fast im Nachhinein, ich hätte das noch krasser machen sollen, dass es sein ‚könnte', es ‚könnte auch sein, dass dies und das passiert' – und dass man das immer wieder so macht."

Insofern ist es bemerkenswert, mit wie wenig Reflexion eine prominente Wissenschaftskommunikatorin im öffentlich-rechtlichen Rundfunk tätig gewesen war.

Bereits im Oktober 2020 erklärte Mai Thi Nguyen-Kim auf Twitter zum Thema Wissenschaftskommunikation

(https://twitter.com/maithi_nk/status/131409636764046
9504?lang=de):

> „Corona hat meine Meinung geändert. Mehr Wissenschaftler*innen in den Medien sorgen nicht für mehr Aufklärung, sondern für mehr Verwirrung. Wir brauchen Qualitätskontrollen in der #Wisskomm, sonst steht Autorität/Popularität vor Expertise/Wahrhaftigkeit"

Nun könnte man fragen, von wem die Qualität der Inhalte oder der Kommunikation kontrolliert werden soll. Allerdings ist das ja kein neues Problem, denn in jeder guten Wissenschaftsredaktion sollte es diese Qualitätskontrolle geben – und Mai Thi Nguyen-Kim als Journalistin müsste das kennen.

Im bereits oben erwähnten Interview mit „Riffreporter" Ende 2021 pflegt sie jedoch weiterhin das Bild der überlegenen Wissenschaftlerin: „Ich sehe doch als Chemikerin, wie die Realität [!] ist" – und macht klar, was sie von Meinungen hält, die aus ihrer Sicht nicht fundiert sind: „wenn man zum Beispiel Sahra Wagenknecht schwurbeln [!] lässt. ... Da habe *ich* einfach eine klare Meinung. Meine Meinung ist, die [diese Stimme von Wagenknecht] soll nicht debattiert werden. Erklären statt debattieren" (zit. n. nach Kupferschmidt 2021).

Auch verwischt sie viele Rollen: Wissenschaftler, Wissenschaftskommunikator, Journalist (zit. nach Kupferschmidt 2021):

> „Ich kam halt aus der Wissenschaft und hab halt vorher definitionsgemäß Wissenschaftskommunikation gemacht als aktive Forscherin, die über meine Arbeit spricht. Und dann habe ich mich immer gewundert, wenn dann Journalistinnen gesagt haben, Wissenschaftskommunikation ist ja eigentlich nur Wissenschafts-PR ... Das ist ja voll der Quatsch, weil wir arbeiten doch alle – also in der Forschung, in der ‚Wisskom', im Journalismus –

nach denselben wissenschaftlichen Prinzipien. Also, es gibt doch so eine Art Kodex, sag ich mal, für wissenschaftliches Arbeiten. Der wird doch von allen eingehalten."

Dabei kennt sie die grundlegenden journalistischen Prinzipien wie Misstrauen, Distanz, Augenmaß (Abschn. 25.2) offenbar gar nicht. Wir erkennen hier ein klares Bekenntnis zu einer Form des Gee-Whiz-„Journalismus". Damit ist ein Journalismus des Staunens und der Unterhaltung gemeint mit einem Primat der Wissenschaftspopularisierung und der Verbreitung von Begeisterung für Wissenschaft. Andere Funktionen des Journalismus, etwa im Sinne einer Kontrollinstanz durch Kompetenz und Kritik (sog. Watchdog-Funktion, siehe Abschn. 25.2) scheinen für sie keine Relevanz zu besitzen.

12.4 Lob und Auszeichnungen

Belegen die zahlreichen Auszeichnungen und Preise von Organisationen aus Wissenschaft, Medien und Politik, dass Mai Thi Nguyen-Kim ein gegenwärtiges Ideal von Wissenschaftskommunikation (oder Wissenschaftsjournalismus) vertritt? Auch hier lohnt ein Blick in die Begründungen einiger Jurys, die Preise an sie vergeben:

Sie erhielt 2020 das Bundesverdienstkreuz und wurde vom Bundespräsidialamt wie folgt beschrieben (https://www.bundespraesident.de/SharedDocs/Berichte/DE/Frank-Walter-Steinmeier/2020/10/201001-Verdienstorden-TdDE.html):

> „Wissenschaft verständlich zu vermitteln, hat Mai Thi Nguyen-Kim zu ihrem Spezialgebiet gemacht – und das ist heute wichtiger denn je. Innovativ, auf der Höhe der Zeit und alle Medien vom Podcast über das Fernsehen bis zum Buch nutzend erklärt uns die Chemikerin und Wissenschaftsjournalistin die Welt. Dabei erreicht sie ein

Millionenpublikum. Ihre Themen sind so vielfältig wie die Chemie, mit der man, wie sie sagt, fast alles erklären könne, seien es die Folgen von Alkoholgenuss oder die Ausbreitung des Coronavirus. Sachlichkeit ist ihr dabei oberste Pflicht. Bei Mai Thi Nguyen-Kim lernen schon die Jüngsten: Wissenschaft kann begeistern – und gemeinsam vernünftig zu handeln, bringt eine Gesellschaft voran."

Schlagworte wie „verständlich … vermitteln", „Millionenpublikum", „Sachlichkeit", „begeistern" bezeichnen wiederum eine überkommene Art der Wissenschaftskommunikation, mit der Wissenschaftler die Öffentlichkeit über den „wissenschaftlichen Fortschritt" und „neue Technologien" informieren. Man richtet sich nur nach dem Defizitmodell, hat anscheinend keine Ambitionen der Aufklärung, will Kritik, Distanz oder Skepsis wohl nicht fördern.

„maiLab" wurde im Herbst 2020 mit der Goldenen Kamera in der Kategorie „Best of Information" ausgezeichnet. Begründung der Jury (https://www.goldenekamera.de/digitalaward/article230329140/Preistraegerin-Best-of-Information-Mai-Thi-Nguyen-Kim.html):

„Wie keine andere schafft es Mai Thi Nguyen Kim, wissenschaftliche Zusammenhänge auf den Punkt zu bringen und so zu erklären, dass die Zuschauerinnen und Zuschauer verstehen, worum es geht … Dabei will die 33-Jährige niemals beeinflussen, niemals Meinung lenken – für sie zählen Fakten und Haltung."

Aus den oben genannten Beispielen wird eigentlich klar, dass hier ein grobes Missverständnis vorliegt: Mai Thi Nguyen-Kim will Meinung tatsächlich lenken, beispielsweise besonders deutlich in „Impfpflicht ist OK". Diese Lenkung erfolgt auch durch eine Untermalung der Videos mit Geräuschen und Musikschnipseln (z. B. „So endet Corona").

Sie erhielt 2021 den „Grimme-Preis für die Besondere Journalistische Leistung" für ihre „sowohl wissenschaftlich hochkompetente als auch breitenwirksame Informationsvermittlung" (https://www.grimme-preis.de/archiv/2021/preistraeger/p/d/grimme-preis-fuer-die-besondere-journalistische-leistung-an-mai-thi-nguyen-kim). Aus der Begründung der Jury: Sie

> „wandelt souverän auf dem schmalen Grat zwischen lockerer Ansprache und peinlicher Anbiederung. Ihre Videos sind unterhaltsam und anschaulich, oft mit feinem Humor, gewollt jugendlich sind sie nie. … Wissenschaftsvermittlung war im deutschen Fernsehen jahrzehntelang eine ernste Angelegenheit. Seriös dreinblickende Forscher*innen sprachen über komplexe Vorgänge, Unterhaltung oder gar Spaß hatten in solchen Sendungen nichts zu suchen."

Diese Kontrastierung wirkt freilich etwas bemüht – man muss wohl in die 1960er Jahre oder ins Telekolleg zurück, um das zu finden, was hier als Gegenmodell dargestellt wird.

Deutlich wird das auch in anderen Darstellungen: So bringt der *Stern* am 11.3.2021 unter dem Titel „Die Stimme der Vernunft" ein Portrait der „Wissenschaftserklärerin". Die *Stern*-Journalistin ist durchweg begeistert (lässt jede Distanz vermissen, die für eine Journalistin eigentlich selbstverständlich sein sollte) und präsentiert wiederum eine simplizistische Welt der Wissenschaftskommunikation: „Nicht persönliche Meinung zählt, sondern Fakten" (Pasquet 2021, S. 41).

Als ob Meinung und Fakten immer so einfach zu trennen wären, und als ob die „Fakten" so einfach da wären: Natürlich muss man (gerade als „Journalistin") auswählen, einordnen, und man hat es mit Ambivalenz, Komplexität und Unsicherheit (siehe Abschn. 3.2) zu tun.

Schon der Titel des *Stern*-Beitrages „Die Stimme der Vernunft" und die Vorstellung von Mai Thi Nguyen-Kim als „Wissenschaftserklärerin" beruht auf einem recht simplen Verständnis von Wissenschaftskommunikation: Demnach verfügt die Wissenschaft über die privilegierten Einsichten, die verbreitet werden müssen – weil damit letztlich die Welt gerettet werden kann. Die Journalistin geht (wohl auch begeistert von Bewegungen wie „Fridays for Future", die von einer einzigen wissenschaftlichen „Wahrheit" ausgehen) tatsächlich sehr weit mit der Dramatisierung und Glorifizierung der Wissenschaft und schreibt (Pasquet 2021, S. 40):

> „Mai Thi […] verteidigt die Wissenschaft in einer Schlacht, deren Ausgang mitentscheiden kann, ob der Klimawandel unsere Welt dahinrafft."

Bereits im Jahr 2020 wurde Mai Thi Nguyen-Kim in den Senat der Max-Planck-Gesellschaft aufgenommen: als „Wissenschaftsjournalistin".

12.5 Die Weltverbesserin als Autoritätsperson

Mai Thi Nguyen-Kim unterstützt ihre Suggestion der Objektivität und Distanz – teilweise ironisierend, teilweise ernsthaft – durch den Gestus einer Nachrichtensprecherin. Sie stellt kontroverse und komplexe Sachverhalte scheinbar locker dar – setzt aber eine Menge an Vorwissen voraus. Wer dieses Vorwissen nicht hat, muss ihr Glauben schenken. Diese Art der Informationsüberflutung lässt sich auch bei Christian Drosten feststellen (siehe Abschn. 11.1). Durch die schnellen Schnitte ist ein Mit- oder Nach-Denken nicht leicht möglich.

Kann man hier überhaupt von „Verständlichkeit" sprechen, von „Aufklärung"? Oder ist das Ganze oberlehrerhaft und persuasiv? Feiern Wissenschaft und Politik Mai Thi Nguyen-Kim möglicherweise nicht als Kommunikatorin, sondern weil sie bestimmte (und zwar die „richtigen") Botschaften an das Publikum bringt?

Mai Thi Nguyen-Kim hat die Deutschen auf die Corona-Krise „eingestimmt" (siehe Kapitelanfang). Und sie hat die Maßnahmen der Bundesregierung und deren Argumentation voll unterstützt. So weit, dass sie von der Bundeskanzlerin in ihrer Regierungserklärung vom 29.10.2020 selbst ausführlich zitiert wird (Deutscher Bundestag 2020):

„Die Wissenschaftsjournalistin Mai Thi Nguyen-Kim hat genau darüber neulich in einem Fernsehinterview etwas gesagt, was ich persönlich nie so anschaulich formulieren könnte wie sie und was zugleich auch meine tiefe Überzeugung beschreibt. Deshalb möchte ich es hier aufgreifen. Es ging ihr um unsere Haltung zu dem Virus, das – man stelle sich mal vor, es könnte denken – von sich denken würde – ich zitiere: ‚Ich habe hier den perfekten Wirt. Diese Menschen, die leben auf dem ganzen Planeten, die sind global stark vernetzt, sind soziale Lebewesen; die können also nicht ohne soziale Kontakte leben. Die sind hedonistisch veranlagt, die gehen gerne feiern. Also, besser kann es gar nicht sein!' Weiter sagte sie – jetzt wieder aus der Perspektive der Menschen –: ‚Nee, Virus! Hast du denn gar nichts aus der Evolution gelernt? Da haben wir Menschen ja schon mehrfach gezeigt, dass wir verdammt gut darin sind, uns in schwierigen Situationen anzupassen … Wir werden dir zeigen, dass du dir hier den falschen Wirt ausgesucht hast.' Und aus all dem schlussfolgerte Frau Nguyen-Kim: ‚Wenn wir uns klarmachen, dass es sonst auch viel schlechter laufen könnte, kann man da auch die Motivation für manchen Verzicht draus ziehen.'"

Ist das, was Angela Merkel hier wiedergibt, ein brillantes Erklärstück von Mai Thi Nguyen-Kim, ist es eine Durchhalteparole – oder ist es herablassend gegenüber dem Publikum?

Literatur

Deutscher Bundestag (2020) Plenarprotokoll 19/186. Stenografischer Bericht der 186. Sitzung (29. Oktober). Berlin, https://dipbt.bundestag.de/dip21/btp/19/19186.pdf#P.23351.

Kupferschmidt K (2021) Mai Thi Nguyen-Kim: „Ich dachte alles, was die Wissenschaft braucht, ist mehr Aufmerksamkeit". Riffreporter 16. Dezember, https://www.riffreporter.de/de/wissen/corona-covid-mai-thi-nguyen-kim-podcast-medien-wissenschaftskommunikation-pandemie.

Pasquet V (2021) Die Stimme der Vernunft. Stern 11. März, S. 39–43.

13

Stellungnahmen aus der Wissenschaft – mit entgegengesetzten Aussagen

> In der Corona-Kommunikation haben sich verschiedentlich Gruppen von Wissenschaftlern geäußert.
> Welche Gruppen und Organisationen finden sich zusammen, um möglichst viel Autorität zu beanspruchen und Gehör zu finden? Was passiert, wenn verschiedene Gruppen zu unterschiedlichen Ergebnissen kommen?
> Politik und Medien suchen sich dann mitunter die für sie passende „wissenschaftliche Position" heraus. Die jeweils anderen Meinungen werden – auch innerhalb der Wissenschaft – teilweise ausgegrenzt.

13.1 Die Stimme der Wissenschaft?

Während der Corona-Krise wurden – vor allem aus Richtung „der Wissenschaft" – immer wieder Stimmen laut, man müsse „mehr auf die Wissenschaft hören" und Wissenschaftler müssten dringend „mehr Macht" [!]

© Der/die Autor(en), exklusiv lizenziert an Springer-Verlag GmbH, DE, ein Teil von Springer Nature 2023
M.-D. Weitze, *Corona-Kommunikation,*
https://doi.org/10.1007/978-3-662-67518-2_13

bekommen (Lauterbach 2022). Christian Drosten hatte Ende 2021 in Zusammenhang mit einer Leopoldina-Stellungnahme (vgl. Kap. 21), die einen Lockdown forderte, eine „deutliche und letzte Warnung der Wissenschaft" (z. B. https://www.welt.de/politik/deutschland/article222093116/Christian-Drosten-fordert-rasche-Verschaerfung-der-Corona-Massnahmen.html) beschworen.

In „Stellungnahmen" von Wissenschaftsorganisationen und Verbänden erscheint wohl oftmals der Wunsch, mit einer Stimme zu sprechen. Hier stellt sich zunächst die Frage, wer oder was „die Wissenschaft" ist: Hochschulen, Forschungsinstitute, Wissenschaftsorganisationen, Krankenhäuser? Oder einzelne Wissenschaftler, Forscher, Ärzte, Behörden, Funktionäre, Kommunikatoren?

Unklar waren die Absender bereits bei Aussagen von Wissenschaftlern der Max-Planck-Gesellschaft zu Masken und Aerosolen (siehe 9.6). Unklar wird das insbesondere, wenn verschiedene Gruppen von Wissenschaftlern Stellungnahmen verfassen, die gegensätzliche Aussagen enthalten und in denen die Gegenseite (ebenfalls Wissenschaft) diskreditiert wird.

Ein Beispiel für Stellungnahmen aus der Wissenschaft mit gegensätzlichen Aussagen stellen die Great Barrington Erklärung, in der für einen gezielten Schutz von Risikogruppen plädiert wird, und das John Snow Memorandum, in dem Lockdowns propagiert werden, dar.

13.2 Die Great Barrington Erklärung

Mit der Great Barrington Erklärung haben sich im Oktober 2020 Wissenschaftler an die Öffentlichkeit gewendet (https://gbdeclaration.org/die-great-barrington-declaration/, 4.10.2020), initiiert von Epidemiologen der

Universitäten Harvard, Stanford und Oxford und unterzeichnet von zahlreichen Wissenschaftlern, darunter der Chemie-Nobelpreisträger Michael Levitt. Einer der Ausgangspunkte ihrer Überlegungen war der folgende: „an extraordinary policy like a lockdown requires, or should require, an extraordinary scientific justification", wie einer der Initiatoren rückblickend formuliert (Bhattacharya 2023). Und tatsächlich gab es keine solche Einigkeit unter Wissenschaftlern, die durch empirische Daten gestützt wäre. Die Autoren der Great Barrington Erklärung schreiben (https://gbdeclaration.org/die-great-barrington-declaration/):

„Als Epidemiologen für Infektionskrankheiten und Wissenschaftler im Bereich des öffentlichen Gesundheitswesens haben wir ernste Bedenken hinsichtlich der schädlichen Auswirkungen der vorherrschenden COVID-19-Maßnahmen auf die physische und psychische Gesundheit und empfehlen einen Ansatz, den wir gezielten Schutz (Focused Protection) nennen...."

„Glücklicherweise wachsen unsere Erkenntnisse über das Virus. Wir wissen, dass die Gefahr durch COVID-19 zu sterben bei alten und gebrechlichen Menschen mehr als tausendmal höher ist als bei jungen Menschen. Tatsächlich ist COVID-19 für Kinder weniger gefährlich als viele andere Leiden, einschließlich der Influenza."

„In dem Maße, wie sich die Immunität in der Bevölkerung aufbaut, sinkt das Infektionsrisiko für alle – auch für die gefährdeten Personengruppen. Wir wissen, dass alle Populationen schließlich eine Herdenimmunität erreichen – d.h. den Punkt, an dem die Rate der Neuinfektionen stabil ist. Dies kann durch einen Impfstoff unterstützt werden, ist aber nicht davon abhängig. Unser Ziel sollte daher sein, die Mortalität und den sozialen Schaden zu minimieren, bis wir eine Herdenimmunität erreichen."

„Der einfühlsamste Ansatz, bei dem Risiko und Nutzen des Erreichens einer Herdenimmunität gegeneinander abgewogen werden, besteht darin, denjenigen, die ein minimales Sterberisiko haben, ein normales Leben zu ermöglichen, damit sie durch natürliche Infektion eine Immunität gegen das Virus aufbauen können, während diejenigen, die am stärksten gefährdet sind, besser geschützt werden. Wir nennen dies gezielten Schutz (Focused Protection)."

13.3 Das John Snow Memorandum

Als Reaktion darauf wurde wenige Tage darauf das John-Snow-Memorandum unter dem Titel „Scientific consensus on the COVID-19 pandemic: we need to act now" veröffentlicht (https://www.johnsnowmemo.com/deutsch.html, 14.10.2020; Alwan et al. 2020), gefolgt von weiteren in *Lancet* publizierten Papieren. Im Memorandum heißt es (https://www.johnsnowmemo.com/deutsch.html): SARS-CoV-2

„hat weltweit mehr als 35 Millionen Menschen infiziert und, laut WHO, bis zum 12. Oktober 2020 mehr als 1 Million Todesfälle verursacht. Im Angesicht einer zweiten COVID-19 Welle, von der Europa gerade betroffen ist, und eines nahenden Winters, brauchen wir eine klare Kommunikation über die von COVID-19 ausgehenden Risiken und über wirksame Strategien zu deren Bekämpfung. An dieser Stelle teilen wir unsere Ansichten über den derzeitigen evidenzbasierten wissenschaftlichen Konsens zu COVID-19. …"

„In der Anfangsphase der Pandemie haben viele Länder Lockdowns … eingeführt, um die rasche Ausbreitung des Virus zu verlangsamen. Dies war unerlässlich, um die Sterblichkeitsrate zu senken, eine Überlastung der

Gesundheitssysteme zu verhindern, und um Zeit für den Aufbau von Reaktionssystemen zur Kontrolle der Pandemie zu gewinnen, um die Weiterübertragung nach Ende des Lockdowns zu unterdrücken. Obwohl die Lockdowns stark in das Leben der Bevölkerung eingegriffen haben, die psychische und physische Gesundheit in dieser Zeit erheblich beeinträchtigt wurde und auch der Wirtschaft geschadet haben, waren die gesellschaftlichen Auswirkungen vor allem in jenen Ländern umso schlimmer, die die Zeit während und nach der Abriegelung nicht genutzt haben, um wirksame Pandemiekontrollsysteme aufzubauen. In Ermangelung angemessener Vorkehrungen zur Bewältigung der Pandemie und ihrer gesellschaftlichen Auswirkungen sehen sich diese Länder weiterhin anhaltenden Beschränkungen ausgesetzt."

„Dies hat verständlicherweise zu einer weit verbreiteten Entmutigung und einem schwindenden Vertrauen geführt. Der Beginn der zweiten Welle und die Erkenntnis der vor uns liegenden Herausforderungen hat zu einem erneuten Interesse an der sogenannten Herdenimmunität-Strategie [geführt], die vorschlägt, einen großen unkontrollierten Ausbruch in Bevölkerungsgruppen mit einem niedrigen Risiko zuzulassen und gleichzeitig Hochrisikopatienten zu schützen. Befürworter argumentieren, dass dies zur Entwicklung einer Infektions-vermittelten Populationsimmunität in der Bevölkerung mit niedrigem Risiko führen würde, die letztendlich Hochrisikopatienten schützen würde. Dies ist ein gefährlicher Trugschluss, der nicht durch wissenschaftliche Beweise belegt ist."

Die Autoren des Memorandums steigen also mit Beschreibung der dramatischen Lage ein und warnen vor einer zweiten Welle. Sie betonen die wissenschaftliche Evidenz der eigenen Position (Publikation in *Lancet*, 8 Literaturzitate, „teilen wir unsere Ansichten über den derzeitigen evidenzbasierten wissenschaftlichen Konsens") und richten diese gegen Andersdenkende („ein gefährlicher Trugschluss, der nicht durch wissenschaftliche Beweise belegt ist"). Sie beschwören, dass ein Lockdown „unerlässlich" bzw. „alternativlos" war und propagieren den Lockdown im Gegensatz zu „gezieltem Schutz".

13.4 Weitere „Aufrufe"

Auch weitere in *Lancet* veröffentlichte Memoranden bzw. Aufrufe enthielten politische Forderungen an die europäischen Regierungen zur gemeinsamen Bekämpfung der Pandemie. Vielfache Erstautorin war die Physikerin Viola Priesemann vom Max-Planck-Institut für Dynamik und Selbstorganisation, die insbesondere im Bereich der Modellierung (siehe Abschn. 6.3) arbeitet. Man könnte naiverweise glauben, dass alle in *Lancet* veröffentlichten Beiträge einem Peer Review unterliegen. Das gilt für diese Meinungsbeiträge – im Unterschied zu Forschungsbeiträgen oder Reviews – jedoch gerade nicht (https://www.thelancet.com/what-we-publish).

Im Dezember 2020 wurde ein weiterer Aufruf „Calling for pan-European commitment for rapid and sustained reduction in SARS-CoV-2 infections" publiziert, mit den Forderungen „Achieve low case numbers", „Keep case numbers low", „Develop a longer-term common vision" (erschienen in Priesemann et al. 2021). Die MPG informiert dazu in einer Pressemitteilung, dass „[m]ehr als 300 Wissenschaftlerinnen und Wissenschaftler aus ganz Europa" diesen Aufruf unterzeichnet haben (https://www.mpg.de/16196677/covid-19-corona-wissenschaft-europa):

> „Zu den deutschen Unterzeichnern des Positionspapiers zählen Max-Planck-Präsident Martin Stratmann, der

RKI-Präsident Lothar Wieler, die Virologen Sandra Ciesek und Christian Drosten, der Ifo-Präsident Clemens Füst [gemeint ist Fuest], sowie Gerald Haug, Präsident der Deutschen Nationalakademie und die Präsidenten mehrerer Forschungsorganisationen."

In diesem Aufruf, die Zahl der Corona-Infektionen schnell zu senken, wird dargestellt, was umzusetzen sei:

„Dafür sind durchgreifende Interventionen wie Lockdowns nötig. Dabei solle man nicht über einzelne Maßnahmen wie etwa Schulschließungen oder Einschränkungen im Arbeitsumfeld, im privaten Bereich oder im öffentlichen Verkehr diskutieren, sondern alle Maßnahmen umsetzen, sagt Viola Priesemann."

Damit wird das Vorgehen als alternativlos dargestellt und es wird verlangt, dass es ohne Diskussion umzusetzen sei.

Viola Priesemann erläutert, welche Rolle der Peer-Review-Prozess in wissenschaftlichen Zeitschriften hat (Priesemann 2022, S. 177): Dieser sichere, dass die Annahmen und Unsicherheiten von Modellen definiert werden, daraus transparent Erkenntnisse abgeleitet werden und man eine „Objektivität der Forschungsergebnisse sicherstellen" kann. Sie schränkt ein: „Allerdings brauchen wir die Ergebnisse zu Covid manchmal, bevor der Review-Prozess abgeschlossen ist." Und dazu hatte sie eine Idee (Priesemann 2022, S. 177 f.):

„Deswegen organisiere ich solche gemeinsamen Stellungnahmen. Anstatt allein ein Forschungspapier zu schreiben und von drei Kolleg:innen begutachten zu lassen, schreiben wir das mit 20 bis 30 Leuten und begutachten uns dadurch schon gegenseitig. Und wenn das Resultat einen Konsens von über 30 Leuten aus verschiedenen

Fachbereichen und Ländern darstellt, dann ist das schon eine recht solide Basis."

Das klingt zunächst plausibel, jedoch: Wer wählt die 30 Personen aus? Besteht nicht gerade hier die Gefahr einer Meinungshomogenisierung, wenn noch nicht einmal eine namenhafte Wissenschaftsorganisation (z. B. Akademie) für einen definierten Prozess sorgt, sondern sich eine Wissenschaftlergruppe selbsttätig zusammentut? Ist es zulässig, wenn Priesemann folgert: „So können wir den Begutachtungsprozess ein Stück weit ersetzen" (2022, S. 178). Oder wird Wissenschaftlichkeit damit nur suggeriert und Qualitätssicherung, die ja gerade in einer Begutachtung durch unabhängige Experten bestehen würde, lediglich simuliert?

Diese Fragen werden auch in Abschn. 21.4 eine Rolle spielen, wenn es darum geht, inwieweit aus Modellierungen politische Entscheidungen zu Corona-Maßnahmen gefolgert werden.

13.5 „Die" Wissenschaft als problematischer Absender

Hier stellt sich wiederum die Frage, welchen Unterschied es macht, ob Präsidenten von Forschungsorganisationen unterzeichnen oder die Forschungsorganisationen selbst dahinter stehen. Geben die Präsidenten mit ihren Namen dem Ganzen mehr Stoßkraft, als wenn „nur" die Wissenschaftsorganisation genannt würde? Und was soll eine Angabe wie diejenige, dass „mehr als 300" Wissenschaftler unterzeichnet haben? Damit lässt man sich ein auf einen Wettbewerb um die meisten Stimmen innerhalb der Wissenschaft. An die Stelle einer Auseinandersetzung um die besten Argumente tritt das Selbstbewusstsein einer angenommenen Konsensposition und ein trotziges „Wir sind mehr".

Peter Strohschneider bemerkt mit Bezug auf solche Papiere, dass (Mitte 2020) „die Handlungsempfehlungen der befragten und sich öffentlich zu Wort meldenden Medizinerinnen und Epidemiologen einer starken und unmittelbar epistemischen Begründung entbehrten. Das Wissen ... war schütter und vorläufig" (Strohschneider 2020, S. 111). Mithin konnten die Handlungsempfehlungen, die sich daraus ableiten ließen, „einstweilen kaum mehr sein als ... vorsorgliche Empfehlungen ins Offene hinein, über deren Begründetheit und Nützlichkeit zunächst wenig zu sagen war" (ebd., S. 112).

Und was hat die Politik aus der Gegenüberstellung dieser beiden Papiere gemacht? Sie konnte sich die für sie passende Position heraussuchen: Im Dezember 2020 beschrieb Angela Merkel (zit. n. https://www.welt.de/debatte/kommentare/article222901594/Kampf-gegen-Corona-Schluss-mit-der-Bevoelkerungsschelte.html),

> „es gebe zwei Schulen der Pandemiebekämpfung: Die eine wolle alte Leute ‚wegsperren', damit der Rest der Gesellschaft ungestört weiterleben könne; die andere wolle alles tun, um die Infektionszahlen zu senken und so die alten Leute zu schützen."

Die erste Schule wurde wohl repräsentiert von den Wissenschaftlern um Jonas Schmidt-Chanasit und Hendrik Streeck, die zweite von Christian Drosten. In der *Welt* wird darauf gefragt, „was schlimmer wäre: wenn Merkel das tatsächlich glaubt – oder wenn sie allein zu Propagandazwecken derart zuspitzte" (ebd.).

13.6 Diffamierung von Wissenschaftlern

Wissenschaftler, die sich gegen Corona-Maßnahmen aussprachen, deren Wirksamkeit in Zweifel zogen oder Eingriffe in Grundrechte kritisierten, gerieten rasch ins Abseits oder wurden gegeneinander ausgespielt – in aller Öffentlichkeit. So bezeichnete der FAZ-Wissenschaftsjournalist Joachim Müller-Jung (2021) in seiner Kommentarüberschrift den Philosophen und Leopoldina-Mitglied Michael Esfeld als „Querdenker-Philosophen" und „Nestbeschmutzer der Nationalakademie" – weil Esfeld Lockdowns als „organisierte Freiheitsberaubung" (Esfeld und Kovce 2021) kritisiert hatte.

Wie Wissenschaftler mit abweichenden Meinungen regelrecht zensiert wurden, untersuchten Shir-Raz et al. (2022): Bald nach Beginn der Pandemie wurden diese als Abweichler von Medien gemieden, teilweise diffamiert als „Impfgegner", „Corona-Leugner" - sogar durch Kollegen und „Faktenchecker".

So wurde im Dezember 2021 ein E-Mail-Austausch aus dem Herbst 2020 öffentlich, in dem Francis Collins als Leiter der National Institutes of Health (NIH) mit seinem Kollegen Anthony Fauci, Leiter des National Institute of Allergy and Infectious Diseases (NIAID), die Autoren der Great Barrington Declaration diskreditieren wollte. Collins schreibt an an Fauci (https://www.wsj.com/articles/fauci-collins-emails-great-barrington-declaration-covid-pandemic-lockdown-11640129116, zit. n. Shir-Raz et al. 2022):

> „this proposal from the three fringe epidemiologists … seems to be getting a lot of attention, … there needs to be a quick and devastating published takedown of its

premises. I don't see anything like that online yet – is it underway?"

Wo liegt das Problem, wenn eine offene und faire Diskussion in Wissenschaft behindert wird?

- Solche Zensurmaßnahmen blenden Pluralität aus, die gerade in Zeiten von Unsicherheit wichtig ist.
- Die Betroffenen weichen auf andere (alternative) Medien aus (was gerade im digitalen Zeitalter recht leicht ist), werden dadurch sichtbar – können dann aber nicht mehr fruchtbar in etablierten und bewährten akademischen Kontexten diskutiert werden.
- Wenn eine solche Zensur von bestimmten Ansichten bekannt wird, zerstört dies das Vertrauen der Öffentlichkeit in die Wissenschaft.

Der Deutsche Ethikrat hat hierzu ebenfalls festgestellt (2022: 234 f.):

„Der öffentliche Diskurs in einem demokratischen Gemeinwesen sollte sich an einer weiten inklusiven Vorstellung des öffentlichen Vernunftgebrauchs orientieren, um ideologisch motivierten Denkverboten und Ausgrenzungen unbequemer Positionen den Boden zu entziehen. Dabei kommt es auf die Fähigkeit an, von der eigenen Auffassung abweichende Ansichten auszuhalten und in einer sachlichen, von Respekt und wechselseitiger Anerkennung getragenen Kommunikation den Korridor rationaler Abwägungen gemeinschaftlich auszuloten."

Das ist selbstverständlich, zumal innerhalb der Wissenschaft. Die Pandemie hat aber anscheinend einiges verändert, sodass man nun anscheinend an diese „Selbstverständlichkeit" erinnern muss.

Literatur

Alwan NA et al. (2020) Scientific consensus on the COVID-19 pandemic: we need to act now. Lancet Volume 396, ISSUE 10260, e71–e72, October 31.

Bhattacharya J (2023) How Stanford Failed the Academic Freedom Test. Tablet, https://www.tabletmag.com/sections/arts-letters/articles/stanford-failed-academic-freedom-test?s=09.

Deutscher Ethikrat (2022) Vulnerabilität und Resilienz in der Krise – Stellungnahme. Berlin

Esfeld M, Kovce P (2021) Organisierte Freiheitsberaubung. Welt, 23. März.

Lauterbach K (2022) „Falsch verstandener Tierschutz hilft niemandem". Spiegel 9/2022, 25. Februar

Müller-Jung J (2021) Nestbeschmutzer in der Nationalakademie. Frankfurter Allgemeine Zeitung 11. Mai, https://www.faz.net/aktuell/wissen/der-querdenker-und-nestbeschmutzer-in-der-nationalakademie-17335955.html.

Priesemann V (2022) Raus aus der akademischen Blase. In: Rudolf Augstein Stiftung (Hrsg) (2022) Follow the Science – aber wohin? Ch. Links Verlag, Berlin, S. 173–189.

Priesemann V et al. (2021) Calling for pan-European commitment for rapid and sustained reduction in SARS-CoV-2 infections. Lancet Volume 397, Issue 10269, P92–93, January 09.

Shir-Raz Y et al (2022) Censorship and Suppression of Covid-19 Heterodoxy: Tactics and Counter-Tactics. Minerva, https://doi.org/10.1007/s11024-022-09479-4.

Strohschneider P (2020) Zumutungen. Kursbuch edition, Hamburg.

14

Die Frage nach dem Ursprung des Virus

Die Frage nach dem Ursprung des Virus ist angesichts der enormen globalen Auswirkungen der Pandemie bedeutsam. Die gängige Erklärung – ein natürlicher Ursprung durch Übertragung vom Tier auf den Menschen – wurde wenig hinterfragt in Medien und Politik.

An einem Beispiel wird verfolgt, wie ein alternativer Erklärungsansatz von Wissenschaftlern, aber auch von Kommunikatoren ausgegrenzt wurde. Weder Argumente noch Folgerungen daraus sollten in der Öffentlichkeit wahrgenommen werden, man wollte eine alternative Erklärungsmöglichkeit nicht hören.

14.1 Studie zum Ursprung der Coronavirus-Pandemie

Innerhalb der Wissenschaft wurden Alternativmeinungen zum Ursprung des Corona-Virus bemerkenswert rasch diskreditiert, ein angeblicher Konsens wurde postuliert, z. B. (Forschung und Lehre 2020):

> „Dass Sars-CoV-2 seinen Ursprung in Tieren hat, gilt als wissenschaftlicher Konsens. Doch immer wieder wird die Pandemie China in die Schuhe geschoben."

Der Nanowissenschaftler Roland Wiesendanger hat den Ursprung des Virus beleuchtet und hat Anfang 2021 eine Materialsammlung (Wiesendanger 2021) vorgelegt, die auf einer umfangreichen eigenen Recherche basiert. Dieses als „Studie" deklarierte Papier (es war nie für die Publikation in einer Fachzeitschrift gedacht) liefert aber zahlreiche Indizien, die gegen die gängige Erklärung sprechen: so die Tatsache, dass bislang kein Zwischenwirtstier identifiziert werden konnte, dass Fledermäuse nicht auf dem Markt in Wuhan angeboten werden, aber in der Stadt eine Forschungsgruppe ausgerechnet an Corona-Viren arbeitet. In der begleitenden Pressemitteilung am 18.2.2021 wird betont [https://www.uni-hamburg.de/newsroom/presse/2021/pm8.html]:

> „Mit der Veröffentlichung soll nun eine breit angelegte Diskussion angeregt werden, insbesondere im Hinblick auf die ethischen Aspekte der sogenannten ‚gain-of-function'-Forschung, welche Krankheitserreger für Menschen ansteckender, gefährlicher und tödlicher macht. [Natürlich vorkommende Viren werden dabei durch Veränderung ihrer Gensequenz so angepasst, dass sie leichter an natür-

liche Zellen andocken und in sie eindringen können.] 'Dies kann nicht länger nur Angelegenheit einer kleinen Gruppe von Wissenschaftlerinnen und Wissenschaftlern bleiben, sondern muss dringend Gegenstand einer öffentlichen Debatte werden', so der Autor der Studie."

Es geht hier also in mehrfacher Hinsicht um „Wissenschaftskommunikation":

- Innerwissenschaftlich: Der Autor betreibt selbst Wissenschaftskommunikation mit seinem Papier, berichtet seine Rechercheergebnisse und gefundenen Indizien.
- Selbstvermittelt, extern, gemeinwohlorientiert: Er will anregen zur Diskussion um ein vernachlässigtes Thema der Biosicherheit von hoher gesellschaftlicher Relevanz.
- Selbstvermittelt, extern, interessengeleitet: Die Medien- und Öffentlichkeitsarbeit seiner Universität erstellt eine Pressemitteilung, um die Sichtbarkeit der eigenen Institution zu erhöhen.

14.2 Reaktionen in Wissenschaft und Medien

Corona-Forscher der Universität Hamburg (die sogenannte Coronavirus Structural Task Force) distanzierten sich sofort deutlich und sehen die „Studie" als „eine reichlich verworrene Medienrecherche" (https://insidecorona.net/de/stellungnahme-zu-wiesendanger-uni-hamburg-labor-in-wuhan/). Sie kritisieren, dass die Studie „anscheinend vom Autor alleine verfasst und nicht begutachtet wurde", sehen viele formale Mängel und heben hervor, dass Wiesendanger „nicht an Corona forscht".

Hier könnte man zunächst fragen, ob sich nur Wissenschaftler zu Corona äußern dürfen, die „an Corona" forschen. Da es hier um Indizien geht und deren Bewertung, stellt sich die Frage: Wer darf diese vornehmen? Auch nur „Corona-Forscher"? Wie qualifiziert man sich dazu? Durch Arbeit am „richtigen" Institut?

Ein Beitrag auf dem Portal wissenschaftskommunikation.de fasst verschiedene Stimmen aus der Wissenschaftskommunikation zusammen: Formal wird der Begriff „Studie" für diese Materialsammlung bemängelt (Weißschädel 2021). Mit Blick auf die Pressemitteilung der Universität Hamburg wird auf „Leitlinien zur guten Wissenschafts-PR" referenziert, die von WiD und dem Bundesverband Hochschulkommunikation herausgegeben wurden (https://www.wissenschaft-im-dialog.de/ueber-uns/leitlinien-zur-guten-wissenschafts-pr/). Weil es „eben keine wissenschaftliche Arbeit ist", hätte solch ein Papier nicht mit offiziellem Logo der Universität Hamburg publiziert werden dürfen. Julia Wandt, Vorsitzende des Bundesverbandes Hochschulkommunikation bemerkte (zit. n. Weißschädel 2021):

> „Eine wesentliche Voraussetzung für Wissenschaftskommunikation ist, dass eine wissenschaftliche Basis vorhanden sein muss. ... Ohne diese fundierten Inhalte sollte keine Kommunikation stattfinden."

Es stellen sich demnach Fragen an die Kommunikationsabteilung der Universität Hamburg (Weißschädel 2021):

> „Überprüft die Pressestelle Inhalte und Methodik der von ihr kommunizierten Studien? Und wenn nicht, sollte sie das nicht eigentlich tun, bevor diese mit dem Absender der Universität versehen werden? Oder obliegt das allein

der Wissenschaftscommunity und dem Wissenschaftsjournalismus?"

Umgekehrt könnte man fragen, ob nun Kommunikatoren der jeweiligen Institutionen entscheiden, was eine „wissenschaftliche Basis" (Julia Wandt) hat und was nicht. Mit diesem Argument hätten Stellungnahmen der Leopoldina zur Corona-Krise (siehe Kap. 21) gar nicht kommuniziert werden dürfen.

Der Deutsche Rat für Public Relations hat der Universität Hamburg und deren Presseabteilung schließlich eine Rüge erteilt „wegen Irreführung von Medien und der Öffentlichkeit, indem ein Meinungsbeitrag als wissenschaftliche Studie vermarktet wurde" (DRPR 2021, S. 3). „Die Verwendung des Begriffs Studie wird, zumal als Pressemitteilung einer Universität, von Medien und Öffentlichkeit mit der Erwartung verknüpft, dass die Publikation wissenschaftlichen Ansprüchen genügt. Dies war jedoch im vorliegenden Fall nicht gegeben" (ebd., S. 4).

Zurück zu Wiesendanger: Es wurden also Inhalt und Art der Darstellung seiner „Studie" kritisiert und gefragt, welche Art von Wissenschaft durch Hochschulkommunikation verbreitet werden darf. Das eigentliche Anliegen von Wiesendanger, nämlich das Anstoßen der Debatte um „Gain-of-Function"-Forschung, wurde hier gar nicht thematisiert. Der (damalige) Präsident der Universität Hamburg Dieter Lenzen erinnert an Grundsätze der Wissenschaftsfreiheit und stellt klar (zit. n. Krapp 2022, S. 195):

> „Jemandem zu verbieten, etwas zu veröffentlichen, kommt nicht infrage. In diesem Fall haben wir die Verantwortung von Wissenschaft tangiert gesehen. Die in dem Papier

kritisierte Gain-of-Function-Forschung kann Experten zufolge genauso gefährlich sein wie die Kernspaltung."

Lenzen hat also bemerkt, dass das Thema gar nicht primär der Corona-Ursprung war, sondern die Biosicherheit.

Reiner Korbmann beschreibt in seinem Blog von „Wissenschaft kommuniziert" (https://wissenschaftkommuniziert.wordpress.com/2021/02/23/der-super-gau-hoch-drei-kommunikations-desaster-um-den-ursprung-des-coronavirus/) das Medienecho und sieht dieses sehr kritisch (Korbmann 2021):

> „Die einen aus dem Boulevard jubelten die Schlußfolgerung von Wiesendanger hoch: Pandemie-Virus aus dem Labor. Die anderen mokierten sich über den Professor und seine Universität, offensichtlich ohne das Dossier überhaupt gelesen zu haben. … Was die Kollegen aus den Redaktionen hier abgeliefert haben, weckt Zweifel am Niveau des Wissenschaftsjournalismus in Deutschland. Pauschale Kritik und Häme für den wissenschaftlichen Mahner, Eigenrecherche Fehlanzeige, stattdessen Festhalten am einmal Gelernten, Verharren im Disziplinendenken (keiner verpasst den Hinweis, dass Wiesendanger ja eigentlich als Physiker von Viren keine Ahnung habe) und fehlende Auseinandersetzung mit dem gesellschaftspolitisch wichtigen Aspekt des Diskussionspapiers, den Risiken der ‚gain-of-function'-Forschung in den Biowissenschaften."

Bemerkenswert ist auch hier, dass das eigentliche Thema von den „Kritikern" gar nicht aufgenommen wird, aufgrund angeblicher Fehler in der Kommunikation ein Nicht-wahrnehmen-Wollen inszeniert wird. Solche Muster selektiver Wahrnehmung fanden sich auch bei der Heinsberg-Studie von Hendrik Streeck (siehe Abschn. 8.2) oder der Diffamierung von Impfgegnern (siehe Abschn. 10.11). Etabliert sich die Ausgrenzung Andersdenkender als ein Weg, sich mit deren Argumenten nicht befassen zu müssen?

Literatur

Deutscher Rat für Public Relations DRPR (2021) DRPR-Verfahren 04/2021, Fall: Universität Hamburg, https://drpr-online.de/wp-content/uploads/2021/10/Beschluss-Fall-04-2021-Universitaet-Hamburg.pdf.

Forschung & Lehre (2020) Forscher kritisieren These zu Corona-Ursprung. 23. September, https://www.forschung-und-lehre.de/forschung/forscher-kritisieren-these-zu-corona-ursprung-3130.

Korbmann R (2021) Der Super-GAU hoch drei? – Kommunikations-Desaster um den Ursprung des Corona-Virus. 23. Februar, https://wissenschaftkommuniziert.wordpress.com/2021/02/23/der-super-gau-hoch-drei-kommunikations-desaster-um-den-ursprung-des-corona-virus/.

Krapp C (2022) „Unser Bildungsniveau ist nicht selbstverständlich" Forschung & Lehre 3/22, S. 195.

Weißschädel A (2021) „Ein großer Schaden für das Vertrauen in die Wissenschaft". 24. Februar, https://www.wissenschaftskommunikation.de/ein-grosser-schaden-fuer-das-vertrauen-in-die-wissenschaft-45941/.

Wiesendanger R (2021) Studie zum Ursprung der Coronavirus-Pandemie. DOI:https://doi.org/10.13140/RG.2.2.31754.80323, https://www.researchgate.net/profile/Roland-Wiesendanger/publication/349302406_Studie_zum_Ursprung_der_Coronavirus-Pandemie/links/6029266592851c4ed56e5476/Studie-zum-Ursprung-der-Coronavirus-Pandemie.pdf.

15

Zwischenbilanz zur Wissenschaftskommunikation

> Wie fällt die Zwischenbilanz von Wissenschaftskommunikation in der Corona-Krise aus?
> Nach anfänglicher Euphorie zu den Errungenschaften der Wissenschaft zeigte sich eine Art der Wissenschaftskommunikation, die einseitig und wenig dialogorientiert war. Die Chance, Transparenz, Pluralität und Dialog zu pflegen, wurde nicht genutzt.

15.1 Neue Akteure, alte Probleme

Wissenschaftskommunikation ist nicht neu. Das Feld hat sich in den vergangenen Jahrzehnten in Deutschland weiterentwickelt, suchte nach Aufmerksamkeit, gewann diese auch in der Politik.

Wissenschaftskommunikation wurde zu Beginn der Corona-Krise positiv wahrgenommen: Die Kommunikation sei insgesamt gut gelaufen, nun habe auch der letzte die Bedeutung und Leistungsfähigkeit von Wissenschaft erkannt, und ein stabiles Vertrauen in die Wissenschaft besteht. In Zukunft sollte Wissenschaft noch stärker mit nur einer Stimme sprechen, um die Öffentlichkeit nicht zu verwirren.

Bei näherer Betrachtung erkennt man jedoch ein weniger positives Bild: Wissenschaftler haben sich überschätzt und in ein falsches Licht gerückt. Sie stellten sich mitunter als unfehlbar und unantastbar dar. Wissenschaftskommunikation ist in alte Muster des Defizitmodells zurückgefallen. Standards und Leitlinien, die in der Vergangenheit entwickelt wurden, entpuppten sich als Trockenübungen, die kaum berücksichtigt wurden:

Man missachtete die wissenschaftlichen Grundlagen der Wissenschaftskommunikation (Kap. 3 und 4), denen zufolge Rollen und Eigeninteressen in der Kommunikation transparent zu machen sind, übertriebene Versprechungen zu vermeiden und Transparenz zu (un)sicherem Wissen zu vermitteln ist. Ebenso wurden die Erkenntnisse der Risiko- und Gesundheitskommunikation ignoriert (Kap. 7) sowie die Bedingungen, die zur Akzeptanz von Maßnahmen führen können (Abschn. 5.6). Man zog Dialog und Partizipation (Abschn. 3.3) gar nicht in Betracht und setzte stattdessen auf selektive und persuasive Information (z. B. im Rahmen von Impfkampagnen, Kap. 10).

Zahlenwerte und Schaubilder wurden als „Wissenschaft" dargestellt, Entscheidungen, die angeblich auf deren Basis gefällt wurden, als evidenzbasiert (Kap. 6). Dabei ist die Evidenz in zentralen Punkten bis heute beschränkt (z. B. zur Virusausbreitung, Kap. 8, und Wirksamkeit von Masken, Kap. 9).

Besonders publikumswirksame und durch Auszeichnungen herausgehobene Formate der Wissenschaftskommunikation wie das „Coronavirus-Update" (Kap. 11) und der YouTube-Kanal „MaiLab" (Kap. 12) sollten der Informationsvermittlung dienen. Statt jedoch im Sinne von Aufklärung zum Mitdenken einzuladen, überfrachteten sie das Publikum mit Informationen und stellten Sachverhalte mit Autorität „der" Wissenschaft mitunter einseitig dar. Demgegenüber wurden andere Diskussionsbeiträge aus der Wissenschaft diskreditiert (Abschn. 13.2 und Kap. 14), statt sie zum Ausgangspunkt einer inhaltlichen Auseinandersetzung zu nehmen.

Wissenschaft zeigt sich so bisweilen einseitig, autoritär und dünnhäutig. Eine Bedrohung von außen, durch „Covidioten", „Wissenschaftsleugner" und „Fake News" wird beschworen. Aber statt den Blick sorgenvoll nach außen zu richten, sollte Wissenschaft sich selbst fragen, welche Aspekte der Kommunikation sie selbst in Zukunft, bei neuen Krisen, besonders zu beachten hätte, um zu einem stabileren Verhältnis von Wissenschaft und Gesellschaft zu kommen.

Diese Aspekte werden im Folgenden vertieft und erläutert.

15.2 Transparenz: Vorläufige Erkenntnisse statt unumstößlicher Fakten

Die Vorläufigkeit wissenschaftlicher Erkenntnisse ist immer zu berücksichtigen (Renn 2023, S. 171):

> „Dass alles Wissen nur vorläufig wahr ist, muss stets Begleitmusik der Wissenschaftskommunikation sein. Sonst verliert Wissenschaft auf Dauer ihre Glaubwürdigkeit."

So formuliert auch der Deutsche Ethikrat (2022, S. 213):

> „Die Anerkennung der Vorläufigkeit wissenschaftlicher Erkenntnis und die Bereitschaft, alle Prämissen und Erkenntnisse jederzeit erneut auf den Prüfstand zu stellen, ist eine Tugend der Wissenschaft. Diese epistemische Tugend wird freilich in der Öffentlichkeit mitunter als Schwäche wahrgenommen, die das Vertrauen in die Wissenschaft schnell erschüttern kann. Insofern muss die Wissenschaftsgemeinschaft alles tun, um die ihr eigene Logik immer wieder zu betonen und plausibel zu machen. Es gehört zur Glaub- und Vertrauenswürdigkeit wissenschaftlicher Expertinnen und Experten, dass sie einerseits den jeweils aktuellen Stand der Forschung wiedergeben, andererseits aber stets dessen Vorläufigkeit und Grenzen gegenüber politisch und administrativ Verantwortlichen sowie der Öffentlichkeit unmissverständlich explizit machen."

Dennoch werden einzelne Wissenschaftler (z. B. Virologen in der Corona-Krise) immer wieder (von Politik, Medien, Öffentlichkeit) in die Rolle gedrängt, auch Fragen jenseits ihrer engen wissenschaftlichen Expertise zu beantworten und dabei „klare Einsichten" oder noch besser „Fakten" zu liefern. Peter Dabrock bemerkt (2021):

> „Paradoxerweise erwartet die Gesellschaft aber im Corona-Outreach von der Wissenschaft fortwährend unterkomplexe Entdifferenzierung."

Wenn Wissenschaft zugleich Wahrheit suchen soll, ansprechend kommunizieren, Rat geben und in die Zukunft schauen soll, müsste sie tatsächlich eine Supermacht sein, so Dabrock. Es mag verlockend sein für (Teile der) Wissenschaft, in diese große Rolle zu schlüpfen, wenn sie ihr angeboten wird. Aber man könnte in Wissenschaft und Kommunikation daran nur scheitern.

15.3 Pluralität statt „die" Wissenschaft

Wissenschaft und Wissenschaftskommunikation sind immer beschränkt innerhalb der jeweiligen Disziplin. Wissenschaft liefert keine Wahrheiten, sondern vorläufige Erkenntnisse auf der Basis verschiedener Zugänge. Der Soziologe Wolfgang Merkel erinnert daran, dass es nicht „die" Wissenschaft im Singular gibt, sondern dass „gerade der konkurrierende Pluralismus der Wissenschaften mit ihren permanenten Widerlegungsversuchen … den wissenschaftlichen Fortschritt auf der approximativen Wahrheitssuche garantiert" (Merkel 2021, S. 8). Dem widerspricht eine Kommunikation mit nur einseitigen und selektiven Darstellungen, die Alternativmeinungen und Unsicherheiten innerhalb der Wissenschaft ignoriert.

Eine Rede von „der" Wissenschaft ist tatsächlich missverständlich. Pluralität in der Wissenschaft zeigt sich einerseits in der Vielfalt an disziplinären und methodischen Zugängen. Und bereits innerhalb dieser Zugänge finden sich – als weitere Dimension der Pluralität – keineswegs nur „objektiv gesicherte Fakten", sondern wissenschaftliche Kontroversen (siehe Abschn. 2.2).

Auch der Wissenschaftsrat betont (2021, S. 23):

> „Selbst im unmittelbaren disziplinären Kontext können gerade bei neuen Forschungsgegenständen und -feldern unterschiedliche Einschätzungen existieren und sich, wie im Fall der COVID-19-Forschung, auch laufend ändern. Wissenschaft funktioniert über unterschiedliche Herangehensweisen und einen methodologisch verankerten

Zweifel. ... Wissenschaftskommunikation sollte darauf zielen, die Grundlagen für konsolidiertes Wissen mit zu kommunizieren sowie dafür Sorge zu tragen, dass die für das Wissenschaftssystem konstitutive Mehrstimmigkeit als Pluralität im Diskurs und als Voraussetzung von Erkenntnisfortschritt wahrgenommen wird."

15.4 Dialog statt Moralisierung

Gesellschaftliche Kritik ist ernst zu nehmen und sollte nicht durch Selbstgewissheit und Moralisierung in Wissenschaft und Kommunikation beiseitegeschoben werden. Der Sozialhistoriker Jürgen Kocka mahnte (bereits 2019) seine Wissenschaftlerkollegen unter der Überschrift „Werdet nicht zu Propagandisten!", die Prinzipien der Wissenschaftlichkeit im Kontakt mit Medien oder Politik nicht abzulegen (Kocka 2019):

„Im Interview, beim Verfassen einer Petition oder auf einer Protestaktion ist die Versuchung riesengroß, nicht nur grob zu vereinfachen, sondern sich auch eindeutiger und sicherer zu geben, als man ist – im Dienst an der politischen Sache, im Streben nach Sichtbarkeit, in Anpassung an den Stil der Medien. Aber als Wissenschaftler verliert man dadurch an Glaubwürdigkeit."

Kocka macht deutlich:

„Wir erleben derzeit einen tiefgreifenden Strukturwandel der Öffentlichkeit. Es liegt an der harten Konkurrenz der Medien um Aufmerksamkeit, an der Digitalisierung, aber auch am Wandel verbreiteter Mentalitäten, Ansprüche und Selbstdarstellungsformen, dass die Zuspitzung und Segmentierung der öffentlichen Diskurse, die Emotionalisierung und Empörungsbereitschaft der Gesell-

15 Zwischenbilanz zur Wissenschaftskommunikation

schaft wie auch die Individualisierung und Fragmentierung der Politik erheblich zunehmen."

Statt sich nun diesen Entwicklungen in Medien und Politik anzuschließen, sollten sich Wissenschaftler über ihre Rolle wieder klar werden (ebd.):

> „Es gehört seit jeher zur gesellschaftlichen Verantwortung der Wissenschaften, speziell der Geistes- und Sozialwissenschaften, aufzuklären, zu kritisieren und Möglichkeitsräume zu erweitern. Aber jetzt wird zusätzlich wichtig: Wissenschaftler müssen helfen, Distanz vom heiß laufenden politischen Betrieb zu schaffen, zu differenzieren, Grautönen zwischen Schwarz und Weiß zu ihrem Recht zu verhelfen, mit Augenmaß und Sinn für Proportion abzuwägen, und zwar öffentlich."

Er schlug daher vor: „Die wissenschaftliche Rezensionstätigkeit sollte auf die öffentlichen Auslassungen der Kollegen und Kolleginnen ausgedehnt werden" (Kocka 2019). Hier also auch (vgl. Abschn. 4.6) die Idee, dass Wissenschaftler, wenn sie sich (als Wissenschaftler, nicht als Bürger oder Advokaten einer bestimmten Position) öffentlich äußern, auch eine kollegiale Kontrolle gefallen lassen müssen. Ist das Gesagte gedeckt durch wissenschaftliches Wissen? Sind eigene Interessen und sind Unsicherheiten im Dargelegten klar benannt?

Wolfgang Merkel beschreibt das Problem der Moralisierung, die in der Wissenschaftlichkeit verstärkt um sich greift, mit Wissenschaftlichkeit jedoch nichts gemein hat (Merkel 2021, S. 9):

> „Moralisierung ist eine selbstgerechte Stilisierung der eigenen moralischen Position, um eine andere moralische Position herabzusetzen."

Das kann wie folgt funktionieren (ebd.):

> „Ein Argument … wird simplifiziert, um auf eine andere Sachverhaltsebene verschoben zu werden und dem Gegenüber ad personam eine unmoralische oder gar unmenschliche Haltung zu unterstellen. Letztlich geht es also nicht um die Sachauseinandersetzung, sondern darum, eine vermeintlich unmoralische Person aus dem Diskurs moralischer Teilnehmer auszuschließen."

Und konkret in der Corona-Krise (ebd.):

> „In moralisierenden Diskursen wurde der Satz ‚Jeder hat das Recht auf Leben und körperliche Unversehrtheit' nicht nur zu einem alles überragenden Grundrecht erklärt, sondern auch all jenen, die in der pandemischen Diskussion auf eine Abwägung mit den anderen Freiheitsrechten drangen, unterstellt, dass sie das Leben ihrer Mitmenschen gering schätzten. Damit wurde nicht nur das Gegenüber entmoralisiert, sondern der Sprecher erhöhte sich moralisch selbst."

Immer öfter müssen Vertreter der deutschen Wissenschaftsszene ihre Kollegen auf Selbstverständliches hinweisen: auf die Pluralität von Forschung, mit methodisch eingebautem Zweifelmodus, ergebnisoffen und nicht moralisierend. Diese Prinzipien wurden in der Corona-Krise und in den Debatten dazu verletzt – von Wissenschaftlern selbst.

Nach dieser Darlegung, welchen Herausforderungen die Wissenschaft in der Corona-Krise begegnet ist, wird in den Folgekapiteln der Blick auf Politik und Medien gerichtet: In Abgrenzung zur selbstvermittelten Wissenschaftskommunikation, bei der das (Selbst-)Bild der Wissenschaft grundsätzlich positiv ist, kann die sog. fremdvermittelte Wissenschaftskommunikation (siehe

Abb. 4.1) von Akteuren, die nicht selbst im Wissenschaftssystem verortet sind, naturgemäß kritischer ausfallen. (Wissenschafts-)Journalisten, Politiker, Ministerien, aber auch NGOs, Lehrer, Blogger und andere gesellschaftliche Akteure (inkl. Wissenschaftskritiker) können Forschungsergebnisse kommentieren, bewerten und in einen erweiterten Kontext stellen.

Literatur

Dabrock, P (2021) Folgt der Wissenschaft? Frankfurter Allgemeine Zeitung, 13. Dezember, S. 6.

Deutscher Ethikrat (2022) Vulnerabilität und Resilienz in der Krise – Stellungnahme. Berlin.

Kocka J (2019) Werdet nicht zu Propagandisten! Tagesspiegel v. 26.9.2019, S. 24.

Merkel W (2021) Neue Krisen: Wissenschaft, Moralisierung und die Demokratie im 21. Jahrhundert. APuZ 71 (26–27) 4–11.

Renn O (2023) Gefühlte Wahrheiten (3. Aufl.). Barbara Budrich, Opladen.

Wissenschaftsrat (2021) Impulse aus der COVID-19-Krise für die Weiterentwicklung des Wissenschaftssystems in Deutschland. Köln.

Teil II

Politik und Medien in der Coronakrise

Die Herausforderungen, die in Teil I für die Wissenschaftskommunikation beschrieben wurden – Transparenz, Pluralität und Dialog –, finden sich ebenso in der wissenschaftsbasierten Politikberatung.

Es lassen sich generell klare Trennlinien ziehen zwischen Politik und Wissenschaft, die sich durchaus bewährt haben und die der funktionalen Differenzierung in unserer Gesellschaft Rechnung tragen. In der Corona-Krise lässt sich jedoch beobachten, dass die Trennung teilweise aufgehoben wurde, dass Wissenschaft und Politik immer stärker zusammenwirkten. Wie in der Wissenschaftskommunikation allgemein wurden auch hier etablierte Prinzipien über Bord geworfen – ausgerechnet in der Krise.

In welcher Weise haben sich Gesellschaft und Politik in der Corona-Krise der Wissenschaft bedient? Welche Rolle spielte die Wissenschaft bei der Entscheidung für bestimmte Corona-Maßnahmen? Und wie wurde Wissenschaft in der medialen Berichterstattung dargestellt?

Mit Bezug auf das, was Experten vermuten und als „Wissen" ausgeben – ohne Vorläufiges, Unsicheres, Einseitiges als solches zu benennen –, fühlte man sich teilweise an Michel de Montaigne erinnert, der bemerkte: „Nichts wird so fest geglaubt wie das, was wir am wenigsten wissen."

16

Corona-Maßnahmen der Politik: Ein scheinbarer Konsens

> Die Corona-Maßnahmen wurden von Politikern, Journalisten und Intellektuellen begrüßt und lange Zeit unterstützt. Wo blieben Differenzierung, Bedenken und Kritik, wo der Dialog verschiedener Meinungen?
>
> Das anfänglich recht hohe Vertrauen in die Politik, die Behörden und den Staat insgesamt sackte im Lauf der Corona-Krise jedoch ab. Der scheinbare Konsens brach zusammen.

16.1 Zusammen gegen Corona?

Am Ende seiner Fastenpredigt im Februar 2021 auf dem Nockherberg war Maxi Schafroth, der eigentlich derblecken sollte (also „scherzhaft verspotten"), ganz brav: Die Politik, lobte er, „leitet uns durch Krise". Schafroth bemerkte – mit Blick auf die vielen anwesenden Politiker

–, er „möchte nicht in deren Haut stecken". So hörte man aus Bereichen, die eigentlich eine kritische Haltung gegenüber Politik und Politikern einnehmen, während der Corona-Krise ungewohnte Töne.

Ein weiteres Beispiel: Für den Philosophen Richard David Precht war es unverständlich, dass „die staatlich verordneten Maßnahmen […] auf manche Menschen geradezu brachial und verstörend" wirkten (2021, S. 14 f.). Er meinte, dass man die Kritik an den Corona-Maßnahmen ernst nehmen muss – jedoch nicht im Sinne eines Austauschs von Meinungen, sondern als Problem. Und er meinte, dass man gut daran tat, „den erstaunlichen Trotz und die Aggression einer lauten Minderheit gegen den demokratischen Fürsorge- und Vorsorgestaat nicht auf die leichte Schulter zu nehmen" (S. 33).

Precht diskreditierte also Kritik an den Maßnahmen (bezeichnet als „Trotz" und „Aggression"), ohne inhaltlich auf sie einzugehen. Und weiter beklagt er (S. 33):

> „Wenn sich Menschen in Deutschland schon gegen Abstandsregeln und ein Stückchen Stoff im Gesicht wütend empören, wie werden sie erst dann reagieren, wenn der Kampf gegen die drohende globale Klimakatastrophe den Bürgern massive Einschränkungen und Verhaltensänderungen abnötigt?"

Kritik wird also pauschal abgelehnt, weil sie einer – wie auch immer gearteten – guten Sache zuwiderlaufe.

Pluralität, Skepsis und Kritik in der Corona-Krise: zunächst Fehlanzeige, so wie es in Teil I bereits für Wissenschaft und Kommunikation festgestellt wurde. Stattdessen lässt sich ein scheinbarer Konsens zu den Corona-Maßnahmen in der ersten Phase (Frühjahr 2020, vgl. Abschn. 1.6) der Pandemie erkennen.

Solch ein Konsens zwischen Politikern, Journalisten, Intellektuellen und Kabarettisten ist problematisch. Er suggeriert, dass die Menschen die Maßnahmen nicht kritisieren sollen bzw. dürfen. Und solch eine Meinungshomogenisierung und Ausgrenzung von Alternativmeinungen ist wiederum unfruchtbar für die demokratische Auseinandersetzung.

In weiteren Phasen der Corona-Krise, als andere Perspektiven in der Öffentlichkeit endlich sichtbarer wurden, nahm das Vertrauen der Menschen in staatliche Institutionen und die Demokratie deutlich ab. Den Menschen wurde wohl auch klar, dass sie zuvor einseitig informiert worden waren. Einige der Mechanismen, mit denen das so weit kommen konnte, werden im folgenden Abschnitt dargestellt.

16.2 Ausgrenzung von Bedenken und Kritik

Der Virologe Hendrik Streeck bemerkte bereits im Sommer 2020 (zit. n. Streeck 2021, S. 157): „[E]ine offene Diskussion über Langzeitstrategien war schwierig." Und eine (S. 159)

> „schleichende Politisierung des Virus führte dazu, dass eine offene Diskussion über die Pandemie und Wege zu ihrer Eindämmung immer seltener zustande kommt. Und mehr noch: Jede kontroverse Debatte wird unterbunden. Anstatt eine vorbehaltlose Auseinandersetzung mit unterschiedlichen Positionen und Vorschlägen zu fördern, denkt die Politik in Lagern und grenzt kritische Stimmen aus. Anderslautende Einschätzungen sind nicht gefragt und werden heftig angegangen – und wer sie vertritt, wird

… dazu angehalten, sich öffentlich nicht mehr zu äußern. Oder er wird in die Nähe der sogenannten Coronaleugner gerückt."

Ein Dialog unterschiedlicher Meinungen war teilweise also nicht möglich. Außerdem entstand ein Blockdenken (Kubicki 2021, S. 24, 26):

„In jenem März [2020] wurde der emotionale Pflock für ein Gruppengefühl gesetzt, das die Alternativlosigkeit der Corona-Politik Angela Merkels als alleinige Leitlinie verabsolutierte. Viele Journalisten stimmten in den darauffolgenden Wochen in den Chor mit ein. Wer Zweifel hatte und diese auch aussprach, wurde nicht mehr mit Argumenten beackert, sondern in diesem enorm emotionalisierten Feld einfach untergepflügt. … ‚Das Mitmachen stärken' war die wenig klausulierte Aufforderung zum moralischen und tatsächlichen Gehorsam."

So wurden abweichende Positionen immer wieder ausgegrenzt. Friedrich Pürner (2021, S. 30) erinnert, dass die Bundeskanzlerin Ende 2020 hatte

„verlauten lassen, dass alle ‚Querdenker' Hilfe von Psychologen bräuchten, um ihr Weltbild zu verändern. Damit steigt die Kanzlerin in die Welt der Stigmatisierung, der Ausgrenzung und Diskreditierung ein. Denn dies sind die typischen Werkzeuge eines Staates, der keinen Widerspruch zulässt und den Boden einer sachlichen Auseinandersetzung verloren hat."

Diese auf höchster Ebene der Politik zugelassenen Pauschalisierungen sind einer Dialogkultur sicherlich nicht zuträglich.

16.3 #allesdichtmachen

Unter dem Hashtag #allesdichtmachen kommentierten deutschsprachige Schauspieler im Frühjahr 2021 mit ironisch und satirisch gemeinten Videos die Corona-Politik der Regierungen und die Medienberichterstattung zum Thema. Die vom Drehbuchautor und Regisseur Dietrich Brüggemann initiierte Aktion sorgte für mediales Aufsehen und eine kontroverse Debatte.

Der Schauspieler Ulrich Tukur, der bei der Aktion aktiv mitgewirkt hat, erläuterte (Tukur 2021):

„Mir ging es … darum, eine Politik zu hinterfragen, die uns seit über einem Jahr mehr oder weniger einschließt, die Basis unseres Lebensgefühls, unsere Kultur ausschaltet und demoliert, Kindern und Jugendlichen ihren Lebensstart vermasselt, uns die Lebensfreude nimmt und alle sich ständig ändernden Regelwerke, die dies durchsetzen, als alternativlos hinstellt. … Wir wollten einfach mit unseren Mitteln etwas in Gang setzen, den uralten Mitteln des Narren, der seinem König den Zerrspiegel vorhält, um auf Missstände hinzuweisen, die Fenster dieses dumpfen Hauses wollten wir aufreißen und frische Luft hereinlassen."

Tukur meinte zur Kritik an der Aktion (ebd.):

„Warum muss man jemanden, der in einer Sache anders denkt, so zwanghaft auf Linie bringen? Warum diese Intoleranz, diese Empörung, dieser Hass? Dieser Unwille zum Streit in der Sache? Vermutlich wütet der, der sich so vehement auf die ‚richtige' Seite stellt, gegen sich selbst, weil er es selbst nicht schafft, aufzustehen und ‚Halt' zu rufen, weil er einfach nur apathisch in den Kulissen dieses Trauerspiels herumsteht und sich im Stillen dafür schämt."

Der Jurist Udo Di Fabio (2021, S. 116) bemerkte dazu:

„Die eigentliche Diskussion über die Sache [also die ironisierenden Videos] wurde kaum geführt, sondern in Windeseile nach der Mechanik des Shitstorms eine moralische Verfehlung angeklagt und sofort verurteilt. Das führte zu einem raschen Ritual der defensiven Rechtfertigung und Selbstanklage, wie man das eigentlich nur aus repressiven Systemen der Umerziehung kennt."

Di Fabio erkennt, „wie schnell und wie viele Akteure eingeknickt sind" (S. 117), und sieht eine Gesellschaft, „die gar nicht so sehr auf weite Horizonte des Diskurses aus ist, sondern politische Haltungen im Freund-Feind-Schema durchzusetzen gedenkt" (Di Fabio 2021, S. 118).

16.4 Vertrauen in Politik?

Die Zustimmung zu den Maßnahmen und das Vertrauen in die Politik sind miteinander gekoppelt. So lag die Zustimmung in der Bevölkerung zu Infektionsschutzmaßnahmen (Schließung von Kitas, Schulen und Hochschulen, Grenzschließungen und Verbot von Großveranstaltungen) im März 2020 noch bei über 90 %, im Laufe der Pandemie ließ diese aber deutlich nach: Den Kita-, Schul- und Hochschulschließungen stimmten im Juni 2020 nur noch weniger als 25 % der befragten Menschen zu (Blom 2020, S. 20).

„Parallel zur Abnahme der Zustimmung zur Corona-Politik nahm auch die Zustimmung zu den erweiterten Exekutivrechten ab", stellt der Deutsche Ethikrat fest (2022, S. 155 f.):

„Demnach nahm das anfänglich hohe Vertrauen in die alte Bundesregierung der Kanzlerin Angela Merkel im Pandemieverlauf kontinuierlich und am deutlichsten zwischen Februar und März 2021 ab. Nachdem die neue Ampelkoalition bis Mitte Dezember 2021 einen gewissen Vertrauensvorschuss für sich verbuchen konnte, sind ihre Zustimmungswerte seitdem wieder auf das vorherige niedrige Niveau gesunken."

Basis für diese Einschätzungen sind seit März 2020 regelmäßig durchgeführte Erhebungen des „COVID-19 Snapshot Monitoring" verschiedener Wissenschaftsinstitutionen (https://projekte.uni-erfurt.de/cosmo2020/web/).

Für die EU zeigt das Standard Eurobarometer 96 (EC 2022, S. 26), dass die Zufriedenheit der Bürger in Europa mit den von den jeweiligen nationalen Regierungen ergriffenen Corona-Maßnahmen zweigeteilt ist: Anfang 2022 sind 50 % zufrieden, 48 % unzufrieden (in Deutschland 53 % zufrieden und 46 % unzufrieden). Die regionalen und lokalen Behörden schneiden etwas besser ab (EU: 58 % zufrieden, 39 % unzufrieden, in Deutschland 62 % bzw. 36 %; ebd., S. 23). Man könnte das dadurch erklären, dass die Maßnahmen auf überregionaler bzw. nationaler Ebene entschieden wurden und lokale Behörden diese umsetzen mussten. Aber auch generell genießen lokale und regionale Akteure in Politik und Verwaltung höheres Vertrauen.

Auch das Wissenschaftsbarometer 2022 (https://www.wissenschaft-im-dialog.de/projekte/wissenschaftsbarometer/wissenschaftsbarometer-2022/) stellt fest, dass das Vertrauen in die Aussagen von Vertretern von Behörden und Ämtern zwischen April 2020 und September 2022 von 45 % auf 24 % gesunken ist, bei Politikern sogar von 44 % auf 15 % (siehe Abschn. 5.4).

Hier die Corona-Maßnahmen und regierungsfreundliche Kommentare, dort Kritik und Wunsch nach mehr Diskussion und Meinungspluralität – Corona polarisiert. Und Politiker befeuern die Polarisierung, indem sie Andersdenkende ausgrenzen (Abschn. 16.2).

Der Deutsche Ethikrat (2022, S. 155) resümiert:

> „Das Vertrauen der Menschen in den deutschen Staat als Demokratie, Rechtsstaat und Bundesstaat hat in der Pandemie gelitten."

Literatur

Blom AG (2020) Zum gesellschaftlichen Umgang mit der Corona-Pandemie. APuZ 70 (35–37) 16–22.

Deutscher Ethikrat (2022) Vulnerabilität und Resilienz in der Krise – Stellungnahme. Berlin.

Di Fabio U (2021) Corona Bilanz. C.H. Beck, München.

European Commission (2022) Standard Eurobarometer 96 – Die EU und die Coronavirus-Pandemie (Bericht).

Kubicki W (2021) Die erdrückte Freiheit. Westend, Frankfurt a. M.

Precht RD (2021) Von der Pflicht. Wilhelm Goldmann Verlag, München.

Pürner F (2021) Diagnose Panikdemie. Langen Müller, München.

Streeck H (2021) Hotspot. Piper, München.

Tukur U (2021) In den Kulissen eines Trauerspiels. NZZ am Sonntag, 15. Mai.

17

Der Weg von der Wissenschaft zu den Corona-Maßnahmen

Wie war es zu den einzelnen Corona-Maßnahmen gekommen, auf welcher Basis hat die Politik entschieden und welche Rolle hat die Wissenschaft gespielt? Idealtypisch hätte Wissenschaft informiert und aufgeklärt, dabei Unsicherheiten und divergierende Einschätzungen benannt, mögliche Szenarien, Interventionen und deren Folgen, soweit möglich, beschrieben. Die Politik hätte – ausgehend von wissenschaftlichem Wissen und von den Handlungsmöglichkeiten – auf Grundlage von Werten und Interessen abgewogen und entschieden, welche Maßnahmen adäquat gewesen wären.

Tatsächlich aber waren Wissenschaft und Politik teilweise eng gekoppelt – wobei sie sich wohl auch falsche Vorstellungen voneinander gemacht haben: Politik hielt die Wissenschaft für einen Faktenlieferanten, die Wissenschaft träumte von einer Rationalisierung der Politik.

17.1 Wissenschaft als Faktenlieferant?

Im März und April 2020 folgte staatliches Agieren

> „direkt dem wissenschaftlichen Rat. … Die Rolle der Legislative war … unter dem Zeit- und Problemdruck der Infektionsgefahr fast gänzlich auf eine Mitwirkung mehr oder weniger pro forma beschränkt. Gesellschaftlicher und politischer Streit um Handlungsalternativen fand so gut wie nicht statt"

erinnert sich Peter Strohschneider (2020, S. 111). Und weiter (ebd.):

> „Selten war so wie in dieser Situation mit Händen zu greifen … dass der wachsende politische Einfluss von Experten mit Risiken einer Entparlamentarisierung einhergehen kann."

Erst im Sommer 2020 (ebd., S. 124),

> „mit dem Fortschreiten der Pandemie, [wurde offenkundig,] dass es nicht nur einen, sondern verschiedene medizinisch-epidemiologische Expertenkonsense gab, in Wahrheit also keinen."

Wenn man die Pluralität, Vorläufigkeit, Unsicherheit und inhärente Skepsis wissenschaftlichen Wissens ignoriert, könnte man Wissenschaft tatsächlich für einen Faktenlieferanten halten. Unter Voraussetzung dieses Missverständnisses wäre sie irrtümlicherweise „jeder weiteren gesellschaftlichen Diskussion entzogen und … unmittelbar praxisleitend" (Strohschneider 2020, S. 10).

Die vermeintliche Sicherheit der wissenschaftlichen Erkenntnisse führt dann zu Moralisierung (siehe

Abschn. 15.3) und Alternativlosigkeit – sowohl aufseiten der Politik als auch der Wissenschaft. Und auf solcher „Basis" haben sich teilweise direkt (und ohne Diskussion) Entscheidungen und Maßnahmen ergeben – unter Missachtung einerseits der Pluralität in der Wissenschaft und andererseits der Rolle von Interessen und Werten in politischen Aushandlungsprozessen.

17.2 Politik: Mehr als Wissenschaft

Der Soziologe Alexander Bogner beschreibt den direkten Weg von der Wissenschaft zu politischen Entscheidungen als eine „Epistemisierung des Politischen": Dabei sei man fälschlicherweise (Bogner 2021, S. 17)

> von dem Glauben daran getragen, dass viele politische Probleme erst dann richtig formuliert und überzeugend lösbar sind, wenn wir sie als Wissensprobleme verstehen.

Dagegen wendet Bogner ein (ebd.):

> Die unerschütterliche Konzentration auf das Wissen rückt aus dem Blick, was politische Probleme eigentlich ausmacht und gesellschaftliche Konflikte anheizt: divergierende Werte, Interessen und Weltbilder.

Und weiter (ebd., S. 118 f.):

> „Der typisch wissenschaftliche Traum von einer Rationalisierung der Politik jedoch läuft darauf hinaus, der Politik das typisch Politische auszutreiben, nämlich die Aushandlung von Interessenkonflikten und das mühsame Ringen um tragfähige Kompromisse."

Der Irrglaube, dass „Konflikte nur durch wissenschaftliche Expertise, also durch die Macht der Zahlen und Fakten entschieden werden können" (ebd., S. 18), „dass ein direkter Weg von der Evidenz zur richtigen Politik führt" (S. 19), scheint tatsächlich weit verbreitet zu sein – sowohl in der Wissenschaft als auch in der Politik. Indem diese Epistemisierung der Politik recht einseitig erfolgte, nämlich nur bestimmte Disziplinen und Experten gehört wurden (z. B. die Virologie und Epidemiologie), wurde es noch schlimmer: Die Politik nutzte nur noch ein Zerrbild von Wissenschaft, das jeglicher Pluralität entkleidet war.

Das grundsätzliche Verhältnis von Wissenschaft und Politik thematisierte auch Wolfgang Schäuble in seiner Ansprache bei der konstituierenden Sitzung des 20. Deutschen Bundestages im Herbst 2021 und machte – am Beispiel des Klimawandels – klar, welche Rolle wissenschaftliche Erkenntnisse in der Politik spielen und inwieweit Politik darüber hinausgehen muss (Schäuble 2021):

> „Das mitunter zähe Ringen um gesellschaftliche Mehrheiten sollten wir gerade auch denen nahebringen, die mit Blick auf den Klimawandel von der Trägheit demokratischer Prozesse enttäuscht sind und sofortiges Handeln fordern. Ihre Motive sind nachvollziehbar. Aber wissenschaftliche Erkenntnis allein ist noch keine Politik – und schon gar nicht demokratische Mehrheit. Wer Ziele und Mittel absolut setzt, bringt sie gegen das demokratische Prinzip in Stellung."

Ebenso betont der Deutsche Ethikrat in seiner ersten Corona-Empfehlung die Eigenständigkeit der Politik (Deutscher Ethikrat 2020, S. 3):

„Es widerspräche auch dem Grundgedanken demokratischer Legitimation, würden politische Entscheidungen umfassend an die Wissenschaft delegiert ."

Und zwei Jahre später ebenso (Deutscher Ethikrat 2022, S. 241):

„Demokratische Organisationen und Institutionen müssen sich auch angesichts großer Ungewissheit weiterhin den Anstrengungen demokratischer Willensbildung unterziehen, um Vertrauen und Autorität auch unter schwierigen Bedingungen zu erhalten. Dazu gehört es auch, der Sehnsucht nach der einen, vorgeblich einzig ‚rationalen' und damit alternativlosen Lösung zu widerstehen. Deshalb ist es wichtig, auf der unhintergehbaren Streitigkeit der Positionen zu beharren, demokratischen Wertepluralismus und auch bleibende Differenz also nicht als Makel, sondern als Tugend zu verstehen, statt den politischen Streit durch den Verweis auf eine vermeintlich exklusiv richtige Sichtweise zu vermeiden."

Alexander Bogner wird noch deutlicher und stellt fest, dass nicht automatisch derjenige die richtige Politik machen wird, der auf die Wissenschaft hört und der Mehrheit der Experten folgt (Bogner 2021, S. 121):

„Diese neue Variante des Szientismus ist … demokratiepolitisch gesehen wahrscheinlich bedenklicher als das leicht durchschaubare Spiel mit Fake-News und Twitter-Lügen im politischen Alltag. Folgt man dieser Idee, würde das Kerngeschäft der Politik nicht länger darin bestehen, Mehrheiten zu organisieren und temporäre Kompromisse zu schmieden … [, sondern] darüber zu wachen, wer in Form alternativer Expertise und Positionen vom rechten Weg der Wissenschaft abweicht und daher verantwortungslos handelt."

Das ist ein recht düsteres Bild einer Verbindung von Wissenschaft und Politik.

Hatte die Politik in der Corona-Krise die Wissenschaft oder Teile davon vereinnahmt? Oder hatte sich die Wissenschaft an die Politik angebiedert? Hatte Wissenschaft Forderungen an die Politik gestellt auf Grundlage (auch disziplinär) beschränkter und unsicherer Erkenntnisse, dabei ihre eigene Rolle und Expertise überschätzt? Oder wollte sie Maßnahmen der Politik nachträglich begründen und dadurch „evidenzbasiert" machen?

Der folgende Abschnitt beschreibt, wie wichtig Fragen der Abwägung in der Politik sind – und wie sie in der Corona-Krise in den Hintergrund gerückt sind und teilweise unsichtbar wurden.

17.3 Abwägungen zwischen Freiheit und Gesundheit

Wertentscheidungen können durch Wissenschaft weder gesetzt noch entschieden werden. Wenn es um die Abwägung von Freiheit und Gesundheit geht, hat man es mit gesellschaftlich-politischen Fragen zu tun, in die wissenschaftliche Expertise einfließen kann – die aber auf Grundlage von Werten und Interessen getroffen werden.

Die Diskussion, ob und wie das Zusammenspiel von Expertise und Abwägung in der Corona-Krise funktioniert hat, zeigt auch, wie gut die Demokratie funktioniert. Der Jurist Udo Di Fabio fragt daher: „[H]aben die Grundrechte als Schönwettergarantien enttäuscht?" (Di Fabio 2021, S. 5).

Richard David Precht beispielsweise sah Gesundheit und Leben als absolutes Ziel, konnte sich gar nichts Anderes vorstellen (Precht 2021, S. 16):

„[D]ie Scheidelinie in der Covid-19-Frage läuft letzten Endes zwischen Leben und Tod: so viel Leben wie möglich zu retten gegen ungehinderte Auslese, dem fahrlässigen Sterbenlassen der besonders Gefährdeten."

Dagegen wirft Udo Di Fabio die Frage auf, inwieweit die Pandemie „eine Probe für die grundrechtliche Werteordnung" darstellt (Di Fabio 2021, S. 32):

„Ist das menschliche Leben der Höchstwert der Verfassung oder nur einer von mehreren? In welcher Schutzpflicht steht der Staat, was darf er gegeneinander abwägen und was gilt als absolut?"

Bei dieser Frage um die Gewichtung von Freiheitsrechten und Gesundheitsschutz entstanden statt Diskussionen oftmals eher Ablehnung und Nichtakzeptieren anderer Meinungen. Der Politiker Wolfgang Kubicki berichtet aus eigenen Erfahrungen (Kubicki 2021, S. 12 f.):

„Wer auf die wichtigste Rechtsgrundlage als Fundament unserer Gesellschaftsordnung [die Verfassung] hinweisen wollte, die gerade in Zeiten der Krise ihre stärkste Stunde haben sollte, wurde in der aufgeheizten Situation als Rechtsverdreher, Aluhutträger oder Menschenfeind beschimpft. Es gehe schließlich um Menschenleben, da seien angeblich rechtsdogmatische Einlassungen nicht nur wenig hilfreich, sondern gar schädlich."

Die Diskussionen liefen hinaus auf „die Höherstellung einer – sicher gutgemeinten – Moral über das Recht" (Kubicki 2021, S. 13). Und: „In den Debatten über die Anti-Corona-Maßnahmen stach immer wieder eine Kommunikationsstrategie durch, die auf eine Verächtlichmachung des Widerspruchs hinauslief" (ebd.,

S. 25). Widerspruch – und bereits das Ansinnen, abzuwägen – galt als unmoralisch.

Auch der ehemalige Präsident des Bundesverfassungsgerichts Hans-Jürgen Papier erkennt diese Sondersituation (Papier 2021, S. 188):

> „Ab Mitte März 2020 sind in Deutschland aufgrund der Corona-Pandemie flächendeckende Grundrechtsbeschränkungen bis hin zur Suspendierung von Grundrechten eingeführt worden, die in ihrem Ausmaß und in ihrer Tragweite für eine rechtsstaatliche Demokratie bislang einmalig und … eigentlich auch unvorstellbar gewesen sind."

Er ordnet ein, wie der Staat einen angemessenen Ausgleich zwischen Freiheit und Sicherheit herstellen kann und erinnert, dass staatliche Eingriffe, nicht aber die Geltendmachung der Freiheitsrechte einer Rechtfertigung bedürfen (ebd., S. 189):

> „Es gibt verschiedene Aspekte von Grundrechtsbeschränkungen, und jede muss im Einzelnen dahingehend überprüft werden, ob verfassungsrechtlich ein noch zulässiger, insbesondere ein noch verhältnismäßiger Eingriff in Freiheitsrechte vorliegt."

Für diese Abwägung zwischen Freiheit und Sicherheit ist externer Sachverstand erforderlich, wie Papier betont; aber nicht nur derjenige von Virologen, Medizinern, Epidemiologen und Naturwissenschaftlern, sondern auch weiterer Expertise wie Psychologie, Bildungsforschung und Ökonomie. Doch selbst interdisziplinäre Wissenschaft ist nicht ausreichend (ebd., S. 192):

> „Die notwendige Abwägung zwischen den Erfordernissen und Belangen des Schutzes von Leben und Gesundheit

der Bevölkerung einerseits und der Schwere und Tragweite der mit solchen Schutzmaßnahmen verbundenen Grundrechtseingriffe zulasten derjenigen, die ihre nachteiligen Folgen zu tragen haben, ist allein mit den Methoden der Wissenschaften nicht möglich. … Sie können bestenfalls Prognosen liefern, welche Folgen bei welchen Maßnahmen eintreten oder vermieden werden können."

17.4 Vergleiche zur Abwägung

Der Frage, ob eine Abwägung von Freiheit und Sicherheit überhaupt zulässig sei und wie diese zu geschehen habe, kann mit Vergleichen verdeutlicht werden. Es ist ja durchaus passend, wenn Unbekanntes auf Bekanntes zurückgeführt wird. Allerdings können solche Vergleiche auch ein bestimmtes Framing mit sich bringen und die Abwägung in eine bestimmte Richtung lenken, wie einige Beispiele illustrieren:

Precht argumentiert (2021, S. 74 f.):

„Warum wird [bei Covid-19] alles getan, um möglichst viele Schwerkranke und Tote zu vermeiden, nicht aber, wenn es um Ernährungsgewohnheiten geht wie Fast Food, zu viel Zucker und Salz oder Alkohol. … Der Grund … ist leicht benannt: Alkohol und Fehlernährung gefährden in erster Linie … den Betroffenen selbst, stellen aber kein vergleichbares Gesundheitsrisiko für andere dar wie die Übertragung eines Virus."

Man könnte allerdings argumentieren, dass auch die individuellen Ernährungsgewohnheiten mit ihren Folgeschäden das Gesundheitssystem für alle belasten. Es sind gerade diese überindividuellen Aspekte, die die Abwägung von Maßnahmen schwierig machen (vgl. Deutscher Ethikrat 2022, S. 72 und 173, siehe Abschn. 17.5).

Besonders dramatisch war ein Vergleich, mit dem Markus Söder die Todesfälle im Zusammenhang mit Covid-19 ins Verhältnis gesetzt hat (https://www.welt.de/politik/deutschland/article220993632/Markus-Soeder-Todeszahlen-so-hoch-als-wuerde-jeden-Tag-ein-Flugzeug-abstuerzen.html):

> „Die Todeszahlen sind aktuell so hoch, als würde jeden Tag ein Flugzeug abstürzen."

Das ist sicherlich furchteinflößend (zumal bei Flugzeugabstürzen, die „jeden Tag" stattfinden, auch Infrastruktur und Menschen außerhalb der Flugzeuge gefährdet werden) und baut unmittelbaren Handlungsdruck auf.

Ein häufiger Vergleich, der zur Diskussion freiheitseinschränkender Corona-Maßnahmen gebracht wurde, ist der Straßenverkehr (Precht 2021, S. 76 f.):

> „Vor allem die Anschnallpflicht, die Senkung der Promillegrenze … die Geschwindigkeitsbegrenzung auf Landstraßen … und strengere Auflagen für den Personenschutz in Fahrzeugen haben die Zahl der Verkehrsopfer massiv reduziert. […] Kaum vorstellbar, dass eine Gesellschaft, die den Schutz des Lebens und die Minderung von Lebensrisiken als wichtiges Ziel erachtet, nicht weitere Geschwindigkeitsbegrenzungen durchsetzen wird."

Sollte man dann vielleicht den Verkehr ganz abschaffen? Dem widerspricht Di Fabio (2021, S. 40):

> „Wir können nicht einfach den Straßenverkehr, das Skifahren, den Bewegungsmangel oder die Fehlernährung mit der Begründung ‚verbieten', all das führe letztlich zu Todesfällen."

Der Wirtschaftsethiker Christoph Lütge und der Philosoph Michael Esfeld machen einen weiteren Vergleich mit der Zahl der Verkehrstoten (2021, S. 101 f.):

> „Jedes Jahr sterben in Deutschland knapp 3000 Menschen im Straßenverkehr. … Natürlich ist Corona im Vergleich deutlich schlimmer. Aber man könnte etwa täglich auch in den Nachrichten die Verkehrstoten thematisieren, könnte über die Verkehrstoten des Tages berichten und entsprechende furchterregende Bilder verbreiten. … Würde man solche Bilder und Meldungen täglich in den Medien verbreiten, so hielten die Menschen den Straßenverkehr sicher für weitaus gefährlicher, als er tatsächlich ist."

Diese Vergleiche illustrieren, dass das Abwägen in anderen Lebensbereichen durchaus stattfindet, etwa im Verkehrsbereich mit seinen Vorzügen der Mobilität, aber auch Unfällen und Verkehrstoten. Und so sollte das Abwägen selbstverständlich auch im Fall einer Pandemie geschehen: Das ist die politische Aufgabe.

17.5 Abwägung jenseits des Individuums

Der Deutsche Ethikrat (2022, S. 71 f.) formuliert und diskutiert die Abwägungsfrage zwischen Freiheit und Gesundheit – und weitet sie über das Individuum hinaus aus:

> „Auf den ersten Blick kreisen die Abwägungen vor allem um zwei Pole: den Pol der Freiheit und jenen des Gesundheitsschutzes, verstanden als facettenreiche Chiffren für wechselwirkende individuelle und überindividuelle Interessen. [Es] lässt sich … festhalten, dass, wer Freiheit

mit Gesundheitsschutz ins Verhältnis setzt, risikoethische Vor- und Nachrangrelationen formulieren muss. Diese müssen von guten Gründen dafür getragen werden, in welchen Fällen Freiheit zugunsten des Gesundheitsschutzes zurücktreten sollte – beziehungsweise umgekehrt."

Die Abwägung wird nur vollständig (ebd., S. 72),

„wenn neben individualethischen Überlegungen auch eine Perspektive solidarischer Verantwortung einbezogen wird. Letztere muss sich an einem komplexen und vielschichtigen Verständnis von sozialer, intergenerationeller und internationaler Gerechtigkeit ausrichten. "

Was das nun konkret bedeutet, formuliert der Deutsche Ethikrat (ebd., S. 174 f.):

„Die Erhaltung beziehungsweise Wiederherstellung größtmöglicher Freiheit stellt in ethischer wie (verfassungs-)rechtlicher Hinsicht eine grundlegende Zielsetzung dar. ... Die dem Infektionsschutz verpflichtete Strategie der physischen Distanz hat in allen ihren Abstufungen zu teils erheblichen und tief einschneidenden Beschränkungen von Freiheitsrechten geführt. Ihre stärkste Ausprägung in Form eines umfassenden Lockdowns des privaten wie auch des öffentlichen Lebens kann nur gerechtfertigt sein, wenn hohe Sterblichkeit, langfristige gesundheitliche Beeinträchtigungen signifikanter Bevölkerungsteile oder der drohende Kollaps des Gesundheitssystems nicht mit weniger einschneidenden Maßnahmen abgewendet werden können. Sobald diese Ziele erreicht sind, müssen diese Beschränkungen der Freiheitsrechte sowohl aus ethischen als auch aus (verfassungs-)rechtlichen Gründen zurückgenommen werden."

Die Corona-Maßnahmen ließen sich nicht direkt aus der Wissenschaft ableiten, sondern sie entstanden durch politische Entscheidungen – teilweise auf Basis (vorläufigen, unsicheren, einseitigen) wissenschaftlichen Wissens. Welche Informationen aus der Wissenschaft genutzt wurden und welche Perspektiven in die Abwägungen und Entscheidungen eingeflossen sind, wurde nicht immer transparent gemacht.

Literatur

Bogner A (2021) Die Epistemisierung des Politischen. Reclam, Ditzingen.
Deutscher Ethikrat (2020) Solidarität und Verantwortung in der Corona-Krise. Berlin.
Deutscher Ethikrat (2022) Vulnerabilität und Resilienz in der Krise – Stellungnahme. Berlin.
Di Fabio U (2021) Corona Bilanz. C. H. Beck, München.
Kubicki, W (2021) Die erdrückte Freiheit. Westend, Frankfurt a.M.
Lütge C, Esfeld M (2021) Und die Freiheit? riva, München
Papier HJ (2021) Umgang mit der Corona-Pandemie: verfassungsrechtliche Perspektiven. In: Corona - Pandemie und Krise (bpb, Hrsg) Schriftenreihe der bpb, Bonn, S. 188-202
Precht RD (2021) Von der Pflicht. Wilhelm Goldmann Verlag, München
Schäuble W (2021) Ansprache bei der konstituierenden Sitzung des 20. Deutschen Bundestages. Deutscher Bundestag, https://www.bundestag.de/parlament/praesidium/reden/2021/20211026-866254.
Strohschneider P (2020) Zumutungen. Kursbuch edition, Hamburg.

18

Wie Politik und Behörden kommunizieren

> Waren die Grundlagen und die Intentionen, mit denen die Corona-Maßnahmen beschlossen wurden, bereits problematisch, so gilt das auch für deren Vermittlung. So wurde Angst geschürt und Folgsamkeit verlangt. Viele Informationsangebote waren unübersichtlich.

18.1 Idealvorstellungen der Kommunikation politischer Entscheidungen

Der Ethikrat hat im Nachhinein festgestellt, dass insbesondere „im Fall einschneidender Maßnahmen in Zeiten von Pandemien … ein hohes Maß an Eindeutigkeit, Klarheit und Nachvollziehbarkeit unerlässlich" ist (Deutscher Ethikrat 2022, S. 181 f.):

„Kommt es wiederholt zu unvollständigen, unklaren oder schlicht unverständlichen Vorschriften, kann das Vertrauen in die Rationalität von Maßnahmen des Infektionsschutzes beziehungsweise der Pandemieeindämmung erschüttert werden."

Den 4 Bedingungen der Akzeptanz (siehe Abschn. 5.6) zufolge steht die Einsicht in die Notwendigkeit der Maßnahmen an erster Stelle. So formuliert der Ethikrat weiter (Ethikrat 2022: 182):

„[Die] Rückbindung staatlicher Entscheidungen und Regelungen an die Einsicht und freiwillige Mitwirkung der Bevölkerung dient nicht nur dem strategischen Interesse einer effektiven Pandemiebekämpfung (,Compliance'), sondern spiegelt auch ein Erfordernis der republikanischen Dimension einer liberalen Demokratie. Staatliche Entscheidungen und Prozeduren bedürfen der Einbettung in die Meinungsbildungs- und Selbstverständigungsprozesse einer räsonierenden Öffentlichkeit. … Der öffentliche Diskurs setzt Orte beziehungsweise Gelegenheiten für lebendige Kontroversen voraus. Alle Entscheidungsprozesse staatlicher Institutionen sind letztlich auf diese zivilgesellschaftlichen Ressourcen der Lebenswelt, also ,auf eine freiheitliche politische Kultur und eine aufgeklärte politische Sozialisation, vor allem auf die Initiativen meinungsbildender Assoziationen' [Jürgen Habermas] angewiesen."

Soweit das Idealbild, das wir schon lange vor der Corona-Krise kannten. In der Krise spielte es aber nur eine geringe Rolle. Dialogangebote, mit denen etwa alternative Maßnahmen entwickelt, vorgestellt und abgewogen hätten werden können, haben gefehlt (siehe Abschn. 3.3). Stattdessen herrschte ein Klima von Unsicherheit, Angst und Alternativlosigkeit, das teilweise bewusst geschürt wurde.

18.2 Unsicherheit, Angst und Folgsamkeit

In der Anfangszeit der Corona-Krise war das Wissen angeblich gering (vgl. Abschn. 1.4), die Unsicherheit groß. Vieles davon, wie Wissenschaft, Medien und Politik damit umgegangen sind, wirkt bis heute. Eine besonders fragwürdige Art von „Krisenkommunikation" stellte Ende März 2020 ein internes Papier des Innenministeriums vor mit dem Titel „Wie wir Covid-19 unter Kontrolle bekommen" (Bundesinnenministerium 2020). Wollte man damit die Einsicht in die Notwendigkeit der Maßnahmen erzwingen?

Es wird ein „Worst-Case-Szenario von über einer Million Toten im Jahre 2020 – für Deutschland allein" (ebd., S. 1) beschrieben. Dieses soll der Bevölkerung veranschaulicht werden (S. 13):

„Um die gewünschte Schockwirkung [!] zu erzielen, müssen die konkreten Auswirkungen einer Durchseuchung auf die menschliche Gesellschaft verdeutlicht werden:

1. Viele Schwerkranke werden von ihren Angehörigen ins Krankenhaus gebracht, aber abgewiesen, und sterben qualvoll um Luft ringend zu Hause. Das Ersticken oder nicht genug Luft kriegen [sic] ist für jeden Menschen eine Urangst. Die Situation, in der man nichts tun kann, um in Lebensgefahr schwebenden Angehörigen zu helfen, ebenfalls. Die Bilder aus Italien sind verstörend.
2. ‚Kinder werden kaum unter der Epidemie leiden': Falsch. Kinder werden sich leicht anstecken, selbst bei Ausgangsbeschränkungen, z. B. bei den Nachbarskindern. Wenn sie dann ihre Eltern anstecken, und einer davon qualvoll zu Hause stirbt und sie das Gefühl haben, Schuld daran zu sein, weil sie z.B. ver-

gessen haben, sich nach dem Spielen die Hände zu waschen, ist es das Schrecklichste, was ein Kind je erleben kann.
3. Folgeschäden: Auch wenn wir bisher nur Berichte über einzelne Fälle haben, zeichnen sie doch ein alarmierendes Bild. Selbst anscheinend Geheilte nach einem milden Verlauf können anscheinend jederzeit Rückfälle erleben, die dann ganz plötzlich tödlich enden, durch Herzinfarkt oder Lungenversagen, weil das Virus unbemerkt den Weg in die Lunge oder das Herz gefunden hat. Dies mögen Einzelfälle sein, werden aber ständig wie ein Damoklesschwert über denjenigen schweben, die einmal infiziert waren. Eine viel häufigere Folge ist monate- und wahrscheinlich jahrelang anhaltende Müdigkeit und reduzierte Lungenkapazität, wie dies schon oft von SARS-Überlebenden berichtet wurde und auch jetzt bei COVID-19 der Fall ist, obwohl die Dauer natürlich noch nicht abgeschätzt werden kann."

Auf Basis unvollständigen und unsicheren Wissens wurde hier also dafür geworben, in der Bevölkerung Angst zu schüren.

Der Mediziner Friedrich Pürner beschreibt eindringlich die Angstmache zu Beginn der Pandemie: „Keine Partei, kein Politiker wollte für auch nur einen Toten verantwortlich gemacht werden" (Pürner 2021, S. 16). Und weiter (ebd., S. 24):

„Auffällig war tatsächlich, wie ängstlich die Menschen waren. In der Bevölkerung machte sich eine Unsicherheit breit ... Ich hatte den Eindruck, dass viele ein Risiko nicht mehr vernünftig einschätzen konnten. Vor allem wichtige Personen des öffentlichen Lebens waren plötzlich vollkommen kopflos und teilweise gar panisch."

Auch viele Ärzte waren verunsichert (ebd., S. 38):

„… diese Angst und Unsicherheit gingen auch bei den Hausärzten um. [Sie befürchteten], ihre Praxen könnten vom Gesundheitsamt geschlossen werden. … Zudem herrschte eine Angst, irgendetwas falsch zu machen und dann verantwortlich zu sein. Noch nie in meiner langjährigen Tätigkeit habe ich so viele Kollegen so verunsichert erlebt."

Das zog sich über Monate hinweg, die Lage blieb weiterhin unklar.

Gleichzeitig forschen Wissenschaftler auf der ganzen Welt zu Corona. Der Wissenszuwachs jedoch war schwer greifbar in seiner Vielstimmigkeit von Vermutungen, Prognosen, belastbaren und weniger belastbaren Erkenntnissen (Pürner 2021, S. 144):

„Selbst nach Monaten war noch das ‚neuartige Virus' ein feststehender Begriff, und als endlich die Zahlen der positiven Labormeldungen nach unten gingen, kamen die Mutanten. Und wieder wurde mit Begrifflichkeiten der Angst und einer sehr bildhaften Sprache gearbeitet, anstatt der Bevölkerung zu erklären, dass Mutationen nicht ungewöhnlich sind. …"

„Insgesamt war auffällig, dass das Virus mit der Sprache personalisiert und damit mit emotionalisierenden Adjektiven versehen wurde. Das Virus wurde das ‚Böse' schlechthin."

Das Ganze erinnerte eher an dunkle Zeiten der Pest als an eine aufgeklärte Wissensgesellschaft des 21. Jahrhunderts. Mit der Personalisierung des Virus hat es die Kommunikatorin Mai Thi Nguyen-Kim sogar in eine Rede der Kanzlerin vor dem Deutschen Bundestag geschafft (siehe Abschn. 12.5). Es ergaben sich aus dieser Stimmung –

konsequenterweise – paternalistische Kommunikationsansätze: Es war die Rede davon, „dass die Bevölkerung dringend Führung bräuchte, weil die Menschen sonst vollkommen orientierungslos wären" (Pürner 2021, S. 25).

18.3 Voraussetzungen der Gesundheitskommunikation

Wie konnte es dazu kommen, dass monatelang Angst verbreitet und Zwang ausgeübt wurde? Woher kam der Wunsch nach Führung? Wieso setzte man nicht auf Empfehlungen und Eigenverantwortung, wie es für eine demokratische Gesellschaft des 21. Jahrhunderts angemessen wäre.

Liegt es an mangelnder Bildung?

Bei der Informationsvermittlung und in der Wissenschaftskommunikation stellt sich tatsächlich die Frage nach dem Vorwissen der Zielgruppe. Ob es um Grundbegriffe geht, um Wissen über Wissenschaft und ihre Methoden – seit Jahrzehnten bleibt es in Deutschland und international bei ernüchternden Befunden, dass gerade mal ein Fünftel der Bevölkerung als „naturwissenschaftlich gebildet" zählen kann (z. B. Weitze und Heckl 2016, S. 86) – trotz immer wiederkehrender Bildungsdiskussionen und -initiativen, trotz Schulpflicht, die die naturwissenschaftlichen Fächer mit einschließt.

Bei der Gesundheitskompetenz der Bevölkerung in Deutschland sind die Zahlen vergleichbar mit der naturwissenschaftlichen Bildung (Schaeffer et al. 2021, S. 3):

„Die Gesundheitskompetenz der Bevölkerung in Deutschland hat sich in den letzten sieben Jahren verschlechtert. Mit 58,8 Prozent weist deutlich mehr als [die] Hälfte der Bevölkerung eine geringe Gesundheitskompetenz auf. … Von den vier Schritten bei der Informationsverarbeitung (Finden, Verstehen, Beurteilen, Anwenden) fällt der Bevölkerung die Beurteilung von Informationen am schwersten: Fast Dreiviertel der Bevölkerung sieht sich bei der Einschätzung von Gesundheitsinformationen vor Probleme gestellt."

Konkret: Im März 2021 wussten 47 % der befragten Deutschen, dass die Impfstoffe von Biontech/Pfizer und Moderna mRNA-Impfstoffe sind (Faas und Krewel 2022, S. 167 f.). Es lässt sich pauschalisieren: „Geringe Kenntnisse über die Pandemie sind alles in allem auch im zweiten Jahr einer omnipräsenten Pandemie sehr weit verbreitet" (ebd., S. 168 f.).

Was möchte man daraus folgern: Dass (noch) mehr Bildungsanstrengungen nötig sind, um eine aufgeklärte, demokratische Gesellschaft zu ermöglichen? Wieso – müsste man weiter fragen – haben die bisherigen Anstrengungen zur Bildung nicht ausgereicht oder gewirkt? Oder sind die Menschen einfach nicht in der Lage, mitzureden und Maßnahmen einzuschätzen?

Es handelt sich hier um grundlegende Themen der Wissenschaftskommunikation: Wie ernst nehmen wir die Rede von einer aufgeklärten Gesellschaft, von Demokratie und von informierten Bürgern? Nur bei schönem Wetter, an Sonntagen – oder auch in der Krise?

18.4 Einzelne Kommunikationsbeispiele

Wie nun ist die Kommunikation seitens Politik und Behörden zu beurteilen? In einer Analyse für „ZEIT online" spricht die Journalistin Corinna Schöps von einem „kommunikativen Desaster": Es war aus ihrer

Sicht nicht gelungen, dass Politik, Behörden und Fachleute das Wissen und zugängliche Informationen (Schutz durch Masken, Gefährlichkeit einer Infektion, Ausbreitung durch Aerosole, Wirksamkeit von Impfung) so zu vermitteln, „dass die Menschen es verstehen, es als nützlich für sich und andere erkennen und anwenden können" (Schöps 2022). Ein Grund dafür war sicherlich, dass das Wissen sich zunächst häufig änderte (vgl. z. B. Abschn. 9.2) und die Informationen zwar (theoretisch) zugänglich waren, aber tatsächlich verstreut und in ihrer Validität nicht immer zu erkennen waren.

Politiker, d. h. Minister und Ministerpräsidenten, Regierung und Opposition, befanden sich „meist im Wahlkampfmodus" (Schöps 2022), einzelne Behauptungen waren furchteinflößend: Etwa wenn der ehemalige Gesundheitsminister Jens Spahn meinte „Am Ende dieses Winters ist jeder in Deutschland geimpft, genesen oder gestorben" (https://www.welt.de/politik/deutschland/article235204952/Corona-Impfung-Bis-Ende-des-Jahres-laut-Spahn-ueber-50-Millionen-Impfdosen.html) und trivialisierende und Beifall heischende Vergleiche bemühte: „Biontech ist der Mercedes, Moderna der Rolls-Royce" (https://www.sueddeutsche.de/politik/coronavirus-jens-spahn-biontech-moderna-1.5470009).

Innerhalb weniger Tage änderten Politiker ihre Einschätzungen komplett. Der bayerische Ministerpräsident Markus Söder behauptete am 28. März 2021 (https://www.br.de/nachrichten/bayern/soeder-fordert-bundesweite-abendliche-ausgangssperren,Ssypq5q, Stand 28.3.2021):

> „Nicht alle würden so wie er und die Kanzlerin auf die Wissenschaft hören. Die Wissenschaftler hätten aber jedes Mal Recht behalten."

Aber kurz darauf (am 30. März 2021) empfiehlt Markus Söder die Impfung – gegen Expertenrat (https://www.n-tv.de/politik/Soeder-Astrazeneca-allen-impfen-die-sich-trauen-article22461168.html): „Wer will und wer sich's traut, der soll auch die Möglichkeit haben." Er habe „insgesamt kein gutes Gefühl" bei den Einschätzungen der Experten zum Astrazeneca-Impfstoff.

18.5 Die AHA+A+L-Kampagne

Kampagnen, die mit Akronymen wie AHA (Abstand, Hygiene, Alltagsmasken), AHA+L (plus Lüften) und AHA+A+L (plus Warn-App) bezeichnet wurden, sollten wesentliche Maßnahmen vermitteln – die allerdings oft wieder verändert und autoritär kommuniziert wurden. Galt zunächst „AHA" (https://www.bundesregierung.de/breg-de/themen/coronavirus/die-aha-regeln-im-neuen-alltag-1758514, Stand 8. Juni 2020, abgerufen 26.3.2022), wurde das erweitert auf „AHA+A+L" (https://www.zusammengegencorona.de/mitmachen/mit-aha-durchs-jahr/, Stand 31.7.2021, bzw. https://www.infektionsschutz.de/coronavirus/alltag-in-zeiten-von-corona/, Stand 2.11.2021). Es musste schließlich ein regelrechtes „Formelverzeichnis" erstellt werden zu den Akronymen und deren Historie (siehe https://www.zusammengegencorona.de/informieren/sich-und-andere-schuetzen/die-aha-formel/, Stand 2.12.2021).

Abstand, Hygiene, Alltagsmasken, Warn-App und Lüften: Sieht man von der Warn-App ab, so sind die hier geforderten Verhaltenshinweise nicht neu, galten so schon während der Spanischen Grippe 1918, im Fall der Masken bereits zu Zeiten der Pest im Mittelalter.

Doris Schaeffer moniert die AHA(L)-Plakate als „so oberflächlich, dass sie kaum genutzt haben, die Tragweite der Pandemie verständlich zu machen und mehr Klarheit für den Alltag zu schaffen" (zit. n. Schöps 2022). Auf der anderen Seite wurden diese Regeln, so primitiv sie sind und so oft sie angepasst wurden, als verbindlich und absolut dargestellt. So verlangt RKI-Chef Lothar Wieler (zit. n. https://www.deutschlandfunk.de/mehr-covid-19-faelle-in-deutschland-rki-praesident-die-100.html, 28.7.2020):

> „Diese Regeln werden wir noch monatelang einhalten müssen. Die müssen also der Standard sein. Die dürfen nie hinterfragt werden. Das sollten wir einfach so tun."

18.6 Unübersichtliche Informationscontainer

Möchte man sich beispielsweise zu Fragen wie Quarantänepflicht, dem Prozedere beim Testen und Melden aktuell informieren, stößt man (direkt oder via Suchmaschinen) bis heute (Ende 2022) auf eine Vielfalt an Akteuren: auf staatliche Stellen (auf Ebene von Bund, Ländern, Kommunen), auf den öffentlich-rechtlichen Rundfunk und andere Medien. Diese verweisen teilweise aufeinander, bieten mal aktuelle und mal veraltete Informationen, visieren verschiedene Zielgruppen an (Patienten, Ärzte, Eltern, Reisende).

Das liegt offensichtlich einerseits an der Vielfalt an Informationen, der Veränderung der Regeln und Unterschiede z. B. zwischen Bundesländern. Mit guten (Informations-)Absichten wird es angesichts der Vielfalt an Akteuren und Medien so jedoch unübersichtlich: Informationen sind schwerer auffindbar, widersprechen sich mitunter, sodass das Bayerische Gesundheitsministerium in der Rubrik „Häufig gestellte Fragen" sicherheitshalber noch einen weiteren Punkt „Schnellsuche der häufigsten Fragen" zur Verfügung stellt (https://www.stmgp.bayern.de/coronavirus/haeufig-gestellte-fragen/) – das ist dann schon eine Metametasuche im Informationsdickicht. Trägt das eher zur Nutzerfreundlichkeit oder zur Verwirrung bei?

Auf der Seite „zusammengegencorona.de" werden die Besucher (26.3.2022) begrüßt: „Hier finden Sie aktuelle und verlässliche Informationen zur aktuellen COVID-19 Lage." Das Bundesministerium für Gesundheit ist in Form eines Logos in einer Ecke als Absender sichtbar. Es gibt eine zielgruppenspezifische Suchfunktion mit Zielgruppen: „ältere Menschen", „Familien", „Gesundheitspersonal", „Schwangere und Stillende", „Studierende" – und „alle". Das Urteil der Journalistin Corinna Schöps (2022) ist auch hier eindeutig und hart:

„Diese wichtigste Pandemiekommunikationsseite des Bundes zusammengegencorona.de hilft in vielen Fällen kaum weiter. Falls die Adressaten überhaupt je von dieser Seite gehört haben und sie bewusst ansteuern, finden sie dort vor allem: sehr viele Buchstaben, Kästchen und Links. Schlüsselzahlen und Grafiken, die Laien den Einstieg erleichtern, fehlen. ... Die Seite steckt zwar voller Informationen für ein interessiertes Fachpublikum. Doch sie setzt zu viel voraus und hilft gerade denen nicht, denen die Basis fehlt. Sie wirkt wie ein Container, in den alles reingekippt wurde, was die Behörden in den vergangenen Jahren für wichtig hielten."

Sicherlich ist es leicht, solch eine Seite zu einem komplexen, vielschichtigen und sich wandelnden Thema, das sich „an alle" richtet, zu kritisieren. Allerdings ist die Pandemie das beherrschende Thema der vergangenen Jahre, da darf man höchste Maßstäbe an die Kommunikation ansetzen.

Oder ist der Anspruch solch einer zentralen Seite mit aktuellen und verlässlichen Informationen möglicherweise gar nicht einzulösen? Wer sonst könnte das leisten, auf Grundlage welcher „verlässlichen" Informationen (die sich immer wieder ändern), die verschiedene Ziele und Zielgruppen betreffen? Auch das sind Fragen an die Wissenschaftskommunikation.

Nachdem der Umgang mit der Pandemie durch staatliche Organe in einer – teilweise selbst beförderten – Atmosphäre der Unsicherheit und Angst schlaglichtartig beleuchtet wurde, sollen in den folgenden Abschnitten konkrete Herausforderungen und Beispiele (Leopoldina, Deutscher Ethikrat) der wissenschaftsbasierten Politikberatung dargestellt werden. Dabei lassen sich sehr verschiedene Formen der Politikberatung erkennen: Solche, die Maßnahmen und deren Abwägung reflektierten, und solche, die bestimmte Maßnahmen forderten und unterstützten.

Literatur

Bundesinnenministerium (2020) Wie wir COVID-19 unter Kontrolle bekommen (Strategiepapier VS, nur für den Dienstgebrauch). https://fragdenstaat.de/dokumente/4123-wie-wir-covid-19-unter-kontrolle-bekommen/.

Deutscher Ethikrat (2022) Vulnerabilität und Resilienz in der Krise – Stellungnahme. Berlin.

El Ouassil A (2022) Was passiert gerade genau in der Krise – und warum? Der Spiegel, https://www.spiegel.de/kultur/kolumne-zur-corona-kommunikation-und-genesenenstatus-a-a684de5d-7b59-4d73-85cb-05886ea85e75.

Faas T, Krewel M (2022) Interaktionen von Politik und Wissenschaft in der Mediengesellschaft. In: Rudolf Augstein Stiftung (Hrsg) Follow the Science – aber wohin? Ch. Links Verlag, Berlin, S: 159–171.

Pürner F (2021) Diagnose Panikdemie. Langen Müller, München.

Schaeffer D et al (2021) Gesundheitskompetenz der Bevölkerung in Deutschland vor und während der Corona Pandemie. Universität Bielefeld, https://pub.uni-bielefeld.de/download/2950305/2950403/HLS-GER%202_Ergebnisbericht.pdf.

Schöps C (2022) Ein kommunikatives Desaster. ZEIT online, 16. Februar, https://www.zeit.de/gesundheit/2022-02/gesundheitskommunikation-corona-krise-regierung-lockdown-regeln.

Weitze MD, Heckl WM (2016) Wissenschaftskommunikation. Springer, Heidelberg.

19

Herausforderungen der wissenschaftsbasierten Politikberatung

> Politikberatung hat es schon lange vor der Corona-Krise gegeben – ebenso Reflexionen dazu und Leitlinien. Diese wurden jedoch, wie in anderen Bereichen der Wissenschaftskommunikation, wenig beachtet.
> Welche Arten, Grundprinzipien und Herausforderungen der Politikberatung sind bekannt?

19.1 Keine neuen Herausforderungen

Politikberatung vermittelt zwischen wissenschaftlichem Wissen und Möglichkeiten sowie Interessen und Werten. Die Herausforderungen und Wechselbeziehungen der Politikberatung sind keineswegs neu (vgl. Weitze und Heckl 2016, Kap. 20): Ob Biosicherheit, Energiesysteme oder Klimawandel – wenn moderne Demokratien wissenschaftliches Wissen für sich nutzen wollen, ist wissenschaftsbasierte Politikberatung gefragt. Allerdings ist wissenschaftliches Wissen keinesfalls die einzige Grundlage politischer Entscheidungen. Andere Wissensbestände, Interessen und Werte (siehe Abschn. 3.2) fließen mit ein, sodass die Entscheidungen, die Politik trifft, sich keinesfalls allein aus der Wissenschaft ergeben können (siehe Bogner 2021 und Strohschneider 2020).

Die unterschiedlichen Logiken von Politik und Wissenschaft bringen verschiedene Herausforderungen. Wenn in der Wissenschaft der Erkenntnisgewinn und das Streben nach Wahrheit im Zentrum steht, so sucht man in der Politik nach Entscheidungen (auch unter strategischen Gesichtspunkten, die u. a. dem Machterhalt dienen). Politik und Wissenschaft basieren nicht nur auf unterschiedlichen Motivationen, sondern operieren zudem auf unterschiedlichen Zeitskalen: Wissenschaftlicher Erkenntnisgewinn erfordert lange Zeiträume, Politik muss dagegen in rascher Abfolge und in knappen Zeitfenstern Entscheidungen treffen. Beide Gruppen haben also unterschiedliche Erwartungen, legen unterschiedliche Kriterien der Relevanz an und verfolgen verschiedene Ziele.

Der Politikwissenschaftler Roger Pielke (2007, S. 15–18) unterscheidet 4 idealtypische Rollen, die Wissenschaftler im politischen Kontext einnehmen können:

- Der „reine" Wissenschaftler („pure scientist") ist der Wissenschaftler im „Elfenbeinturm", der strikt abgeschirmt von Politik und Öffentlichkeit arbeitet und diesen gegenüber nicht rechenschaftspflichtig ist.
- Auch der „Wissenschaftsschiedsrichter" („science arbiter") trennt zwischen Wissenschaft und Politik, reduziert jedoch politisch relevante Fragen auf ihren wissenschaftlich-technischen Kern. In den meisten Fällen ist dies jedoch unzulässig, weil andere

Wissensbestände, Interessen und Werte nicht berücksichtigt werden.
- Der „Anwalt in einer bestimmten Angelegenheit" (Advokat) hat an ausgewählten Themen ein besonderes Interesse und wird zum Verbündeten von politischen Gruppen.
- Der „ehrlicher Makler" („honest broker") versucht – ähnlich wie der Advokat – Wissenschaft mit Politik zu verbinden, wird dabei aber nicht parteiisch; er versucht nicht, mittels wissenschaftlicher Expertise partikulare Interessen durchzusetzen – bleibt also „ehrlich".

19.2 Eine Person, mehrere Rollen

Im Spannungsfeld von Wissenschaft und Politik ergibt sich immer wieder das Rollenproblem, wie der Wissenschaftsrat bemerkt (2021, S. 21):

> „Wenn Wissenschaftlerinnen und Wissenschaftler sich nicht als Sachverständige für ihr Fachgebiet äußern, sondern eine (wissenschafts-)politische Agenda vertreten oder als Staatsbürger zu gesellschaftlichen Fragen öffentlich Stellung nehmen, sollten sie auch diese Perspektive klar kommunizieren."

Denn es kann (ebd., S. 39)

> „für die Öffentlichkeit unklar sein, inwieweit sich kommunizierende Wissenschaftlerinnen und Wissenschaftler als Experten für ein Forschungsgebiet, als Vertreter einer Disziplin oder einer wissenschaftlichen Einrichtung oder als politisch engagierte Bürger zu Wort melden."

Die Bedeutung der Transparenz zur Rolle von Wissenschaftler-Bürgern betont auch der Deutsche Ethikrat (2022, S. 213):

„Wissenschaftlerinnen und Wissenschaftler, die sich in politischen Kontexten öffentlich äußern, [müssen] deutlich kenntlich machen, ob sie sich zu einem bestimmten Aspekt als Wissenschaftstreibende oder als Bürgerinnen beziehungsweise Bürger äußern. Äußern sie sich als Letztere, schmälert das zwar nicht die Bedeutsamkeit ihrer Aussage. Gleichwohl kann ihre Äußerung nicht die Autorität wissenschaftlicher Expertise in Anspruch nehmen."

19.3 Wissen für Entscheidungsprozesse

Der Soziologe Peter Weingart hat vor mehreren Jahren das Grundproblem der Politikberatung skizziert (2008, S. 13):

> „Das Hauptproblem der wissenschaftlichen Beratung ist nun, das nach den Relevanzkriterien der Wissenschaft generierte Wissen so auf politische Themen und Probleme zu beziehen, dass Empfehlungen und Entscheidungen formuliert werden können, die zugleich sachlich angemessen und politisch möglich sind."

Es kommt also sowohl auf die „epistemische Robustheit der Beratungsleistung" (Weingart und Lentsch 2008, S. 50) an als auch auf die „politische Robustheit der Beratungsleistung", also die diskursive Passgenauigkeit und die potenzielle Mehrheitsfähigkeit wissenschaftlich gestützter Empfehlungen (vgl. BMBF 2014, S. 5).

Dabei können in der wissenschaftsbasierten Politikberatung Empfehlungen das geeignete Instrument von „Advokaten" sein. Das Aufzeigen verschiedener Handlungsoptionen und zu erwartender Folgen entspricht eher dem Ansatz des „ehrlichen Maklers".

Das Verhältnis von Wissenschaft und Politik beleuchten und gestalten etwa die Leitlinien Politikberatung der

Berlin-Brandenburgischen Akademie der Wissenschaften, in denen es heißt (Weingart 2008, S. 14 f.):

- Aufgrund der inhärenten Ambivalenz der Organisationsmerkmale kann es keine ein für alle Mal stabile und verallgemeinerbare Organisation der Politikberatung geben. Es ist jedoch durchaus möglich, einige Grundprinzipien zu nennen und die von ihnen ableitbaren organisatorischen Elemente in ein möglichst optimales Verhältnis zueinander zu bringen. Diese Prinzipien sind: Distanz, Pluralität, Transparenz und Öffentlichkeit:
- Distanz gewährleistet die Unabhängigkeit der Beratung. Distanz ist kein absoluter Begriff, sondern ein relationaler. Sie bedeutet in diesem Kontext die wechselseitige Unabhängigkeit von Politik und Wissenschaft, sodass es nicht zu einer Vermischung von partikularen Interessen und wissenschaftlichen Urteilen kommt. Wird die Unabhängigkeit der Beratung nicht gewahrt, verliert sie sowohl ihre Glaubwürdigkeit als auch ihre Autorität und damit ihre Legitimationskraft.
- Pluralität bezieht sich auf die Formen der Beratung, die unterschiedlichen Disziplinen und die Berater. Unterschiedliche Formen der Beratung dienen verschiedenen Funktionen und können unterschiedlich gestaltet werden, um ihnen am besten gerecht zu werden. Unterschiedliche Disziplinen und eine Pluralität von Beratern müssen themengerecht im Beratungsprozess vertreten sein. Dies gewährleistet die Vielfalt von Perspektiven, wissenschaftlichen Theorien und Methoden. Eine Einengung der einen oder anderen gefährdet die sachliche Angemessenheit und das Vertrauen in das Wissen, und sie verleiht unter Umständen sachlich nicht gebotene Vorteile.

- Transparenz der Beratung und der Entscheidungsprozesse sichert die Nachvollziehbarkeit von Entscheidungen und das Vertrauen in die Entscheidungsprozesse sowie die Argumente, die sie informieren.
- Öffentlichkeit sichert den gleichberechtigten Zugang zu allen relevanten Informationen und ist gleichermaßen eine Voraussetzung des Vertrauens. Sie bezieht sich sowohl auf die Gremien und deren Beratungsprozesse als auch auf die Ergebnisse.

Ziel der Politikberatung kann es mithin nicht sein, Entscheidungen vorzugeben, sondern Wissen für Entscheidungsprozesse bereitzustellen – und dabei die Ebenen von Optionen, Rat und Entscheidung klar zu unterscheiden.

Zu ähnlichen Ergebnissen kommt auch eine aktuelle Analyse zur Politikberatung auf Ebene europäischer Akademien (https://sapea.info/topic/making-sense-of-science/). In der Zusammenfassung werden u. a. folgende Aspekte betont (SAPEA 2019):

- Die Basis wissenschaftlicher Politikberatung muss den Kriterien guter wissenschaftlicher Praxis entsprechen: „The focus of science advice must be on a critical review of the available evidence and its implications for policymaking" (ebd., S. 8).
- Neben wissenschaftlicher Evidenz spielen Interessen und Werte weiterer Stakeholder und der Öffentlichkeit eine Rolle: „The selection and interpretation of evidence must be guided by the articulation of different social values and legitimate interests, involving not only advisors and decision-makers, but also additional stakeholders and civil society" (S. 9).

- Zudem muss sich die Wissenschaft darüber klar sein, dass sie nicht der einzige Wissenslieferant ist: „Science advisors should see their role as important, and also as a unique source of robust and reliable knowledge, but not as the exclusive providers of knowledge" (S. 9).
- Gerade bei Themen, die mit Komplexität und Unsicherheit behaftet sind, muss die Pluralität der Wissenschaft dargestellt werden, ebenso die Unsicherheiten und Ambiguität der Ergebnisse: „For complex problems and issues, it is essential that the complete range of scientific opinions is represented and that all uncertainties and ambiguities are fully disclosed" (S. 10).
- Statt eine Objektivität des Wissens zu behaupten, sollten Wissenschaft und Politik transparent machen, an welchen Stellen der Politikberatung Wissensbestände ausgewählt (!) und interpretiert wurde: „Rather than highlighting the role of the ‚objective' knowledge provider, the science-policy nexus is better served when both sides are transparent about what values and goals they apply and how knowledge claims are selected, processed and interpreted" (S. 10).
- Politikberatung findet nicht hinter verschlossenen Türen statt, sondern braucht Transparenz: „Science advice is not limited to policymakers but includes science communication to the wider society" (S. 11).

Wie nun ist Politikberatung während der Corona-Krise gestaltet und aufgenommen worden? Das wird in den Folgekapiteln anhand konkreter Beispiele erörtert.

Literatur

BBAW – Berlin-Brandenburgische Akademie der Wissenschaften (Hrsg) (2008) Leitlinien Politikberatung. Berlin.

BMBF – Bundesministerium für Bildung und Forschung (Hrsg) (2014) Möglichkeiten und Grenzen politikberatender Tätigkeiten im internationalen Vergleich. Berlin.

Bogner A (2021) Die Epistemisierung des Politischen. Reclam, Ditzingen.

Deutscher Ethikrat (2022) Vulnerabilität und Resilienz in der Krise – Stellungnahme. Berlin.

Pielke, RA Jr. (2007) The Honest Broker. Making Sense of Science in Policy and Politics. New York: Cambridge University Press.

SAPEA (2019) Making Sense of Science for Policy Under Conditions of Complexity and Uncertainty (Evidence Review Report, Executive Summary). https://www.sapea.info/wp-content/uploads/masos-executive-summary-screen-version.pdf.

Strohschneider P (2020) Zumutungen. Kursbuch edition, Hamburg.

Weingart P (2008) Zur Aktualität von Leitlinien für „gute Praxis" wissenschaftlicher Politikberatung. In: BBAW (Hrsg) Leitlinien Politikberatung. Berlin, S. 11–18.

Weingart P, Lentsch J (2008) Wissen – Beraten – Entscheiden. Form und Funktion wissenschaftlicher Politikberatung in Deutschland. Velbrück, Weilerswist.

Weitze MD, Heckl WM (2016) Wissenschaftskommunikation. Springer, Heidelberg.

Wissenschaftsrat (2021) Wissenschaftskommunikation – Positionspapier. Kiel.

20

Empfehlungen des Deutschen Ethikrats

Der Deutsche Ethikrat ist ein 2007 gebildeter unabhängiger Sachverständigenrat, der sich wie folgt selbst beschreibt (https://www.ethikrat.org/der-ethikrat/): „Zu seinen Aufgaben gehören insbesondere die Information der Öffentlichkeit und die Förderung der Diskussion in der Gesellschaft, die Erarbeitung von Stellungnahmen sowie von Empfehlungen für politisches und gesetzgeberisches Handeln für die Bundesregierung und den Deutschen Bundestag ... Der Deutsche Ethikrat legt die Themen für seine inhaltliche Arbeit selbst fest, er kann aber auch von der Bundesregierung oder dem Deutschen Bundestag beauftragt werden, ein bestimmtes Thema zu bearbeiten."

Was hat der Rat in der Corona-Krise empfohlen, welche Art der Politikberatung hat er betrieben?

20.1 Ethische Konflikte um mögliche Nebenfolgen von Maßnahmen

Der Deutsche Ethikrat stellte sehr früh (in dem Papier „Solidarität und Verantwortung in der Corona-Krise" vom 27. März 2020) die Notwendigkeiten und Herausforderungen der Politikberatung in der Corona-Krise dar. Nebenfolgen der Maßnahmen und daraus erwachsene Konflikte wurden klar benannt (Deutscher Ethikrat 2020, S. 2):

> „die aktuellen rigorosen, massiv und flächendeckend freiheitsbeschränkenden staatlichen Maßnahmen … sollen dazu dienen, den exponentiellen Anstieg der Zahl infizierter und erkrankter Personen zu verhindern. … Allerdings haben die bereits ergriffenen Maßnahmen schon jetzt unvermeidliche Nebenfolgen für die wirtschaftliche und psychosoziale Lage, und bei besonders vulnerablen Personengruppen auch für deren gesundheitliche Situation.
> Der ethische Kernkonflikt besteht in Folgendem: Ein dauerhaft hochwertiges, leistungsfähiges Gesundheitssystem muss gesichert und zugleich müssen schwerwiegende Nebenfolgen für Bevölkerung und Gesellschaft durch die Maßnahmen abgewendet oder gemildert werden."

Im Sinne des „ehrlichen Maklers" (Roger Pielke, siehe Abschn. 19.1) werden Alternativen abgewogen (ebd., S. 2):

> „Einerseits ist nach heutigem Wissensstand bei vielen (vor allem Jüngeren) nur ein relativ milder Krankheitsverlauf zu erwarten; Kinder scheinen sogar kaum gefährdet. Andererseits besteht für bestimmte Risikogruppen (z. B. ältere Personen, Menschen mit Begleiterkrankungen bzw. chronisch Kranke) ein deutlich erhöhtes Mortalitätsrisiko."

Zwar „erscheint eine Strategie des ‚Laufenlassens' [um dann so etwas wie ‚Herdenimmunität' zu erreichen] unverantwortlich", aber (ebd., S. 2):

> „Anders zu beurteilen ist möglicherweise ein Vorgehen, das eine solche Strategie mit einem weitreichenden abschirmenden Schutz vulnerabler Gruppen verbindet."

Und es wird klar gemacht, welche Rolle Wissenschaft bzw. Politik hier spielen können (ebd., S. 2 f.):

> „Insgesamt geht es in dieser Ad-hoc-Empfehlung darum, Politik und Gesellschaft dafür zu sensibilisieren, die dargelegten Konfliktszenarien auch als normative Probleme zu verstehen. Deshalb können und dürfen die anstehenden Entscheidungen nicht allein auf (natur-)wissenschaftlicher Basis erfolgen. Es wäre nicht nur eine Überforderung der Wissenschaft, wollte man von ihr eindeutige Handlungsanweisungen für das politische System verlangen. Es widerspräche auch dem Grundgedanken demokratischer Legitimation, würden politische Entscheidungen umfassend an die Wissenschaft delegiert. Wissenschaftliche Beratung der Politik ist wichtig, sie kann und darf diese aber nicht ersetzen. Denn wissenschaftliche Erkenntnisse geben keine hinreichende Auskunft über die Art und Weise ihrer Anwendung. Das ist eine gesamtgesellschaftliche Aufgabe, die im rechtlichen Rahmen von der demokratisch verantwortlichen Politik wahrzunehmen ist."

Dieses Ad-hoc-Papier aus dem März 2020 ist „von enormer intellektueller Kraft und auch heute noch lesenswert" (Kubicki 2021, S. 50). „Was hätten wir uns erspart, und was hätten wir gewonnen, wenn die Bundesregierung diese Empfehlungen angenommen und beherzigt hätte?" (S. 51). Missverständnisse zur Rolle von Wissenschaft und Abgrenzungsprobleme, die die kommenden Monate dominierten, hätten vermieden werden können.

Aber leider nahm die Politik diese Beratung kaum an, entwickelte einen anderen Modus der Politikberatung mit Teilen der Wissenschaft (vgl. Kap. 21).

Lag es daran, dass dieses Papier zu dicht war, zu komplex und für flüchtige Leser schwer verständlich auf 6 Seiten die ethischen Konflikte dargelegt hat? Wäre eine Zusammenfassung oder Hervorhebung der entscheidenden Punkte hilfreich gewesen, und hätte das die Wahrnehmung und Wirkung des Papiers verstärkt?

Oder hatten sich Teile der Wissenschaft bereits in Stellung gebracht, um Politik in ihrem Sinne als „Advokaten" zu beraten, die Differenzierung von Wissenschaft und Politik aufzuheben und ein einseitiges Bild von Wissenschaft zu verbreiten?

20.2 Diskussionen zur Impfpflicht im Deutschen Ethikrat

Der Deutsche Ethikrat hat sich während der Corona-Pandemie mehrfach mit dem Thema Impfen und Impfpflicht auseinandergesetzt, und zwar in einer differenzierten Weise. Nachdem sich der Ethikrat zu Beginn der Impfkampagne noch gegen eine gesetzlich verankerte Impfpflicht ausgesprochen hatte (Deutscher Ethikrat 2021a), empfahl er am 11. November 2021 zunächst die rasche und ernsthafte Prüfung einer berufsbezogenen Impfpflicht in Bereichen, in denen besonders vulnerable Personen versorgt werden (Deutscher Ethikrat 2021b). Bereits 6 Wochen später plädierte er – mit 4 Gegenstimmen – für eine Ausweitung der Impfpflicht über die bereits vom Deutschen Bundestag beschlossene bereichsbezogene Impfpflicht hinaus:

In der Stellungnahme „Ethische Orientierung zur Frage einer allgemeinen gesetzlichen Impfpflicht" vom 22.12.2021, die die Bundesregierung und Ministerpräsidenten erbeten hatten, lieferte der Ethikrat einen „Beitrag zur ethischen Urteilsbildung in Bezug auf die allgemeine gesetzliche Impfpflicht" (Deutscher Ethikrat 2021c, S. 3). Dabei betonte er die aktuelle Ungewissheit, den „sich kontinuierlich verändernden Wissensstand" und „konsequente Revisionsoffenheit" (ebd., S. 4) sowie den entsprechend notwendigen Lern- und Anpassungsprozess. Der Ethikrat stellt hierzu nüchtern fest (Deutscher Ethikrat 2021c, S. 2):

„Virusvarianten wie Omikron und erwartbar weitere Varianten des Virus nötigen Sachverständige dazu, ihre Einschätzungen zum künftigen Pandemieverlauf immer wieder aufs Neue zu revidieren. Dies ist innerhalb des Wissenschaftssystems gängige Praxis, führte aber in Politik und Medien teils zu Irritationen und Missverständnissen."

Der Ethikrat macht hier auch das kommunikative und gesellschaftliche Umfeld deutlich (ebd., S. 4):

„Nach wie vor bietet die Impfung den besten Schutz vor schweren Erkrankungen an Covid-19 und stellt ein unverzichtbares Mittel dar, um in eine kontrollierte endemische Situation zu kommen. Dass die … erforderlichen hohen Impfquoten [bis Ende 2021] eindeutig nicht erreicht wurden, lässt sich zum einen auf strukturelle Defizite zurückführen (anfängliche Impfstoffknappheit, teils stockende Impfkampagne, zu wenig niedrigschwelliges und aufsuchendes Impfen, Probleme in der Kommunikation etc.). Zum anderen bestehen offenkundig Pandemiemüdigkeit sowie Grenzen bei der freiwilligen Impfbereitschaft."

Mit Blick auf Defizite in der Impfinfrastruktur wird aber auch deutlich gemacht (ebd., S. 5):

> „Es greift daher zu kurz, wenn man die zu geringe Impfquote allein der mangelnden individuellen Verantwortungsübernahme eines Teils der Bevölkerung zurechnet, der sich bisher einer Impfung entzieht. Solche Schuldzuweisungen sind einseitig, verschärfen die gesellschaftliche Debatte und kaschieren strukturelle Versäumnisse."

Konkrete Argumente für und gegen eine allgemeine gesetzliche Impfpflicht werden ausführlich dargestellt. Es schließt sich – klar getrennt – eine Bewertung an, die in Empfehlungen mündet. Der Ethikrat kommt zu einer mehrheitlichen (jedoch nicht zu einer einstimmigen) Empfehlung zu einer „Ausweitung der gesetzlichen Impfpflicht über die bestehende einrichtungsbezogene Impfpflicht hinaus" (ebd., S. 17). Die Empfehlung wiederum wird von 20 Ratsmitgliedern ausgesprochen, 7 davon plädieren für eine nach dem jeweiligen Risiko differenzierte Impfpflicht (etwa beschränkt auf Ältere und Vorerkrankte), 13 Mitglieder plädieren für eine allgemeine Impfpflicht (für alle über 18 Jahren) (ebd., S. 17 f.).

4 von 24 Mitglieder haben dagegen gestimmt. Es werden hier Argumente klar und transparent dargelegt und anschließend abgewogen. Wenn am Ende ein Dissens der Mitglieder bleibt, ist das ein Zeichen der Komplexität, für die es keine „Lösung" gibt.

Wir haben es hier also mit einem typischen Thema für die Wissenschaftskommunikation zu tun: Eine Kontroverse mit Argumenten dafür und dagegen, die nicht alleine mit Mitteln der Wissenschaft aufzulösen ist, sondern in die Interessen und Werte auch aus anderen Teilen der Gesellschaft einfließen müssen.

Literatur

Deutscher Ethikrat (2020) Solidarität und Verantwortung in der Corona-Krise. Berlin.

Deutscher Ethikrat (2021a) Besondere Regeln für Geimpfte? Berlin

Deutscher Ethikrat (2021b) Zur Impfpflicht gegen Covid-19 für Mitarbeitende in besonderer beruflicher Verantwortung. Berlin

Deutscher Ethikrat (2021c) Ethische Orientierung zur Frage einer allgemeinen gesetzlichen Impfpflicht. Berlin

Kubicki W (2021) Die erdrückte Freiheit. Westend, Frankfurt a. M.

21

Stellungnahmen der Leopoldina

> Die 1652 gegründete Deutsche Akademie der Naturforscher Leopoldina ist mit ihren rund 1600 Mitgliedern aus nahezu allen Wissenschaftsbereichen eine klassische Gelehrtengesellschaft. Als Nationale Akademie der Wissenschaften hat sie als Aufgabe die Beratung von Politik und Öffentlichkeit.
> Was hat die Akademie in der Corona-Krise empfohlen, welche Art der Politikberatung hat sie betrieben?

21.1 Eine abwägende Stellungnahme

Richtet man sich nach den Leitlinien der Politikberatung der Berlin-Brandenburgischen Akademie der Wissenschaften, BBAW (siehe Abschn. 19.2), so geht es für eine wissenschaftsbasierte Politikberatung weniger darum, die neuesten Erkenntnisse aus der Virologie oder Epidemiologie zu vermitteln, als die Implikationen der Krise und denkbare Handlungsoptionen für Wirtschaft, Politik und Gesellschaft auf der Grundlage von Analysen der entsprechenden Wissenschaftsdisziplinen und Akteure zu beleuchten.

Im Bereich wissenschaftsbasierter Politikberatung stellt sich die Leopoldina regelmäßig als „ehrlicher Makler" im Sinne von Roger Pielke (siehe Abschn. 19.1) dar (https://www.leopoldina.org/ueber-uns/ueber-die-leopoldina/praesidium-und-gremien/regeln-fuer-den-umgang-mit-interessenkonflikten/):

> „Auf der Basis gesicherter wissenschaftlicher Evidenz bearbeiten Wissenschaftlerinnen und Wissenschaftler unabhängig und ergebnisoffen gesellschaftlich relevante Fragestellungen, reflektieren deren Bedeutung im weiteren historischen und politischen Kontext und benennen Handlungsoptionen."

In der ersten „Ad-hoc-Stellungnahme" vom 21. März 2020 „Coronavirus-Pandemie in Deutschland: Herausforderungen und Interventionsmöglichkeiten" (Leopoldina 2020a) wird – durchaus im Sinne eines „ehrlichen Maklers" – ein Dreiklang von Maßnahmen beschrieben (S. 1):

> „Eindämmung der Epidemie, Schutz der vulnerablen Bevölkerung sowie einer gezielten Kapazitätserhöhung [gemeint ist: eine gezielte Kapazitätserhöhung] im öffentlichen Gesundheitswesen und im Versorgungssystem,"

wobei differenziert wird (ebd.):

> „Für die Wirksamkeit und Notwendigkeit einiger dieser Maßnahmen gibt es wissenschaftliche Hinweise, andere

werden aufgrund von Hochrechnungen und politischen Überlegungen vorgeschlagen."

Neben den 3 „Gesamtmaßnahmen" empfiehlt die Leopoldina verschiedene gesundheitspolitische Maßnahmen, etwa im Bereich „Diagnostik" (ebd., S. 2):
- zielgerichteter Einsatz der PCR-Diagnostik, Entwicklung von Virus-Schnelltests und serologischer Untersuchungsmethoden für die individuelle Diagnostik
- umfangreiche epidemiologische Datenerhebungen als Grundlage für effiziente, gezielte und breit akzeptierte Maßnahmen

21.2 Ein Sammelsurium von Vorschlägen und Forderungen

Die folgenden Ad-Hoc-Stellungnahmen der Leopoldina verabschieden sich jedoch von einer Trennung „wissenschaftlicher Hinweise" und „politischer Überlegungen", die noch in der ersten Stellungnahme betont wurde. Das wird deutlich, wenn die Leopoldina am Ende des ersten Pandemiejahres auf ihrer Homepage hervorhebt (https://www.leopoldina.org/publikationen/detailansicht/publication/leopoldina-stellungnahmen-zur-coronaviruspandemie-2020/): Die Stellungnahmen

> „enthalten Empfehlungen, die dem obersten Prinzip folgen, dass der Gesundheitsschutz das nicht verhandelbare Ziel aller Maßnahmen gegen die Pandemie ist."

Hier ist also Gesundheitsschutz absolut gesetzt, die Leopoldina wird zum Advokaten und damit zum Verbündeten einer bestimmten politischen Gruppe.

Die 3. Ad-hoc-Stellungnahme der Leopoldina „Coronavirus-Pandemie – Die Krise nachhaltig überwinden" erschien am 13. April 2020. Die Stellungnahme (Leopoldina 2020b) behandelt die psychologischen, sozialen, rechtlichen, pädagogischen und wirtschaftlichen Aspekte der Pandemie und beschreibt Strategien, die zu einer schrittweisen Rückkehr in die gesellschaftliche Normalität beitragen können.

Hier wird die Problematik kurzfristiger Politikberatung sichtbar: In der Kürze der Zeit können die Wissenschaftler gar nicht mehr liefern als eine „qualifizierte Meinungsäußerung", wie der *Spiegel* (in seiner Online-Ausgabe am 14. April 2020) bemerkt. *FAZ*-Herausgeber Jürgen Kaube im *FAZ*-Feuilleton (14. April 2020) stellt fest:

> „Tatsächlich versammelt ihr Text fast nur Allgemeinplätze, Wertebeschwörungen und wohlfeile Forderungen, die von Theologen, Werkstofftechnikern, Katalyseforschern und Sozialhistorikern unterschrieben worden sind"

und verdeutlicht damit auch die Notwendigkeit, dass eine komplexe Thematik multidisziplinär behandelt werden müsste und dazu eine geeignete Gruppe von Fachleuten erforderlich ist. Die Pluralität der Autorengruppe ist hier nur vordergründig, im Sinne einer bunten (jedoch weder nachvollziehbaren noch sachdienlichen) Auswahl der Beteiligten.

Auch die 7. Ad-hoc-Stellungnahme „Coronavirus-Pandemie: Die Feiertage und den Jahreswechsel für einen harten Lockdown nutzen" (8. Dezember 2020, Leopoldina 2020c) bot zahlreiche Angriffsflächen und stellte für zahlreiche Kritiker ein Desaster der Politikberatung dar. So schreibt die *Welt* (https://www.welt.de/kultur/plus222264910/Angela-Merkel-und-das-Leopoldina-Desaster.html):

„Sie ist ein Sammelsurium von sorgenvollen Aussagen über die aktuelle Situation, kombiniert mit einigen drastischen Vorschlägen, die ihre Autorität daraus ziehen sollen, dass die Autoren nun einmal in leitenden Funktionen im Forschungsbetrieb tätig sind."

Eine Pluralität im Sinne der BBAW-Leitlinien (also eine relevante Vielfalt der beteiligten Disziplinen, vgl. Abschn. 19.2) ist auch hier nicht erkennbar. Eine Transparenz, wie die Ergebnisse zustande kamen, ist nicht gegeben.

So werden in einer Grafik mit der Überschrift „Der Grad der Kontaktreduktion in Deutschland reicht nicht aus" (Leopoldina 2020c, S. 2) Daten aus Deutschland mit denen aus Belgien und Irland verglichen. Dabei bleibt unklar, wieso gerade diese Länder zum Vergleich herangezogen werden, und es drängt sich der Eindruck auf, dass hier Wissenschaftlichkeit nur vorgespiegelt wird mit irgendwelchen Vergleichen.

In der Klassifizierung von Roger Pielke (siehe Abschn. 19.1) hatte die Leopoldina längst die Position des „ehrlichen Maklers" verlassen, machte sich mit der Politik gemein und trat unverblümt als Advokat einer Sache auf. Kurioserweise wird die wissenschaftliche Basis dabei dünner und dünner.

Widerspricht das Zustandekommen dieses Papiers bereits den etablierten Leitlinien, so ist die Kommunikation der Autoren des Papiers ebenso problematisch: Der „Rat" in diesem Leopoldina-Papier sollte laut Christian Drosten (https://www.ndr.de/nachrichten/info/68-Coronavirus-Update-Harter-Lockdown-jetzt,podcastcoronavirus272.html) als „deutliche und letzte Warnung der Wissenschaft" verstanden werden. Und (ebd.):

„Wenn die Politik sich anders entscheidet, dann hat sie sich auch nicht mehr für die Wissenschaft entschieden."

Solche Drohkulissen und Aufrufe zu Gesinnungsbekenntnissen sollten weder in der Wissenschaft noch in der Politik etwas zu suchen haben. Wissenschaftler, die so reden, beanspruchen im Sinne von Roger Pielke die Rolle eines Schiedsrichters – was im Falle der Corona-Krise (mit großen Unsicherheiten auch in der Wissenschaft und einer Vielfalt wechselnder Wissensbestände) gerade nicht angemessen ist. Und wenn als Basis ein derartig schwaches Papier dient, ist das besonders problematisch. Zudem tritt aus diesen Worten Drostens „nicht nur der Anspruch zutage, selbst über die politische Richtung bestimmen zu können, sondern auch der heimliche Glaube an die eigene Unfehlbarkeit" (Kubicki 2021, S. 54).

21.3 Politischer Aktivismus

Diese 7. Leopoldina-Stellungnahme (Leopoldina 2020c) und die damit verknüpfte Rhetorik der Beteiligten ist ein „besonders dreister politischer Aktivismus unter dem Deckmantel angeblicher Expertise", wie Christoph Lütge und Michael Esfeld feststellen (2021, S. 50):

> „Gerade als der Versuch der Bundesregierung, einen zweiten harten Lockdown durchzusetzen, auf Widerstand stieß, lieferte die Leopoldina einen ‚wissenschaftlichen Beweis' für den Lockdown, um den politischen Widerstand durch die Vorspiegelung vermeintlich wissenschaftlicher Expertise zu brechen."

Lütge und Esfeld machen das an den folgenden Punkten fest (vgl. S. 53 f.): Wenn das Papier beansprucht, für „die" Wissenschaft zu sprechen, blendet es die Kontroversen über den Umgang mit der Pandemie, die es durchaus innerhalb der Wissenschaft gibt, aus. Insbesondere werden negative Folgen eines Lockdowns verschwiegen, und es bleibt unerwähnt, dass die Wirkung eines kurzen, harten Lockdowns grundsätzlich begrenzt ist. In für ein Wissenschaftspapier unzulässiger Weise setzt die Leopoldina den Gesundheitsschutz absolut. Schließlich verletzt die Wissenschaftsakademie das Neutralitätsgebot: So (Lütge und Esfeld 2021, S. 54 f.)

> „kann es nicht Aufgabe einer Akademie der Wissenschaften sein, ihre Autorität und ihren Ruf dafür einzusetzen, um einer politischen Partei in [einer] Kontroverse – hier dem Standpunkt der Bundesregierung und insbesondere der Bundeskanzlerin – zum Sieg zu verhelfen."

Der Historiker Caspar Hirschi bemerkt zur 7. Ad-hoc-Stellungnahme der Leopoldina, dass dort „Maßnahmen […] nicht vorgeschlagen [werden], sondern ultimativ gefordert" werden (Hirschi 2021):

> „Die Grenze zwischen wissenschaftlicher Expertise und politischem Aktivismus, die zuvor eine Rollentrennung zwischen wissenschaftlichen Politikberatern und öffentlichen Intellektuellen erforderte, löst sich auf."

Hinzu kommen Vermengungen von Rollen (siehe Abschn. 19.2), auf die Hirschi aufmerksam macht (ebd.):

> „Wer als Experte Politik berät, kann nicht gleichzeitig als Aktivist auf Twitter auftreten, als Kritiker in den Medien Stellung beziehen oder als Intellektueller öffentliche Manifeste unterschreiben."

Insbesondere erscheint die Rolle des Mitunterzeichners Lothar Wieler mehrdeutig: Als Präsident des Robert-Koch-Instituts ist er der „offizielle Pandemieberater des Bundesgesundheitsministers" und er lieh, so mutmaßt

Hirschi, „seinen Namen als prominentester Regierungsberater einer von der Leopoldina umgesetzten Regierungskampagne" (Hirschi 2021).

Der Präsident der Leopoldina, Gerald Haug, hatte in einer Replik auf Hirschi in der *FAZ* (13. März 2021) empört reagiert. Er schieb von „Verunglimpfung", „einer herabsetzenden Unterstellung" und einer „Räuberpistole mit verschwörungstheoretischen Anklängen". Statt auf Hirschis Punkt einzugehen, dass ultimative Forderungen keine angemessene Form der Politikberatung sind, wiederholte er jedoch einzig das Mantra (Haug 2021):

> „Die Kernaussage der Stellungnahme, dass ein ‚harter Lockdown' zum Zeitpunkt ihrer Veröffentlichung eine normativ gebotene Handlungsoption sei, beruhte ausschließlich auf den Einsichten von 34 Wissenschaftlerinnen und Wissenschaftlern."

Dass ein als alternativlos dargestellter Konsens einiger Experten eine verfehlte Art der Politikberatung ist, scheint der Leopoldina-Präsident gar nicht bemerkt zu haben.

Tatsächlich richtet sich die Leopoldina ein in der Rolle des Advokaten, mit scheinbar „alternativlosen" Einlassungen: Ein knappes Jahr nach der 7. Stellungnahme bringt die Leopoldina am 27. November 2021 ihre 10. Ad-hoc-Stellungnahme zur Corona-Virus-Pandemie heraus mit dem unmissverständlichen Titel „Coronavirus-Pandemie: Klare und konsequente Maßnahmen – sofort!" (Leopoldina 2021). Angesichts der schon im Titel enthaltenen politischen Forderung erscheint der Text der begleitenden Pressemitteilung der Leopoldina (https://www.leopoldina.org/presse-1/pressemitteilungen/pressemitteilung/press/2855/) besonders dreist:

„Als Nationale Akademie der Wissenschaften leistet die Leopoldina unabhängige wissenschaftsbasierte Politikberatung zu gesellschaftlich relevanten Fragen. … Entscheidungen zu treffen und dabei die Interessen der zahlreichen anderen Stakeholder zu berücksichtigen, ist Aufgabe der demokratisch legitimierten Politik."

Unter dem Titel „Das fragwürdige Lockdown-Papier der Leopoldina" erkennt der Journalist Jörg Phil Friedrich in der *Welt* (29.11.2021), dass die Akademie hier ein weiteres Mal und ohne erkennbare wissenschaftliche Basis Maßnahmen fordert, „deren nachhaltige Wirksamkeit in den nun fast 2 Jahren seit Ausbruch der Pandemie nicht klar nachgewiesen werden konnten".

Die hier genannten kritischen Äußerungen von Journalisten und Wissenschaftlern in der *FAZ* und der *Welt* sollen jedoch nicht darüber hinwegtäuschen, dass in vielen Medien diese „Empfehlungen" der Leopoldina unkritisch wiedergegeben wurden. Wohl weil es sich dabei um Papiere der Nationalakademie und damit „der" Wissenschaft handelte, geschah das oftmals zustimmend.

Dabei hätte auch zu solchen Papieren ein breiter Protest von Hütern der Qualität der Wissenschaftskommunikation erwartet werden dürfen, so wie es in den Fällen Streeck (siehe Abschn. 8.2) und Wiesendanger geschehen war (siehe Abschn. 14.2). Hier hatte man kritisiert, dass keine adäquate wissenschaftliche Basis vorhanden sei. Diese fehlt im Fall der Leopoldina-Papiere offensichtlich, und so hätte die Nationalakademie gar keine Wissenschaftskommunikation (etwa in Form von Pressemitteilungen) zu ihren Corona-Stellungnahmen betreiben dürfen.

21.4 Herrschaft der Experten?

Auch im Umfeld der Leopoldina-Stellungnahmen zeigt sich, wie dünnhäutig Wissenschaft und Wissenschaftler auf Kritik von außen reagieren. Ein Beispiel: Unter der Überschrift „Experten-Trio für harte Maßnahmen. Die Lockdown-Macher" (https://www.bild.de/politik/inland/politik-inland/experten-trio-die-lockdown-macher-78437086.bild.html, 4.12.2021) beschrieb die *Bild*-Zeitung, wie „Knallhart-Maßnahmen" zu einem „neuen Winter-Lockdown … von Experten ausgetüftelt" wurden. Gemeint waren Modellierungen zur Frage, „welche Maßnahmen … die vierte Welle brechen könnten".

Die *Bild*-Zeitung schreibt weiter (ebd.):

> „In der Runde dabei unter anderem: die Physiker Michael Meyer-Hermann (54), Viola Priesemann (39), Dirk Brockmann (52) sowie Karl Lauterbach (58). Der SPD-Politiker erläuterte bei ‚Maybrit Illner': ‚Wir haben überlegt, welche Maßnahmen würden jetzt bremsen, ohne dass wir in einen kompletten Lockdown gehen müssen.' Mit Physik-Modellen berechnete die Runde, welche Maßnahmen die Infektionen drücken, die vierte Welle brechen könnten: massive Kontaktbeschränkungen, flächendeckend 2G, Clubs und Diskotheken dicht, Maskenpflicht an Schulen."

Grundlagen für die Forderungen nach harten Maßnahmen seitens der Wissenschaft waren also Modellierungen (siehe Abschn. 6.3). Ist das eine solide Grundlage, trotz oder gerade wegen der herrschenden Unsicherheiten? Und sind die Ergebnisse solcher Modellierungen geeignet, der Öffentlichkeit die Notwendigkeit der Maßnahmen zu erklären? Oder ist dieses Vorgehen eher vergleichbar mit einem magischen Blick in die Kristallkugel und daraus gewonnenen Erkenntnissen, die nur Eingeweihte verstehen und deren Konsequenzen ableiten können? Die *Bild*-Zeitung vermutete Letzteres.

„Die" Wissenschaft jedenfalls fühlt sich angegriffen. Die „Allianz der Wissenschaftsorganisationen" – ein Zusammenschluss von Leopoldina, Max-Planck-Gesellschaft und weiteren Wissenschaftsorganisationen – veröffentlichte am 6. Dezember 2021 einen „Aufruf zu mehr Sachlichkeit in Krisensituationen", in dem beklagt wird, dass „hier einzelne Forscherinnen und Forscher zur Schau gestellt und persönlich für dringend erforderliche [!], aber unpopuläre Maßnahmen zur Pandemie-Bekämpfung verantwortlich gemacht werden" (Allianz 2021, S. 1). Im Wissenschaftsmagazin *DUZ* wird Jens Rehländer (Leiter Kommunikation der VolkswagenStiftung) noch deutlicher: Er sieht in dem *Bild*-Bericht einen „Frontalangriff" und „Feldzug" gegen die Wissenschaft, spricht mehrfach von einem „Pamphlet", sieht „Hetze und Propaganda" (Rehländer 2021).

Ist die Aufregung gerechtfertigt? Oder zeigt „die" Wissenschaft (vertreten durch die Allianz der Wissenschaftsorganisationen) hier eher, wie dünnhäutig sie auf Kritik reagiert? Zwar beansprucht Wissenschaft Sachlichkeit für sich – aber hatten nicht gerade die Leopoldina-Experten längst den Boden der Sachlichkeit verlassen mit ihren tendenziösen Stellungnahmen (Abschn. 21.2 und 21.3) und fordern diese nun von der Presse ein? Wurden von der *Bild*-Zeitung hier tatsächlich Wissenschaftler diffamiert und gehindert, ihre Expertise frei einzubringen, wie die Wissenschaftsorganisationen in ihrem „Aufruf" behaupten?

Oder geht es in diesem Aufruf „möglicherweise darum, einen Bereich [zwischen Wissenschaft und Politik] abzustecken, der sakrosankt und damit geschützt gegen Kritik ist, … bei dem auch die Kontrollfunktion der Medien nicht mehr greift?", wie der Journalist Jan Fleischhauer (2021) vermutete:

> „Es geht den Kritikern der ‚Bild'-Berichterstattung nicht darum, die Wissenschaft insgesamt vor Angriffen zu schützen. Es geht darum, die eigenen Leute zu einer Art Überexperten zu erklären. Wer zum Kreis der Mitstreiter zählt, kann sich auf uneingeschränkte Unterstützung der Szene verlassen. Wer nicht dazugehört oder gar als Feind gilt, ist vogelfrei."

Das wäre eine besonders brisante Art von „Advokatentum", die unter dem Deckmantel angeblicher Wissenschaftlichkeit bestimmte Positionen unangreifbar machen will.

Tatsächlich waren die Wissenschaftsorganisationen Hendrik Streeck (vgl. Abschn. 8.1) oder Roland Wiesendanger (Kap. 14) nicht beigesprungen, als diese Wissenschaftler in der Presse kritisiert wurden.

Der Deutsche Presserat (2022) hat Beschwerden über den *Bild*-Artikel schließlich

> „als unbegründet zurückgewiesen. … Die von der Redaktion vorgenommene Bezeichnung der drei Experten als ‚Lockdown-Macher' hat einen Tatsachenkern und verletzt deshalb nicht die journalistische Sorgfaltspflicht … Der Einfluss der genannten Wissenschaftler auf politische Entscheidungen über Corona-Maßnahmen lässt sich belegen. Die Bezeichnung ‚Die Lockdown-Macher' ist daher eine zulässige Zuspitzung, die pointiert und streitbar sein mag, jedoch von der Meinungsfreiheit gedeckt ist."

21.5 Intransparenz und Paternalismus

Diffus bleibt, wie diese Papiere der Leopoldina überhaupt zustande kamen, nach welchen Kriterien die Autorengruppen zusammengesetzt werden und mit welchem Mechanismus die Texte dann das Siegel der Leopoldina im Briefkopf erhalten.

Wenn „die Wissenschaft" spricht, wüsste man schon gerne Näheres über den Absender. Handelt es sich um „die Stimme der Wissenschaft" oder um die Meinungsäußerung einzelner Personen? Gab es einen Konsens oder Mehrheits- und Minderheitsmeinungen (die ebenfalls dargestellt werden müssten – wie etwa im Deutschen Ethikrat geschehen, siehe Abschn. 20.2)?

Der Theologe und frühere Vorsitzende des Deutschen Ethikrats Peter Dabrock fragt, auch vor dem Hintergrund der genannten Leopoldina-Stellungnahmen, für wen (jenseits der Autorengruppe) politikberatende Wissenschaftsorganisationen eigentlich sprechen (Dabrock 2021):

> „Daher müsste eine Wissenschaftsorganisation wie die Leopoldina zumindest ernsthaft transparente und nicht Peer-Review-Verfahren nur simulierende Prozeduren etablieren, [mit denen] sie sich dann in politische Entscheidungsprozesse beratend einbringt."

Akademien sollten

> „sich weniger als Politikakteure inszenieren als vielmehr Diskursraum bereitstellen, in dem auf Grundlage methodischer und fachlicher Standards Wissenschaft betrieben werden kann – mit den jeweils gültigen Erkenntnissen, mit diskursiver Strittigkeit und der daraus dennoch ableitbaren Orientierung."

Für die Corona-Stellungnahmen der Leopoldina wäre die Formulierung von Handlungsoptionen und möglichen Konsequenzen im Sinne eines „ehrlichen Maklers" (also auf der Basis transparenter wissenschaftlicher Überlegungen) angemessen gewesen. Stattdessen hat die Akademie sich in die Rolle eines Advokaten der Regierungsposition begeben mit Papieren, die auf intransparente Weise zustande gekommen sind.

Literatur

Allianz der Wissenschaftsorganisationen (2021) Aufruf zu mehr Sachlichkeit in Krisensituationen. 6. Dezember, https://www.allianz-der-wissenschaftsorganisationen.de/wp-content/uploads/2022/06/2021-12-06_BILD.pdf

Dabrock, P (2021) Folgt der Wissenschaft? FAZ, 13. Dezember, S. 6

Fleischhauer J (2021) Der Fall „Bild" und der Aufstand der Corona-Experten: Jetzt geht es an die Pressefreiheit. Focus online, 18. Dezember, https://www.focus.de/politik/deutschland/schwarzer-kanal/die-focus-kolumne-von-jan-fleischhauer-herrschaft-der-experten_id_26124039.html

Haug G (2021) Fiktion schlägt Fakten? FAZ, 13. März

Hirschi C (2021) Wenn Wissenschaft zu Ideologie wird. FAZ 9. März

Lütge C, Esfeld M (2021) Und die Freiheit? riva, München

Kubicki W (2021) Die erdrückte Freiheit. Westend, Frankfurt a. M.

Nationale Akademie der Wissenschaften Leopoldina (2020a) Coronavirus-Pandemie in Deutschland: Herausforderungen und Interventionsmöglichkeiten. Ad-hoc-Stellungnahme zur Coronavirus-Pandemie Halle/S.

Nationale Akademie der Wissenschaften Leopoldina (2020b) Coronavirus-Pandemie – Die Krise nachhaltig überwinden.

3. Ad-hoc-Stellungnahme zur Coronavirus-Pandemie. Halle/S.

Nationale Akademie der Wissenschaften Leopoldina (2020c) Coronavirus-Pandemie: Die Feiertage und den Jahreswechsel für einen harten Lockdown nutzen 7. Ad-hoc-Stellungnahme zur Coronavirus-Pandemie. Halle/S.

Nationale Akademie der Wissenschaften Leopoldina (2021) Coronavirus-Pandemie: Klare und konsequente Maßnahmen – sofort! 10. Ad-hoc-Stellungnahme zur Coronavirus-Pandemie. Halle/S.

Presserat (2022) BILD-Artikel „Die Lockdown-Macher" ist presseethisch zulässig. 24. März, https://www.presserat.de/presse-nachrichten-details/bild-artikel-die-lockdown-macher-ist-presseethisch-zul%C3%A4ssig.html

Rehländer J (2021) Es reicht! DUZ, 6. Dezember https://www.duz.de/beitrag/!/id/1255/es-reicht

22

Zur Bewertung der Maßnahmen: Das Präventionsparadox

> Wie lassen sich rückblickend Nutzen und Schaden einzelner Corona-Maßnahmen messen und bewerten?
> Hier gibt es grundsätzliche Schwierigkeiten, u. a. das sogenannte Präventionsparadox, das hier erläutert wird.

22.1 Bewertung der Wirksamkeit von Maßnahmen

Man kann im Allgemeinen nicht vergleichen, wie sich die Situation mit Maßnahmen und wie sie sich (in einer Kontrollgruppe) ohne Maßnahmen entwickelt – weil es hier keine Kontrollgruppe gibt. Auch Ländervergleiche sind schwierig (siehe Kap. 6).

In Diskussionen um die Wirksamkeit von Maßnahmen stößt man regelmäßig auf das sogenannte

Präventionsparadox: Maßnahmen zur Vorsorge wurden und werden umgesetzt. Wenn es dann gar nicht so schlimm wurde wie prognostiziert, „gewisse Kennzahlen zum Pandemieverlauf … tatsächlich sanken und kritische Fragen zum Nutzen der Interventionen aufkamen, so bemühte man das Präventionsparadoxon", erläutern die Biostatistiker und Biometriker Lars Hemkens und Gerd Antes (2021).

Die Journalistin Korinna Hennig behauptete z. B. im Coronavirus-Update (Hennig und Drosten 2020):

> „Die Maßnahmen haben ja gut gewirkt, so gut, dass Menschen vielleicht aus dem Blick verlieren, dass es wegen der Maßnahmen so gut gekommen ist. Also das, was Präventionsparadox genannt wird."

Wäre die Pandemie ohne die Interventionen also stärker vorangeschritten?

Wenn der Verlauf auch damit vereinbar ist, dass Interventionen (z. B. Maßnahmen gegen Corona) wirken, kann man keinesfalls behaupten, dass die Intervention der Grund für das Nichteintreten eines Schadensereignisses (hier: Infektion oder schwerer Verlauf) sei. Hemkens und Antes (2021) betonen, wie schädlich solch ein Trugschluss und falsche Kausalbegründungen sind:

> „Eine Argumentation mit dem Präventionsparadox zur Nutzenbewertung von Interventionen ignoriert fundamentale Erkenntnisse zur Bestimmung kausaler Zusammenhänge. Sie führt in die Irre, lenkt von entscheidenden Fragen ab – und behindert letztlich einen konstruktiven Dialog, in dem angemessen über Evidenz diskutiert wird und Unsicherheiten mit bewährten Mitteln der Wissenschaftskommunikation vermittelt werden."

Die beiden Wissenschaftler bemühen schließlich einen Vergleich, um deutlich zu machen, in welcher Gesellschaft man sich damit befindet (ebd.):

„Antike Hohepriester haben so den Nutzen angemessener Götzenverehrung zur Vermeidung prognostizierter apokalyptischer Ereignisse ebenso bewertet wie Quacksalber die vermeintlich heilbringenden Effekte ihrer Taten. Traten unheilvolle Ereignisse nicht ein, so waren die ‚präventiven' Maßnahmen erfolgreich – traten sie dennoch ein, so waren die Maßnahmen entweder nicht hinreichend oder es wäre ohne sie noch schlimmer gekommen."

22.2 Freiheitseinschränkungen zum Vorbeugen bzw. zum Verhindern

Eine wichtige Differenzierung, die in dieser Debatte nur selten getroffen wurde und zu ihrer Versachlichung hätte beitragen können, betrifft die Unterscheidung zwischen Prophylaxe (Vorbeugen) und Prävention (Verhindern): Einer Gefahr vorzubeugen ist etwas anderes als eine Gefahr zu verhindern. So kann man mit Bezug auf Gefahren durch den Klimawandel unterscheiden zwischen vorbeugenden Maßnahmen (Anpassung) und verhindernden Maßnahmen (Minderung). Abwägungen von Maßnahmen – bei Klima oder Corona – sind zu begründen und daran anzupassen, was sie bewirken sollen (vgl. Abschn. 17.4).

Beide Arten von Maßnahmen, solche zum Vorbeugen und solche zum Verhindern, zielen darauf ab, dass ein Schadensereignis nicht eintritt, erläutert der Philosoph Oliver Hallich (2021). Verhindernde Maßnahmen unterstellen „eine größere Wahrscheinlichkeit des Schadenseintrittes im Falle des Unterbleibens der Maßnahme", wie folgendes Beispiel zeigt (ebd., S. 60):

> „[E]ine Maskenpflicht gegen die Verbreitung des Corona-Virus wäre Anfang Februar 2020 vorbeugend gewesen, im April war sie verhindernd, denn im Februar wäre die Wahrscheinlichkeit des Schadenseintrittes ohne die Maßnahmen geringer gewesen als im April."

Vorbeugende Maßnahmen können einen kausalen Beitrag zum Nichteintreten des Schadens leisten, müssen es aber nicht (ebd., S. 61):

> „[N]iemand wirft sich vor, sich vor Beginn der Autofahrt angeschnallt zu haben, wenn er unfallfrei ans Ziel kommt."

Verhindernde Maßnahmen dagegen sind solche, deren Ausbleiben zum Schaden geführt hätte – beispielsweise der Bau eines Staudammes, ohne den es zur Überflutung käme.

Ist das philosophische Haarspalterei oder eine wichtige politische Unterscheidung?

In einer liberalen Demokratie sollte „von freiheitseinschränkenden Maßnahmen gefordert werden, dass sie die Rechtfertigungsstandards für einen Schaden verhindernde … Maßnahmen erfüllen" (Hallich 2021, S. 65), also nicht nur der Vorbeugung dienen. Und wenn die Politik Ausgangsverbote oder die Schließung von Kultureinrichtungen als verhindernde Maßnahmen verkündet, dann muss ihre Begründung ausführlicher sein als bei vorbeugenden Maßnahmen (Hallich 2021). So ist bei verhindernden Maßnahmen u. a. ihr kausaler Beitrag zum Nichteintreten des Schadens darzulegen. Falls Maßnahmen im weiteren Verlauf der Pandemie nicht mehr verhindernd, sondern nur mehr vorbeugend verstanden werden (mit Umschreibungen wie „vorsichtig bleiben" und eine „weiterhin bestehende Gefahr"), muss man das transparent machen, offen über die Begründungen (als vorbeugende bzw. verhindernde Maßnahmen) diskutieren und die Maßnahmen entsprechend anpassen (Hallich 2021). Ansonsten kann „unbemerkt eine Verschiebung der Rechtfertigungsbedingungen für grundrechtseinschränkende Maßnahmen stattfinden, die diese Eingriffe erleichtern" (ebd., S. 71).

Literatur

Hallich O (2021) Verhindern oder vorbeugen? Freiheitseinschränkungen in der Corona-Krise. In: Keil G, Jaster R: Nachdenken über Corona. Reclam, Ditzingen, S. 59–72

Hemkens LG, Antes G (2021) Schädlicher Trugschluss. Laborjournal Ausgabe 7–8 (16.7.2021): 14–15, https://www.laborjournal.de/rubric/essays/essays2021/e21_03.php

Hennig K, Drosten C (2020) Das Coronavirus-Update von NDR Info. Folge 45 vom 2. Juni, https://www.ndr.de/nachrichten/info/45-Coronavirus-Update-Abstandsgebot-auch-draussen-ernst-nehmen,podcastcoronavirus218.html.

23

Eine rückblickende Bewertung der Corona-Maßnahmen

Auch über 2 Jahre nach Beginn der Pandemie gab es wenig Klarheit, was die einzelnen Maßnahmen (wie Lockdown, Maskenpflicht, Ausgangssperren) genützt haben, wie sie – auch im Vergleich zu ihren Kosten – im Nachhinein zu beurteilen sind. Die Frage ihrer Rechtmäßigkeit steht in vielen Fällen im Raum.

Ein eigens eingesetzter Sachverständigenausschuss hat mit der „Evaluation der Rechtsgrundlagen und Maßnahmen der Pandemiepolitik" im Sommer 2022 eine Bestandsaufnahme geliefert, dabei auf die unbefriedigende Datenlage hingewiesen – und ist als Überbringer unerwünschter Botschaften selbst zur Zielscheibe medialer Kritik geworden.

23.1 Evaluation der Rechtsgrundlagen der Maßnahmen

Mit besonderem Interesse wurde im Sommer 2022 eine vom Gesundheitsministerium beauftragte externe Evaluation erwartet. Das Papier wurde von unabhängigen Sachverständigen erstellt, und zwar renommierten Wissenschaftlern, die jeweils zur Hälfte von der Bundesregierung und vom Deutschen Bundestag benannt wurden. Die Kommission arbeitete interdisziplinär. Das Ergebnispapier „Evaluation der Rechtsgrundlagen und Maßnahmen der Pandemiepolitik" untersucht für Deutschland, wie erfolgreich einzelne Maßnahmen waren, mit dem Ziel „zukünftig präventiv, rasch und zielgenau auf große Gesundheitsrisiken reagieren zu können" (Sachverständigenausschuss 2022, S. 11).

Die Autoren bemerken als Grundprobleme, dass es keine begleitende Datenerhebung gegeben hat und eine koordinierte Begleitforschung fehlt (ebd., S. 27 f.):

„Während in anderen Ländern Möglichkeiten zur Einschätzung der Wirkung von NPI [non-pharmaceutical interventions] genutzt wurden, ist eine koordinierte Begleitforschung während der Corona-Pandemie in Deutschland weitgehend unterblieben. Insbesondere gibt es kein von einem nationalen Expertenteam entwickeltes, nationales Forschungskonzept zur SARS-CoV-2-Epidemiologie und -Bekämpfung, um die begleitende Forschung im Bereich Epidemiologie und Public-Health zu koordinieren und auf Grundlage besserer Daten und darauf aufbauender Analysen die anstehenden Entscheidungen in der Pandemie zu fällen. … Ebenso wurde bislang auch keine Koordinierung der bereits geplanten oder laufenden Studien zur Lösung der brennendsten Bekämpfungsfragen auf nationaler Ebene angestrengt. …

Jede Aussage zur ursächlichen Wirkung einer Maßnahme, und dies gilt auch für die staatlichen Interventionen zur Bekämpfung der Corona-Pandemie, beruht auf einem Kontrast zwischen dem tatsächlich mit der Maßnahme Erreichtem und derjenigen Situation, die sich bei einem hypothetischen, dem ‚kontrafaktischen‘, Verlauf der Dinge ergeben hätte."

Solche Vergleichsdaten liegen jedoch im Allgemeinen nicht vor (vgl. Abschn. 22.1). Mithin werden sich die „meisten der getroffenen Maßnahmen ... einer klaren Kategorisierung in ‚richtig‘ oder ‚falsch‘" entziehen (ebd., S. 66).

Eine Bewertung der Maßnahmen erscheint im Nachhinein also grundsätzlich schwierig. Die Entscheidungen zu den Maßnahmen wurden angeblich auf wissenschaftlicher Basis getroffen. Umso bemerkenswerter, wenn man nun feststellen muss, dass sie nicht nachvollziehbar sind. Das lässt sie regelrecht willkürlich erscheinen.

Im Folgenden wird die rückblickende Betrachtung der Evaluationskommission mit Bezug auf die Maßnahmen Lockdown, 2G-/3G-Maßnahmen und Maskenpflicht wiedergegeben.

23.2 Zum Lockdown

Die Kommission stellt fest (Sachverständigenausschuss 2022, S. 14):

„Aufgrund der biologischen und physikalischen Plausibilität gibt es keinen Zweifel, dass generell die Reduktion enger physischer Kontakte zur Reduktion von Infektionen führt. Gerade zu Beginn einer Pandemie ist es sinnvoll, die Übertragung in der Bevölkerung soweit es geht zu reduzieren, um das Gesundheitssystem auf die bevorstehende Krankenlast einzustellen und um, wenn möglich, den Ausbruch lokal zu begrenzen. Wenn erst wenige Menschen infiziert sind, wirken Lockdown-Maßnahmen deutlich stärker. Je länger ein Lockdown dauert und je weniger Menschen bereit sind, die Maßnahme mitzutragen, desto geringer ist der Effekt und umso schwerer wiegen die nicht-intendierten Folgen. Die Wirksamkeit eines Lockdowns ist also in der frühen Phase des Containments [Eindämmung der Pandemie durch Unterbrechung der Infektionsketten] am effektivsten, verliert aber den Effekt wiederum schnell."

Bemerkt wird von der Kommission (ebd., S. 67):

„Trotz der eher zögerlichen Bewertung der Wirkungen von Lockdowns durch die WHO auf Grundlage von Pandemien vor SARS-CoV-2 haben die meisten Länder zu dieser Maßnahme gegriffen. Dies lag auch an sehr eindeutigen Ergebnissen eines Computer-Simulationsmodells, das von Neil Ferguson im Frühjahr 2020 auf Grundlage einer nicht qualitätsgeprüften [!] wissenschaftlichen Publikation vorgelegt wurde und große Beachtung fand. Die Modelle sagten enorm hohe Opferzahlen durch die SARS-Cov-2 Pandemie vorher und zeigten deutlich positive Effekte von Veranstaltungsabsagen, Schul- und Geschäftsschließungen."

In Abschn. 6.4 wurden die Ansätze und (durchaus problematische) Folgerungen aus den Modellen bereits dargestellt. An diesem Fall zeigt sich, wie nicht qualitätsgeprüfte Modellierungsergebnisse die Bewertung der WHO zum Lockdown übertönten.

23.3 2G-/3G-Maßnahmen

Zu den 2G-/3G-Maßnahmen schreibt der Sachverständigenausschuss (2022, S. 15):

„Der Effekt von 2G/3G-Maßnahmen [entweder ein Impf- bzw. Genesenennachweis, eine aktuelle Bescheinigung eines negativen Coronatests] ist bei den derzeitigen (und betrachteten) Varianten in den ersten Wochen nach der Boosterimpfung oder der Genesung hoch. Der Schutz vor einer Infektion lässt mit der Zeit jedoch deutlich nach. Außerhalb der Phase des Containments ist das Beurteilen des Effekts von 2G/3G mit Schwierigkeiten und Unsicherheiten verbunden. Ist man aufgrund eines hohen Infektionsgeschehens und einer (drohenden) Überlastung des Gesundheitswesens gezwungen, Zugangsbeschränkungen einzuführen, so ist bei den derzeitigen [Sommer 2022] Varianten und Impfstoffen eine Testung unabhängig vom Impfstatus als Zugangsbedingung zunächst zu empfehlen. In Anbetracht der leichten Übertragbarkeit von SARS-CoV-2 in der derzeitig vorherrschenden Omikron-Variante bei Geimpften sowie der Impf- und Genesungsquote ist allerdings begleitend zu erforschen, wie gut eine Eindämmung über Testung funktionieren kann."

Es wird darüber hinaus festgehalten, dass die „2G/3G-Regeln nicht nur das Ziel [verfolgten], Neuinfektionen durch Minderung von Nahkontakten mit ungeimpften Personen zu vermeiden, sondern [sie] sollten auch für ungeimpfte Personen einen Anreiz zur Impfung geben" (ebd., S. 77).

23.4 Masken und Maskenpflicht

Eine zentrale Corona-Maßnahme war und ist das Tragen von Masken (vgl. Kap. 9), (Sachverständigenausschuss 2022, S. 87):

„Dabei ist zu beachten, dass zu unterschiedlichen Zeitpunkten der Pandemie unterschiedliche Vorgaben zur Verwendung bestimmter Maskentypen bestanden (zum Beispiel medizinische Masken oder partikelfiltrierende Halbmasken [FFP2]) und sich der Wissensstand über die Schutzwirkung der Masken über die Zeit weiterentwickelt hat. ...
Die Schutzwirkung hängt davon ab, ob die Masken korrekt getragen werden, also Mund und Nase bedecken, passgenau sind und dicht anliegen. Ob das korrekte Tragen von Masken durch öffentliche Kampagnen gefördert und damit die Effektivität der Prävention gesteigert werden kann, ist plausibel, aber nicht untersucht ... Bei mangelhafter Abdichtung besteht die Gefahr, dass mehr Aerosolpartikel austreten als bei korrekt getragenen Masken. Es ist davon auszugehen, dass medizinische Gesichts- und partikelfiltrierende Halbmasken nicht nur andere Menschen schützen, sondern auch die Masken tragenden Personen selbst vor Tröpfchen und Aerosolen schützen. Dieser Selbstschutz sollte vor allem bei partikelfiltrierenden Masken bestehen, etwas schwächer sollte die Wirkung bei medizinischen Masken und am schwächsten bei Alltagsmasken sein. Je mehr Personen in der direkten Umgebung der Person ebenfalls Masken tragen, umso höher sollte der Selbstschutz sein."

Formulierungen wie „ist ... nicht untersucht", „ist davon auszugehen" und „sollte" zeigen: Es bestehen noch lauter Unwägbarkeiten selbst bei diesem fundamentalen Thema. Es wird auf „tierexperimentelle Studien" (ebd., S. 87) verwiesen – das ist wohl die Hamsterstudie aus dem Jahr 2020 (siehe Abschn. 9.3). Der Sachverständigenausschuss betont (2022, S. 87):

> „Neben der allgemeinen und im Labor bestätigten Wirksamkeit von Masken ist nicht abschließend geklärt, wie groß der Schutzeffekt von Masken in der täglichen Praxis ist, denn randomisierte, klinische Studien zur Wirksamkeit von Masken fehlen."

Die Evaluationskommission bemerkt noch weitere grundsätzliche Probleme bei der Maskenpflicht. Zunächst zum (kaum kontrollierbaren) korrekten Tragen (ebd., S. 15):

> „Eine schlechtsitzende und nicht enganliegende Maske hat jedoch einen verminderten bis keinen Effekt. Die Effektivität hängt daher vom Träger oder der Trägerin ab. Deshalb sollte zukünftig in der öffentlichen Aufklärung und Risikokommunikation ein starker Schwerpunkt auf das richtige und konsequente Tragen von Masken gelegt werden."

Und außerdem zu den Maskentypen (ebd.):

> „Eine generelle Empfehlung zum Tragen von FFP2-Masken ist aus den bisherigen Daten nicht ableitbar."

Ein weiterer Punkt, der in der mehr als 2-jährigen öffentlichen Diskussion um Corona-Maßnahmen kaum eine Rolle spielte, wird thematisiert (ebd., S. 90 f.):

> „Frühe Daten aus der Pandemie deuten darauf hin, dass rund 70 % der Infektionen im privaten Umfeld stattfinden, aber nicht im Einzelhandel oder an ähnlichen Orten. Im Privaten gab es keine Maskenpflicht, sodass,

auch wenn Masken eine biologische Wirksamkeit haben, nicht beurteilt werden kann, wie stark der Effekt letztendlich war. Zukünftig sollte daher auf die Gefahr der Übertragungen im Privaten, insbesondere bei Isolierung und Quarantäne, hingewiesen werden."

In diesem Evaluationsgutachten werden also einzelne Maßnahme differenziert betrachtet – wenn auch zum großen Teil noch immer auf einer unvollständigen und unsicheren Wissensgrundlage. Hinweise für künftige Handlungsfelder werden benannt.

23.5 Mediale Wirkung des Berichts des Sachverständigenausschusses

Die Journalistin Christina Berndt von der *Süddeutschen Zeitung* hatte am 8. Juni 2022, also 23 Tage vor dessen Veröffentlichung, in der *Süddeutschen Zeitung* geschrieben, dass ein Entwurf des Berichts der Evaluierungskommission „in Fachkreisen bereits kritisiert" wurde (Berndt 2022a). Er sei „handwerklich schlecht gemacht, die Auswahl und Kommentierung der wissenschaftlichen Literatur sei einseitig, negative Folgen der Interventionen würden überbetont; hier solle nur eine vorgefasste negative Meinung zu den Coronamaßnahmen Bestätigung finden", so Christina Berndt in der *SZ*.

Wer auch immer der Journalistin den Entwurf zugespielt hat – der Wissenschaftler Jonas Schmidt-Chanasit bezeichnete diese Darstellung in der *Süddeutschen Zeitung* auf Basis eines unveröffentlichten Entwurfs als absoluten „Tiefpunkt der Wissenschaftskommunikation" (https://twitter.com/ChanasitJonas/status/1534257752217886723) und Hendrik Streeck fragte, inwieweit es in Ordnung ist, „geleakte Arbeitsentwürfe durch anonyme Kritiker kritisieren zu lassen" (https://twitter.com/hendrikstreeck/sta tus/1534254947776311298).

Der Journalist Marcus Anhäuser dagegen springt seiner Kollegin bei, sieht in Christina Berndts Darstellung „ein Beispiel für ureigenstes Handwerk im Wissenschaftsjournalismus". Er erläutert (Anhäuser 2022):

„zur Jobbeschreibung einer Wissenschaftsjournalistin gehört es eben nicht nur, die ‚Wissenschaft' gegen ihre Feinde zu verteidigen und den berühmt-berüchtigten ‚Erklärbar' zu geben. Zum Job gehört auch, die kritische Distanz und Betrachtung eben dieses Systems, das Beobachten und das auf Missstände hinweisen, wenn etwas schief läuft im Namen der Wissenschaft. Eben das, was Journalist*innen machen, wenn sie ihren Job ernst nehmen."

Zur Darstellung anonymer Kritik an einem geleakten Entwurf schreibt Anhäuser (ebd.):

„Es geht um einen Report aus einem von der Politik eingesetzten Gremium, aus dem unmittelbar politische Entscheidungen folgen werden, mit Konsequenzen für uns alle im Herbst und Winter. Wenn dann aber droht, dass ein solch wichtiges Organ wie der Sachverständigenausschuss zur Beurteilung der Coronamaßnahmen keine gute Arbeit abliefern wird, dann ist das ganz sicher relevant genug, dass Medien das frühzeitig thematisieren müssen. Und nicht erst, wenn der Bericht zusammengestellt und veröffentlicht ist."

Hier könnte man fragen, wieso eine Kritik zu spät ist, wenn jeder den dann veröffentlichten Bericht einsehen und sich damit eine eigene Meinung bilden kann. Kann es sein, dass hier vielmehr die Journalistin voreingenommen ist, einen Prozess in ihrem Sinne beeinflussen oder ein

Papier delegitimieren will? Hatte Christina Berndt „kritische Distanz und Betrachtung" auch hinsichtlich der Leopoldina-Stellungnahmen gepflegt?

Christina Berndt wurde u. a. zur „Wissenschafts-Journalistin des Jahres 2021" gekürt. In der Begründung hieß es (https://www.mediummagazin.de/preistraeger/journalisten-des-jahres/2021/christina-berndt-4/):

> „Sie beeindruckt als besonders kundige Stimme in der Corona-Berichterstattung – im eigenen Blatt wie auch in Talkshows, wo sie ihre Standpunkte energisch verteidigt und stets faktenreich kontert. Berndt steht für einen sachlichen, nachdenklichen Journalismus. In der Pandemie ist das besonders wertvoll, weil sie mit ihren Beiträgen hilft, Wissenschaft als einen kontinuierlichen Prozess des Erkenntnisgewinns zu begreifen."

Hier stellen sich, wie bereits bei Mai Thi (Kap. 12) und Christian Drosten (Kap. 11) beschrieben, grundsätzliche Fragen zu dem, was (Wissenschafts-)Journalismus ist und leisten soll, ob Journalismuspreise diesen in eine bestimmte Richtung lenken sollen. Denn „wo sie ihre Standpunkte energisch verteidigt" (siehe Preisbegründung), ist Christina Berndt ja gerade keine Journalistin (mit Distanz), sondern eine Advokatin.

Nach der Veröffentlichung des Berichts der Evaluierungskommission am 1. Juli 2022 schreibt Christina Berndt unter dem Titel „Evaluation der Evaluation" (Berndt 2022b), dass der nun veröffentlichte Bericht „unter Fachleuten immer stärker in die Kritik" gerät, „reihenweise" werde die Kritik geteilt. Als Beleg stellt sie Statements von 3 Forschern vor (ein Virologe, ein Komplexitätsforscher und ein weiterer Modellierer; keiner davon war zuvor durch profilierte Beiträge zur Politikberatung hervorgetreten) und nennt einen Tweet einer

Forscherin. Im Beitrag von Christina Berndt ist die Rede von „sogenannten Quellen" im Evaluationsbericht, zu denen einer der 3 Gewährsmänner „lachen" musste, ein anderer „fast lachen".

Das ist wenig Konkretes, aber viel Geraune im Gewand wissenschaftlicher Kritik. Die Journalistin ist offensichtlich voreingenommen und verwendet ihre „Quellen" in einseitiger und intransparenter Weise, begeht also selbst den Fehler, den sie den Sachverständigen zum Vorwurf macht.

Zur Kritik an ihrem Papier äußern sich wiederum Mitglieder des Sachverständigenausschusses. Sie weisen auf die Spannung zwischen überbordenden Erwartungen an den Bericht und unzulänglichen Daten hin und stellen fest (Allmendinger et al. 2022):

> „die Befassung mit dem Thema auf eine unbestimmte Zeit nach dem Ende der Pandemie zu verschieben, hätte bedeutet, sich der Verantwortung zu entziehen, die die Wissenschaft eben auch hat."

Die Mitglieder mussten feststellen, dass „Kritik von manchen Menschen scheinbar inszeniert wird, offensichtlich ohne wirkliches Interesse am Diskurs" (ebd.). Konkret (ebd.):

> „Wenn eine Journalistin bei einer Pressekonferenz zugeschaltet ist, keine einzige Frage stellt, aber noch vor Ende der Pressekonferenz einen höchst kritischen Kommentar in einer großen Tageszeitung veröffentlicht, dann sind wir an einem Punkt angelangt, an dem das Verhältnis zwischen Wissenschaft und Medien nachhaltig Schaden nimmt. Die eingespielte Mechanik einer offenen Debatte zwischen Wissenschaft und Medien über konkrete Inhalte wird aufgekündigt. Als Quellen werden geleakte, unfertige Textteile und für Leserinnen und Leser intransparente Hintergrundgespräche herangezogen."

Der Sachverständigenausschuss hat eine Bestandsaufnahme zu Rechtsgrundlagen und Maßnahmen der Pandemiepolitik geliefert und dabei auf die unbefriedigende Datenlage hingewiesen. Als Überbringer unerwünschter Botschaften ist er damit selbst zur Zielscheibe medialer Kritik geworden – einer Kritik, die weniger an Pluralität interessiert war als an einer eingefahrenen Sichtweise.

Literatur

Allmendinger J et al (2022) Corona-Sachverständigenrat: So geht es nicht! Die Zeit, 5. Juli, https://www.zeit.de/gesundheit/2022-07/corona-sachverstaendigenrat-gutachten-massnahmen-kritik

Anhäuser M (2022) Coronamaßnahmen: Coronaforscher kritisieren Zeitungsartikel als „absoluten Tiefpunkt" zu Unrecht. 15. Juni, https://www.riffreporter.de/de/wissen/corona-massnahmen-streek-chanasit-journalismus-kritik

Berndt C (2022a) Was hat in der Pandemie wirklich geholfen? Süddeutsche Zeitung, 8. Juni

Berndt C (2022b) Evaluation der Evaluation. Süddeutsche Zeitung, 6. Juli

Sachverständigenausschuss nach § 5 Abs. 9 Infektionsschutzgesetz (2022) Evaluation der Rechtsgrundlagen und Maßnahmen der Pandemiepolitik. Bundesgesundheitsministerium, https://www.bundesgesundheitsministerium.de/fileadmin/Dateien/3_Downloads/S/Sachverstaendigenausschuss/BER_IfSG-BMG.pdf

24

Zwischenbilanz zu Politik und Politikberatung

Wissenschaft bietet bisweilen unsichere, veränderliche und widerstreitende Ergebnisse. Politik und Öffentlichkeit erwarten dagegen sichere, eindeutige Informationen, die leicht zu vermitteln sind.

Kann Politik ihre Entscheidungen überhaupt „wissenschaftlich" begründen? Oder sucht sie sich passende wissenschaftliche Erkenntnisse und Berater? Welche Forderungen sind dann an die Politikberatung der Zukunft zu stellen?

Es zeigt sich, dass die Antworten schon lange bekannt sind.

24.1 Mangelnde Transparenz in Politik und Politikberatung

Bereits in der Wissenschaftskommunikation während der Corona-Krise (siehe Teil I) wurde teilweise versäumt, die Vorläufigkeit wissenschaftlicher Erkenntnisse klarzumachen. Das zeigte sich ebenso in der Kommunikation der Corona-Politik, wie der Sachverständigenausschuss verdeutlicht (2022, S. 52):

„In diesem klassischen Fall einer reinen Top-down-Kommunikation [der Corona-Maßnahmen] fehlte ... alles, was bei parlamentarischer Beratung selbstverständlich gewesen wäre: der öffentliche Austausch von Argumenten, das Vortragen von Begründungen, die Gegenüberstellung kontroverser Positionen sowie die Präsentation von Alternativen. Zu Recht hat man in diesem Punkt einen ‚Diskursausfall' diagnostiziert."

Und es fehlte an einer transparenten Politikberatung (ebd.):

„Seit Beginn der Pandemie wurde eine Vielzahl an Beratungsgremien und Expertenräten eingesetzt. Deren Zusammensetzung und Ergebnisse waren und sind nur teilweise öffentlich zugänglich und daher nicht einfach zu finden. Zudem fehlte eine konsequente Rückmeldung der staatlichen Institutionen darüber, ob und wie die Empfehlungen der Expertinnen und Experten in die politischen Entscheidungen eingeflossen sind."

24.2 Mangelnde Distanz: Wissenschaft und Politik zu dicht beisammen

Wissenschaft und Politik rückten in der Corona-Krise dicht zusammen. Wissenschaft wollte „Fakten" liefern (oder wurde dazu gedrängt), um „rationale Entscheidungen" zu ermöglichen – wobei hier ein Zerrbild von Wissenschaft zugrunde liegt, das Unsicherheiten und Pluralität ausblendet (Abschn. 17.1). Ebenso geriet Politik zu einem Zerrbild, in dem das Abwägen und Aushandeln von Interessenkonflikten, das Ringen um Kompromisse teilweise keine Rolle mehr spielte vor dem Hintergrund angeblicher wissenschaftlicher Evidenz (Abschn. 17.2).

Dieses Zusammenrücken von Wissenschaft und Politik erscheint umso bemerkenswerter, als es Kriterien der Politikberatung widerspricht, die schon lange vor der Corona-Krise entwickelt und veröffentlicht wurden: insbesondere Distanz und Pluralität, neben Transparenz und Öffentlichkeit (Abschn. 19.2).

Am Beispiel der Stellungnahmen der Leopoldina wurde deutlich, wie unter dem Deckmantel der Wissenschaft bestimmte politische Positionen gestützt wurden. Die Soziologen Silke Beck und Julian Nardmann beschreiben die unterschiedlichen Konzeptionen von Gesellschaft, die in den Papieren von Leopoldina bzw. Ethikrat zum Ausdruck kommen (Beck und Nardmann 2022, S. 201 f.):

„Bürger:innen werden in den Stellungnahmen der Leopoldina in erster Linie als passive Adressat:innen der Kommunikation von Wissenschaft und Politik behandelt. Sie [die Leopoldina] liefert Empfehlungen, wie mit der Bevölkerung angemessen zu kommunizieren ist, um diese zur Befolgung von Maßnahmen zu bewegen. Der Ethikrat verfolgt eine alternative Konzeption von Bürgerschaft. Er spricht sie neben der Politik explizit als Adressatin auf Augenhöhe an. […] Damit weist er Bürger:innen auch ausdrücklich die notwendige Kompetenz zu. Das bedeutet, dass der Ethikrat die Verantwortung für Fragen der Risikoabschätzung als auch des Risikomanagements nicht auf wenige, etablierte Autoritäten zentriert, sondern auf Wissenschaft, Politik und Bürgerschaft verteilt."

24.3 Statt Dialog und Pluralität: Polarisierung

In einer Atmosphäre der Polarisierung („dafür" oder „dagegen", z. B. mit Bezug auf Corona-Maßnahmen), in der jede Differenzierung überhört wird oder nicht erwünscht ist, entstehen Abarten öffentlicher Kommunikation: Udo Di Fabio beobachtet in Deutschland eine Konformitätsbereitschaft, eine Tendenz zur Regierungslinie (Di Fabio 2021, S. 115):

> „Im Ergebnis formiert sich – verglichen mit anderen Nationen – rasch eine Haltung zu einem Thema, und man weiß dann, was sich schickt."

Das hat Selbstverstärkungseffekte, denn (ebd.)

> „eine ‚herrschende' Meinung im politischen Raum will auch herrschen, immunisiert sich ein Stück weit gegen Kritik und drängt verbleibende Kritiker in den Randbereich der Gesellschaft, teils zielgerichtet, teils als automatischer Nebeneffekt einer Sehnsucht nach der Zugehörigkeit zur angesagten Meinung."

Während der Corona-Krise ist das verstärkt worden, indem Angst verbreitet und Zwang ausgeübt wurde (siehe Kap. 18).

Wolfgang Merkel erinnert daran (2021, S. 10),

> „[dass Demokratie] nach Debatte [verlangt], nach der ‚Freiheit des Andersdenkenden' (Rosa Luxemburg), nach dem ‚zwanglosen Zwang des besseren Argumentes' (Jürgen Habermas) – also nach Inklusion und nicht nach Exklusion."

24 Zwischenbilanz zu Politik un Politikberatung

Wenn aber Andersdenkende rasch abgewertet werden als ‚Klima-Leugner' oder ‚Corona-Leugner', dann werden sie (ebd.)

> „erst begrifflich und dann real gesellschaftlich ausgegrenzt. … Pluralistische, abweichende [auch] wissenschaftliche Positionen werden so zu einer Zumutung, die es zu bekämpfen gilt."

Auch der damalige Gesundheitsminister Jens Spahn hat das Problem durchaus erkannt, wenn er schreibt (Spahn 2022, S. 36 f.):

> „Wir müssen jedes Mal wieder betonen, dass wir mit politischen Entscheidungen nicht absolute Wahrheiten verkünden, sondern zwischen verschiedenen Alternativen und ihren wahrscheinlichen Folgen abwägen und auswählen. Nichts ist alternativlos. … Man macht es sich selbst zu leicht, wenn man andere als Fanatiker oder Spinner abstempelt und damit jede Diskussion beendet. In der Folge ziehen sich die so Ausgegrenzten erst recht in ihre vielfach verquere Gedankenwelt zurück."

Ortwin Renn schlägt den Bogen weiter, von der Politik- zur Gesellschaftsberatung, und er fordert (Renn 2023, S. 171):

> „Wir benötigen neue und der Pluralität von Wissen und Werten angemessene Formate einer problemgerechten Politik- und Gesellschaftsberatung. Wir brauchen Krisenstäbe, die inter- und transdisziplinär besetzt sein müssen. Dazu kommt die Notwendigkeit nach Mitgestaltung der Betroffenen, um Bürgerinnen und Bürger an der Auswahl von Handlungsoptionen und vor allem bei der Auflösung von Zielkonflikten aktiv mitwirken zu lassen."

Auch dies sind keine neuen Überlegungen (vgl. Abschn. 4.2) – aber sie müssen anscheinend immer neu vorgebracht werden, die Begriffsverständnisse transparent gemacht werden anhand von Beispielen, bis sie auch im Alltag und in Krisen angewendet werden.

Einige der hier benannten Probleme und Herausforderungen, die Mangel an Pluralität und Transparenz betreffen, finden sich auch im Bereich der Medien und des Journalismus, die im Folgenden betrachtet werden.

Literatur

Beck S, Nardmann J (2022) Wissenschaftliche Rückendeckung für politische Alternativlosigkeit? Kontroversen um Expertisen in der deutschen Corona-Politik. Leviathan. Jahrgang 49, Sonderband 38, S 187–214

Di Fabio U (2021) Corona Bilanz. C.H.Beck, München

Merkel W (2021) Neue Krisen: Wissenschaft, Moralisierung und die Demokratie im 21. Jahrhundert. APuZ 71 (26–27) 4–11

Renn O (2023) Gefühlte Wahrheiten (3. Aufl.). Barbara Budrich, Opladen

Sachverständigenausschuss nach § 5 Abs. 9 Infektionsschutzgesetz (2022) Evaluation der Rechtsgrundlagen und Maßnahmen der Pandemiepolitik. Bundesgesundheitsministerium, https://www.bundesgesundheitsministerium.de/fileadmin/Dateien/3_Downloads/S/Sachverstaendigenausschuss/BER_lfSG-BMG.pdf

Spahn J (2022) „Wir werden einander viel verzeihen müssen". Heyne, München

25
Journalisten und Medien in der Wissenschaftskommunikation

> Lange hatten Wissenschaftsjournalisten die Hoffnung, dass ihr Ressort mehr Aufmerksamkeit erhält. Mit der Corona-Pandemie war es so weit.
> Welche Bedeutung haben die Massenmedien für die (Wissenschafts-)Kommunikation, welche hatten sie in der Corona-Krise? Welche Spielarten des Wissenschaftsjournalismus lassen sich unterscheiden, und welche neuen Herausforderungen ergeben sich für Wissenschaft und Journalismus durch den digitalen Medienwandel?

25.1 Bedeutung der Medien

„Was wir über unsere Gesellschaft, ja über die Welt, in der wir leben, wissen, wissen wir durch die Medien". Der vom Soziologen Niklas Luhmann (1996, S. 9) geprägte Satz beschreibt, dass die Medien für viele der einzige Zugang zu Wissenschaftsthemen sind – denn viele arbeiten nicht selbst in diesem Bereich und haben auch keine anderen Zugänge. In der Corona-Krise spricht man zwar auch mit seinem persönlichen Umfeld und Ärzten darüber, aber grundsätzlich viel wirkungsmächtiger sind die Massenmedien mit ihren großen Reichweiten rund um die Uhr. Tatsächlich erreichen Radio und TV bis heute die meisten Menschen – auch wenn Social Media in den vergangenen Jahren stetig an Bedeutung gewonnen haben.

Die Studie „ARD/ZDF-Massenkommunikation Trends 2021" (https://www.ard-zdf-massenkommunikation.de/, Stand 9.9.2021) berichtet:

> „Praktisch alle Menschen ab 14 Jahren in Deutschland (99 Prozent) nutzen täglich Medien [hier verstanden als öffentlich-rechtliche und private Rundfunkanbieter, Video- und Musikstreamingdienste sowie Videoportale und soziale Medien]. Die Gesamtreichweite von Bewegtbild legt auf 89 Prozent täglich zu. Fernsehen bleibt – trotz zunehmender zeitsouveräner Nutzung – in der Gesamtbevölkerung stabil und mit 66 Prozent das zentrale Alltagsmedium im Video-Bereich.
>
> Die täglichen Audio-Reichweiten steigen im gleichen Maße und liegen mit 85 Prozent nur knapp hinter dem Bewegtbild. Das Radio ist hier unangefochtener Spitzenreiter und erreicht mit 76 Prozent täglich mehr Menschen denn je. Texte [in Abgrenzung zu Audio- und Videoformaten] verlieren weiter etwas an Tagesreichweite und kommen auf 45 Prozent. Artikel im Internet erreichen dabei pro Tag 20 Prozent der Menschen und damit etwa genauso viele wie gedruckte Zeitungen und Zeitschriften (19 Prozent)."

Bezogen auf Online-Medien finden sich entsprechende Zahlen in der „ARD/ZDF-Onlinestudie 2021" (https://www.ard-zdf-onlinestudie.de/files/2021/PM_ARD_ZDF_Onlinestudie_2021_final.pdf):

„2021 nutzt die Gesamtbevölkerung ab 14 Jahren in Deutschland Medien im Internet im Mittel 136 Minuten pro Tag (plus 16 Minuten). Auf Video inklusive YouTube, Mediatheken und Streamingdienste entfallen mit 64 Minuten etwas mehr als eine Stunde (plus 9 Minuten). Im Bereich Audio (Streamingdienste, Live-Radio, Podcasts und so weiter) sind es etwas weniger als eine Stunde (56 Minuten, plus 5 Minuten). Junge Altersgruppen nutzen Medien online deutlich länger – bei 14- bis 29-Jährigen sind es 4,5 Stunden täglich, bei 30- bis 49-Jährigen 3 Stunden."

25.2 Wissenschaftsjournalismus

Wissenschaftsthemen gelangen u. a. über journalistische Formate in die Medien. Seit den 1990er Jahren und um das Jahr 2000 hatte der Wissenschaftsjournalismus in Deutschland einen großen Aufschwung erlebt: Private und öffentlich-rechtliche Sendeanstalten und große Tageszeitungen thematisierten Wissenschaftsthemen auf eigenen Wissenschaftsseiten oder im Feuilleton. Wissenschaftszeitschriften wurden neu gegründet (acatech et al. 2014, S. 15):

> „Damit ging zumindest in den Printleitmedien eine verstärke Loslösung vom ‚Paradigma Wissenschaftspopularisierung' hin zu einem Rollenbild eines professionelleren Wissenschaftsjournalismus einher, das sich stärker an der weithin akzeptierten Kritik- und Kontrollfunktion des allgemeinen (politischen) Journalismus orientiert."

Allerdings war die Betonung – in verschiedenen Medien und auch abhängig vom Hintergrund der einzelnen Akteure – mal stärker auf „Wissenschaft" (im Sinne von Darstellungen, die aus der Wissenschaft berichten), mal auf „Journalismus" (im Sinne der beschriebenen Kritik- und Kontrollfunktion) gelegt.

Hier werden zwei grundsätzliche Rollenverständnisse der Medien gegenüber Wissenschaft und Technik deutlich: Nach dem einem Verständnis, das bereits vor Jahrzehnten gepflegt wurde, sind sie Sprachrohr von Wissenschaft und Technik, liefern verständliche Darstellungen bzw. „Übersetzungen" der Ergebnisse (nach diesem Verständnis: Leistungen) aus den Wissenschaften an die Öffentlichkeit, möchten auch Faszination von Wissenschaft und Technik vermitteln. Der US-amerikanische Wissenschaftsautor Boyce Rensberger (2009) spricht von

> „the ‚Gee-Whiz Age' of science reporting, in which the emphasis was on the wonders of science and respect for scientists, rather than on any analysis of the work being done or any anticipation of its effects on society."

Mit dieser grundsätzlich affirmativen Einstellung zu ihrem Gegenstand hatten Wissenschaftsjournalisten durchaus eine Sonderrolle unter Journalisten, da (ebd.)

> „in every other part of the newsroom, reporters are valued for their disinterested, even aggressive stance towards the people they cover,"

wie Rensberger bemerkt.

Ein Umschwung hin zu einem anderen Rollenverständnis kam erst in den 1970er Jahren (ebd.):

> „By this time there was no way science journalists could ignore the social and political implications of their topic. And so the next great age of science journalism began — the 'Watchdog Age' — as science reporters became much more like their colleagues in other parts of the newsroom."

Nun hinterfragten auch Wissenschaftsjournalisten wissenschaftliche Resultate kritisch, brachten sie mit anderen Meinungen zusammen, machten auf Missstände im Wissenschaftsbetrieb (z. B. Betrug, Fälschungen) oder bei technischen Entwicklungen aufmerksam.

Aber wie merkwürdig: Für die Wissenschaft scheint es bis heute teilweise noch ungewohnt zu sein, wenn sie von Dritten vermittelt wird. Wissenschaftler und ihre Organisationen fühlen sich dann mitunter unwohl (vgl. Abschn. 3.1) und es wird befürchtet, dass Wissenschaftskommunikation „zum Einfallstor für Dilettantismus, Einseitigkeit und Manipulation" wird (Weingart et al. 2022, S. 34). Belohnt werden bis heute allzu oft ausgerechnet solche „journalistischen" Formate, die Wissenschaft erklären (Abschn. 11.3 und 12.4), statt kritisch zu hinterfragen.

Der Wissenschaftsjournalismus kennt seit Jahrzehnten eine „Watchdog"-Funktion, und insofern wäre es längst überfällig und ein Schritt zur Normalität der Positionierung von Wissenschaft in der Gesellschaft, dass Wissenschaft aus der Distanz beobachtet und auch kritisiert wird. In der Corona-Krise hat man davon wenig gesehen, obgleich es dazu sehr viel Anlass gegeben hat (siehe Teil I).

Wie Journalismus mit Distanz funktionieren kann, erläutern zwei Altmeister des Journalismus:

Wolf Schneider unterrichtete über Jahrzehnte Journalisten in Deutschland und Österreich. 2010 hat er Forderungen an Journalisten formuliert, die neben Selbstverständnis und Verständlichkeit folgende Aspekte betreffen (zit. n. https://www.newsroom.de/news/aktuelle-meldungen/vermischtes-3/wolf-schneider-vermaechtnis-941850/, Stand 14.11.2022):

> „Misstrauen: Erstens gegen alle, die uns etwas als Sensation verkaufen wollen. Zweitens gegen inszenierte Medienereignisse … Drittens gegenüber allem, was Politiker und Ver-

bandssprecher von sich geben: Zur Wahrheit haben sie ein taktisches Verhältnis. Wo der Verdacht auf Vertuschung oder Verschweigen besteht, recherchieren wir. Vor aller Recherche aber machen wir uns klar: Bewegt wird mit Worten wenig oder nichts. Dass aus eben solchen Worten meist die Hälfte aller Nachrichten besteht, das sollten wir ändern: Reden und Verlautbarungen bringen wir grundsätzlich halb so viele, und Wahlreden niemals auf Seite 1.

Distanz: Wird ein Politiker zitiert, so hat dies in Gänsefüßchen oder in Konjunktiv zu geschehen (er habe, es sei). Seine Worte als seine wahren Meldungen wiederzugeben („Der Minister will" – bloß weil er behauptet hat, er wolle!), ist ein Skandal. Wer diesen Unterschied nicht hört oder nicht wichtig findet, hat seinen Beruf verfehlt.

Augenmaß: Die Schweinegrippe war die erste Seuche, die sich nicht durch Viren verbreitete, sondern durch Journalisten. Rasch war klar, dass sie weit harmloser verlief als unsere alte Wintergrippe – dass die meisten sich also arglos und dümmlich an der Panikmache durch die Pharma-Industrie beteiligten. Auch den Verantwortungsbewussten unter den Journalisten fehlt es meist am Sinn für Proportionen. Wir sollten im Hinterkopf behalten: Die großen Mörder der Menschheit sind Hunger, Malaria, Aids, verseuchtes Trinkwasser und der Straßenverkehr."

Das Prinzip, dass Journalisten Distanz wahren sollen, betonte auch Hanns Joachim Friedrichs (Der Spiegel 1995, S. 113):

„Distanz halten, sich nicht gemein machen mit einer Sache, auch nicht mit einer guten, nicht in öffentliche Betroffenheit versinken, im Umgang mit Katastrophen cool bleiben, ohne kalt zu sein."

Das habe er bei der BBC gelernt und dort als „to inform and to enlighten" formuliert (ebd., S. 114).

Wolf Schneider und Hanns Joachim Friedrichs beschreiben Idealziele, die auch auf den Wissenschaftsjournalismus anzuwenden wären. Aber gerade in der Corona-Krise (und auch bereits früher) lässt sich erkennen, dass viele Journalisten dieses Ziel gar nicht mehr verfolgen können oder wollen (siehe Kap. 26).

Wie reagiert das Publikum? Das Vertrauen in Aussagen von Journalisten zu Corona ist im Lauf der Pandemie (von April 2020 bis September 2022) von 27 % auf 13 % abgesackt (Wissenschaft im Dialog 2022, S. 27). Das hängt möglicherweise mit der Missachtung grundlegender journalistischer Prinzipien zusammen. Jedenfalls ist das verlorene Vertrauen ein dramatischer Befund, weil die Massenmedien bis heute für die meisten Menschen der einzige Draht zur Wissenschaft sind.

25.3 Konkurrenz um Aufmerksamkeit

Seit Luhmanns Diktum (Abschn. 25.1) haben sich die Medienformate immer mehr erweitert. Zum einen wurden Angebote der traditionellen Medien in den Online-Bereich verlagert und dort erweitert. Zum anderen entstanden mit den Social Media neuartige Kommunikationsformen. Durch den digitalen Medienwandel entstanden weitere Veränderungen und Herausforderungen im Journalismus (Weingart et al. 2022, S. 30–33). Insbesondere verlor der Journalismus, zumal im Internet, sein Gatekeeper-Monopol. Themen setzen, einordnen, inhaltlich prüfen – das tun nun auch andere.

Es ergibt sich das bereits in Kap. 4 benannte Problem der Differenzierung von gemeinwohlorientierter und interessengeleiteter Wissenschaftskommunikation. Es spitzt sich im digitalen Medienwandel, aber auch im Konkurrenzgefüge der Wissenschaft zu (Weingart et al. 2022, S. 19):

„Dass sich die Grenze zwischen der informierenden, aufklärenden Kommunikation gegenüber der strategisch interessierten, persuasiven Kommunikation nicht immer scharf ziehen lässt, ist ein besonderes Problem der Wissenschaftskommunikation: Während die immer schärfere Konkurrenz um öffentliche Aufmerksamkeit sowohl zwischen Wissenschaftlern als auch zwischen wissenschaftlichen Organisationen zu persuasiver Kommunikation drängt, kann die mit ihr einhergehende Abkehr von der Orientierung an Werten wie zertifizierter Evidenz und wahrheitsgemäßer Berichterstattung zu einem Vertrauensverlust in die Wissenschaft führen."

Die Medien sind kein Spiegel der Welt, sondern selektieren und verarbeiten nach bestimmten Regeln und Konventionen Signale aus Umwelt und Kommunikation, die nicht immer mit denen von Wissenschaft und Technik übereinstimmen. In dieser fremdvermittelten Wissenschaftskommunikation tritt neben das innerwissenschaftliche Wahrheitskriterium die Medienwirksamkeit.

Wichtige Nachrichtenwerte im Journalismus sind Aktualität, Prominenz, Emotionalität, Nähe und Unterhaltsamkeit. Dagegen setzt die Wissenschaft u. a. auf Neuigkeit, Genauigkeit, Überprüfbarkeit. Wenn die Medienberichterstattung vor allem ereignisorientiert ist, sind wissenschaftliche „Durchbrüche", sensationelle Ergebnisse, Nobelpreise oder auch Skandale typische Anlässe für eine Berichterstattung. Dabei gilt nicht nur „publiziert wird, was wichtig ist", sondern auch umgekehrt: „Was publiziert worden ist, ist wichtig, weil nun dessen allgemeine Bekanntheit und damit Wirksamkeit unterstellt werden muss" (Weingart et al. 2022, S. 28). Pointiert bedeutet das: Unabhängig vom Inhalt (Relevanz und Nachrichtenwert), allein durch die Tatsache der Veröffentlichung (vielleicht weil es besonders unterhaltsam ist) wird etwas wichtig und relevant.

Durch diese Medialisierung verändern sich sowohl Wissenschaft als auch Wissenschaftskommunikation (Weingart et al. 2022, S. 29):

> „Wissenschaftler konkurrieren um öffentliche Aufmerksamkeit in der Hoffnung, dass diese in Anerkennung im Wissenschaftssystem (Reputation) übersetzt wird."

Der Ausbau von Public-Relations-Abteilungen an Hochschulen und Forschungseinrichtungen dient demzufolge nicht nur der Übermittlung relevanter Inhalte, sondern auch der Anpassung an die Medienlogik, „zur steigenden Produktion nachrichtentauglichen Outputs" (ebd.).

Diesem Problem soll entgegengewirkt werden durch Leitlinien wie derjenigen des Deutschen Rats für Public Relations DRPR (siehe Abschn. 4.4). In der Corona-Krise haben sich diese Entwicklungen der Medialisierung der Wissenschaft aber beschleunigt (vgl. Teil I): Die Wissenschaft hat sich weiter angepasst an mediale Erwartungen – sie verbreitet mitunter große Versprechen, vereinfacht grob und verschweigt Unsicherheiten.

Der (Wissenschafts-)Journalismus weist zahlreiche Problemfelder auf, die zwar schon zuvor bekannt waren, sich aber im Zusammenhang mit der Corona-Krise verstärkt zeigten, wie im folgenden Kap. 26 dargelegt wird.

Literatur

acatech et al. (Hrsg) (2014) Zur Gestaltung der Kommunikation zwischen Wissenschaft, Öffentlichkeit und den Medien. Empfehlungen vor dem Hintergrund aktueller Entwicklungen. Berlin

Der Spiegel (1995) „Cool bleiben, nicht kalt" – Der Fernsehmoderator Hanns Joachim Friedrichs über sein Journalistenleben. Der Spiegel 13: 112–119

Luhmann, Niklas (1996): Die Realität der Massenmedien. Opladen: Westdeutscher Verlag.

Rensberger B (2009) Cheerleader or watchdog? Nature, Volume 459, Issue 7250, 25 June

Weingart P et al (2022) Gute Wissenschaftskommunikation in der digitalen Welt. BBAW-Schriftenreihe Wissenschaftspolitik im Dialog, Berlin

Wissenschaft im Dialog (2022) Wissenschaftsbarometer 2022.https://www.wissenschaft-im-dialog.de/fileadmin/user_upload/Projekte/Wissenschaftsbarometer/Dokumente_22/WiD-Wissenschaftsbarometer2022_Broschuere_web.pdf

26
Corona kommt in die Medien

> Hat der Journalismus seine Funktion in der Krise erfüllt? Die Nachfrage nach verlässlichen Informationen war enorm – doch was wurde geboten?
> Dominanz des immer gleichen Themas, ein fragwürdiger Umgang mit Zahlen, regierungsfreundliche Berichte und einseitige Auswahl von Experten – zahlreiche Probleme der journalistischen Berichterstattung in der Corona-Krise wurden identifiziert und untersucht.

26.1 Stimmen aus der Medienforschung

Der Kommunikationswissenschaftler Markus Lehmkuhl weist darauf hin, dass die Krise eine große Chance für die „traditionellen Medien" war (Lehmkuhl 2021, S. 268):

> „In unsicheren Zeiten wächst der Bedarf an zuverlässigen Informationen, die man offenbar am ehesten bei etablierten und vertrauenswürdigen Anbietern erwartet,"

also insbesondere im öffentlich-rechtlichen Rundfunk: So trat (ebd.)

> „die Abhängigkeit moderner Gesellschaft insbesondere von den traditionellen Medien und damit vom professionellen Journalismus durch die enorme gesellschaftliche und individuelle Relevanz dieses Corona-Virus offen zutage."

Im Frühjahr 2020 erhielt der Journalismus noch hohen Zuspruch (Haller 2020, S. 196):

> „Die Nachrichtensendungen der öffentlich-rechtlichen Programme erreichten fast doppelt so viele Menschen wie sonst. Der Konsum der News-Angebote der klassischen Medien … stieg um ein Mehrfaches,"

stellt der Journalismusforscher Michael Haller fest. Das ist von vorneherein nicht überraschend, denn in „Krisenzeiten halten sich die meisten Menschen an das Informationsangebot der etablierten Medien" (ebd., S. 197).

Volker Stollorz, der Leiter des Science Media Center Germany, erinnert sich an den Beginn der Pandemie und die anstehenden Aufgaben des Journalismus (2021, S. 70):

> „[Es galt] zunächst zu berichten und bekannt zu machen, was der Fall, welches Wissen verfügbar und auf welche Expertisen Verlass ist. Welche Verhaltensvorschriften sollen für Bürgerinnen und Bürger jeweils aktuell gelten? Zu berichten war schließlich auch darüber, ob die eingeleiteten Maßnahmen Erfolg zeitigten und wie sich die Krise an allen Orten und in allen Hinsichten überhaupt entfaltet."

Es ist nun an der Zeit zu untersuchen, inwieweit das gelungen war. Und: Ob der Journalismus insgesamt oder der Wissenschaftsjournalismus im Speziellen dazu in der Lage war. Immerhin „nahmen sich die journalistischen Massenmedien der Coronaberichterstattung mit einer redaktionellen Ausschließlichkeit an, die historisch ihresgleichen sucht" (Stollorz 2021, S. 70). Was war dabei herausgekommen?

Der Journalist Timo Rieg betont dabei: Wenn zu Beginn der Krise journalistische Medien zwar einen Nachfrageboom erlebten und die Öffentlichkeit überwiegend zufrieden war, so „sagen weder Nachfrage (Quote) noch Kundenzufriedenheit etwas über die Qualität der Berichterstattung aus" (Rieg 2020, S. 159).

In diesem Sinne erkennt eine Langzeitstudie zum Medienvertrauen (Haller 2020, S. 198):

„ein großer Teil der Mediennutzer [zeigt sich] überzeugt, dass genau diese Medien ‚Sprachrohr der Mächtigen' seien und die Meinungsbildung der Bürger im Sinne der Berliner Regierungspolitik ‚manipulieren'."

Dabei stellt Michael Haller Parallelen zur Berichterstattung über die Flüchtlingskrise im Jahr 2015 her und erkennt (ebd., S. 213),

„dass der Informationsjournalismus während jener Hochphase [der Flüchtlingskrise 2015] die ihm zugeschriebenen und normativ gut begründeten Funktionen weithin missachtet hat. Die Neigung, Positionen der politischen Elite zu übernehmen und der Sichtweise der Bundesregierung zu folgen, wirkte sich dysfunktional aus: Statt den öffentlichen Diskurs mit kritischen Argumenten in Gang zu bringen, kam es zum Diskursabbruch" zwischen Befürwortern und Kritikern der Maßnahmen.

Auch der Kommunikationsforscher Hans Mathias Kepplinger erkennt, dass die Krise medialer Berichterstattung durch Corona sichtbar wurde und bereits zuvor erkennbar war (Kepplinger 2020, S. 191):

> „Die Corona-Diskussion entsprach dem Muster der Diskussionen um die Kernenergie, den Klimawandel und die Massenmigration. Mehrere Politiker an Schaltstellen erklärten und begründeten ihre Entscheidungen nicht oder unzureichend. Wissenschaftler missachteten Regeln wissenschaftlicher Kommunikation, und zahlreiche Journalisten nahmen alles kritiklos hin. Skeptische Praktiker und Wissenschaftler wurden öffentlich abgemeiert und in Talkshows vorgeführt, und die Kanzlerin warnte [Ende April 2020] vor ‚Öffnungsdiskussionsorgien‘ – eine Übersetzung von ‚alternativlos‘ für Begriffsstutzige."

26.2 Frühe Probleme

Die Corona-Berichterstattung in den Medien bot von Anfang an Anlass für Kritik:

Otfried Jarren (Medienforscher und Präsident der Eidgenössischen Medienkommission) fiel bereits zu Beginn der Krise im März 2020 auf, dass immer die gleichen Experten und Politiker in der Corona-Berichterstattung zu Wort kamen (Jarren 2020). Auch Vera Linß (https://www.deutschlandfunkkultur.de/journalismus-in-der-coronakrise-berichten-die-medien-zu-100.html, 21.03.2020) sah viele Journalisten die Krisenstrategie der Bundesregierung weitgehend kritiklos transportieren, „eine Art Service-Journalismus", der seine kritische Funktion völlig verloren hatte.

Der Medienwissenschaftler Vinzenz Wyss bemerkte, dass der Journalismus nun häufig (Wyss 2020)

„Zahlen wie Tabellenstände im Sport miteinander vergleicht: Wo liegen wir im Vergleich zu Italien oder Spanien? Wo steht die USA? Diese Zahlenfixierung erinnert an den Horse-Race-Journalismus, wobei die Pferde auf ganz unterschiedlichen Rennstrecken galoppieren."

Die „Zahlen" und „Fakten" aus der Wissenschaft, auf die sich Politiker und Journalisten ständig bezogen, sollten Präzision und Wissen suggerieren. Dabei konnten sie kein Abbild der Problemlage liefern, weil sie weder in der Politik noch in den Medien kontextualisiert oder kritisch hinterfragt wurden. In vielen Fällen waren sie noch nicht einmal vergleichbar, weil die Zahlenwerte auf verschiedene Weise definiert bzw. erhoben wurden (vgl. Kap. 6). So wurde nicht gefragt: Wo kommen die Zahlen her? Auf welche Bevölkerungsgruppen beziehen sie sich? Welche Annahmen fließen ein? Mit welchen Fehlern und Unsicherheiten sind sie verbunden?

26.3 Kein Wissenszuwachs?

Die Kommunikationswissenschaftlerin Senja Post stellt typische mediale Mechanismen in Krisen fest (Post 2020, S. 333):

„Zahlreiche Untersuchungen zeigen, wie sich im Verlauf der Berichterstattung über solche Krisenfälle [Katastrophen, Unfälle, Terroranschläge] medienübergreifend Annahmen über Geschehnisse herausbilden, die zu festen Urteilsnormen werden, die schließlich nicht mehr hinterfragt werden."

Die Stabilität anfänglicher (und entsprechend unsicherer) Annahmen, im Fall der Medien als „Kollegenorientierung" bezeichnet, diene den Journalisten u. a. in der Bewältigung von Ungewissheit, so Senja Post (ebd.):

„Es gibt allerdings zahlreiche Belege dafür, dass die homogenisierende Kollegenorientierung im Journalismus dysfunktionale gesellschaftliche Folgen haben kann – nämlich in Fällen, in denen etablierte homogene Urteilsnormen und Deutungsschemata in der Berichterstattung dann nicht revidiert, relativiert oder differenziert werden, wenn verfügbare Fakten oder überholte Sachlagen das erforderlich machen würden."

Wissensbestände und Einstellungen können tatsächlich bemerkenswert stabil sein (siehe Kap. 5) – das gilt auch für Wissensbestände, die mit hoher Unsicherheit behaftet sind. „Das Corona-Wissen zahlreicher Deutscher ist sogar bis heute [Anfang 2022] auf dem Stand der ersten Pandemiewelle stehen geblieben", beobachtet Corinna Schöps (2022), wenn Gastronomen bei der Hygiene noch mehr Wert auf Tische-Abwischen legen als auf Lüftung oder Luftfilter.

Forscher wollten in einer Befragung feststellen, wie sich der Wissenszuwachs über Wirksamkeit und Sicherheit der Impfstoffe in der Bevölkerung von Dezember 2020 bis Juni 2021 geändert hat. Es wurden in diesem Zeitraum sehr viele Erkenntnisse in der Wissenschaft generiert, und das Thema war in den Medien zentral. Der Studienleiter Felix Rebitschek stellte jedoch fest: „Der Wissenszuwachs war gleich null" (zit. nach Schöps 2022).

26.4 Problemfelder des Journalismus in der Corona-Krise

Die Probleme in der Corona-Berichterstattung waren für einige Beobachter und Akteure bereits früh erkennbar. Dagny Lüdemann, die für „ZEIT online" arbeitet, bemerkt rückblickend (Lüdemann 2021, S. 18 f.):

> „In Ermangelung anderer Quellen und weil sie selbst im Homeoffice festsaßen, verließen sich Redaktionen stark auf die Institutionen und meldeten, was von offizieller Seite empfohlen wurde. Teils auch aus der Sorge, Mitschuld am Tod von Menschen zu tragen, würde man nicht deutlich genug warnen."

Im weiteren Verlauf der Krise fand eine Diskussion dazu unter Medienschaffenden nicht auf breiter Ebene statt, die Probleme wurden von vielen ignoriert. Wollte man eigene Versäumnisse nicht eingestehen? Oder fand Reflexion immerhin im Verborgenen statt? Allenfalls punktuell und verspätet gab es offenen Austausch dazu (z. B. Rudolf Augstein Stiftung 2022). Viele Probleme verstetigten sich aber, schienen sich zur neuen Normalität zu entwickeln.

Im Folgenden stehen Ergebnisse zu aktuellen Problemfeldern des Journalismus aus mehreren Studien im Zentrum. Diese werden zusammengeführt und erläutert. Es handelt sich um diese 3 Studien:

- „Eine empirische Studie zur Qualität der journalistischen Berichterstattung über die Corona-Pandemie" der Kommunikationswissenschaftler Carsten Reinemann und Marcus Maurer (Reinemann und Maurer 2022) hat die Qualität der Medienberichterstattung über die Covid-19-

Pandemie in Deutschland zwischen dem 1. Januar 2020 und dem 30. April 2021 in 11 Leitmedien untersucht. Dabei wurden Sachgerechtigkeit, Ausgewogenheit und Kontextualisierung näher betrachtet.
- Der Journalist Timo Rieg benannte bereits Mitte 2020 (Rieg 2020) Defizite der Corona-Berichterstattung, ebenso wie
- der Kommunikationswissenschaftler Markus Lehmkuhl Anfang 2021 (Lehmkuhl 2021).

26.5 Qualität der Berichterstattung

Folgende Defizite stellten Reinemann und Maurer hinsichtlich der Inhalte der Berichterstattung zu Corona fest (2022, S. 5):

> „Im Verhältnis zu anderen Berichterstattungsthemen haben die Medien relativ selten das Corona-Virus und das Krankheitsbild COVID-19 selbst in den Mittelpunkt gestellt. Sie haben in Bezug auf die medizinischen Aspekte der Pandemie überwiegend einen Konsens in der Wissenschaft unterstellt. Zugleich haben sie vor allem den Vergleich mit der Gefährlichkeit des Influenza-Virus nur selten angestellt und dieses dann häufig als ähnlich gefährlich dargestellt. Die Unsicherheit von wissenschaftlichen Prognosen wurde oft nicht vermittelt."

Zur Ausgewogenheit und Kontextualisierung der Berichterstattung heißt es (ebd.):

> „Die Maßnahmen zur Bekämpfung der Pandemie wurden in den meisten Medien als angemessen oder sogar als nicht weitreichend genug bewertet. Dass die Maßnahmen zu weit gingen, war in den Medien eher eine Minderheitenposition, die allerdings quantitativ durchaus ins Gewicht

fiel. Harsch und ab Oktober 2020 zunehmend harscher fielen die Urteile über die wichtigsten politischen Akteure und ihre Kompetenzen aus, während die Wissenschaft eher gleichbleibend positiv beurteilt wurde. …

Daten zum Pandemiegeschehen wurden im Zeitverlauf zunehmend über Zeitvergleiche kontextualisiert, nur selten dagegen über Vergleiche mit anderen Krankheiten. Eine Abwägung verschiedener Folgen von Pandemie und Maßnahmen fand sich in weniger als einem Drittel der Beiträge, die Folgen nannten."

26.6 Themendominanz

Die Berichterstattung war also nicht ausgewogen. Eine ständige Fokussierung auf Corona, ohne Vergleich mit anderen Krankheiten, verstärkte den Eindruck einer singulären Krise. Timo Rieg erkennt als weiteres Problemfeld die Dominanz des Themas „Corona" an sich: Die relevanten Informationen und Hintergrundinformationen hätten sich jeweils in wenigen Minuten zusammenfassen lassen. Doch rund um die Uhr wurden Belanglosigkeiten verbreitet – und damit andere Themen verdrängt (Rieg 2020, S. 160).

Ständig wurden „Sondersendungen" gebracht, mit immer den gleichen Inhalten: Die Kulturwissenschaftler Dennis Gräf und Martin Hennig haben die Sondersendungen „ARD Extra" und „ZDF Spezial" untersucht, die im 1. Halbjahr 2020 zu Corona gelaufen sind. Die große Anzahl von 51 bzw. 42 „Sondersendungen" zeigt zunächst, dass (Gräf und Hennig 2020, S. 15)

> „nicht mehr von einer Abweichung oder Ausnahme die Rede sein kann, sondern von einer neuen Normalität. … Wenn nahezu täglich das Exzeptionelle zum neuen

> Regelfall stilisiert wird, dann findet damit zwangsläufig eine lebensweltliche und auch ideologische Engführung statt, die einer Ausblendung aller anderen gesellschaftlich relevanten Gemengelagen entspricht. [So] vermittelt die Verstetigung des eigentlich als Abweichung konzipierten Formats ein permanentes Krisen- und Bedrohungsszenario."

Inhaltlich wird bemerkt, dass die Maßnahmen immer wieder problematisiert werden, allerdings weniger in dem Sinne einer Abwägung, sondern es wird (ebd., S. 16)

> „von den Sondersendungen eine Identität von Virus und Maßnahmen inszeniert, wodurch die Maßnahmen als genauso ‚natürlich' und in gewisser Hinsicht unhinterfragbar wie das Virus selbst erscheinen."

Eine tiefergehende Kritik an den von der Politik getroffenen Maßnahmen ist kaum zu erkennen; zwar werden „auch kritische Fragen gestellt", jedoch sind (ebd., S. 19)

> „diese Fragen … im Prinzip als rhetorische Fragen zu verstehen, deren Beantwortung (von PolitikerInnen einerseits und innerhalb redaktioneller Berichte andererseits) die ideologische Marschrichtung der Politik konsolidiert."

Bemerkenswert ist hier auch ein „Selbstbestätigungsmechanismus der Sendungen, der durch das permanente Aufzeigen von Defiziten [in der Berichterstattung] die Existenz der Sendungen rechtfertigt" (ebd., S. 17) und selbstreferentiell z. B. vom „ZDF Spezial" auf das „ZDF heute journal" verweist (ebd., S. 17).

Der emeritierte Professor für Journalismus und Medienmanagement an der Universität Lugano, Stephan Russ-Mohl, erkennt dieselben Probleme (Russ-Mohl 2020):

> „Als Medienforscher beobachte ich mit großer Sorge den Overkill, mit dem Leitmedien, insbesondere das öffentlich-rechtliche Fernsehen, aber auch Zeitungen wie SZ oder FAZ, über die Pandemie berichten. Meine These: Nicht die Regierenden haben die Medien vor sich hergetrieben, wie das Verschwörungstheoretiker so gerne behaupten. Vielmehr haben die Medien mit ihrem grotesken Übersoll an Berichterstattung Handlungsdruck in Richtung Lockdown erzeugt, dem sich die Regierungen in Demokratien kaum entziehen konnten."

An manchen Tagen, vor allem zu Beginn der Krise, habe die Berichterstattung zu Corona bis zu 70 % der Nachrichten eingenommen. Und monatelang (ebd.)

> „überschütten uns die Medien im tagtäglichen Kampf um Aufmerksamkeit ziemlich hemmungslos mit Statistiken zu Corona-Infizierten und -Toten. Es ist weithin offengeblieben, ob letztere am oder nur mit dem Coronavirus verstarben. Aber Angst, angesteckt zu werden, haben vermutlich wir alle bekommen."

Im öffentlich-rechtlichen Rundfunk bekamen die Zuschauer in 2020 und 2021, wie die Journalistin Corinna Schöps beschreibt (Schöps 2022),

> „zwar überreichlich Corona-Nachrichten, Brennpunkte, Extras und Talkshows zu sehen. In diesen Sendungen zur Primetime waren jedoch einfache, fachliche Erklärungen kaum zu finden, zum Selbst- oder Fremdschutz, zu den Vorteilen der Impfung, um vernünftige Entscheidungen zu treffen. Im Vordergrund standen stattdessen die jeweiligen Verordnungen, samt kleinteiliger Reaktionen darauf mitsamt jeder verirrten Einzelstimme: Da erfuhren die Zuschauerinnen viel über Protest, über organisatorisches Durcheinander etwa bei der Impfkampagne, über die

Befindlichkeit bedrückter Eltern oder Unternehmerinnen, über polarisierende Statements wahlkampfgetriebener Landespolitiker oder die Privatmeinung mancher Kinderärzte und einzelner Mitglieder der Ständigen Impfkommission."

Viel wurde zu Corona berichtet und gesendet, immer dieselben Informationen und viel Kleinteiliges. Es gab aber wenig Zusammenschau und Kontext – was eigentlich journalistische Kernaufgaben wären.

26.7 Der Umgang mit Zahlen

Bereits in Kap. 6 wurde das Problem der Zahlengläubigkeit thematisiert, in Abschn. 6.2, wie Kennzahlen auch manipulativ eingesetzt wurden, und in Abschn. 6.4 die Rolle von Modellierung. Der Medienforscher Markus Lehmkuhl bemerkt (2020, S. 269):

> „Vor allem numerisch präzise Quantifizierungen sind das Medium, mit dem wissenschaftliche Erkenntnisse gesellschaftliche Bedeutung erlangen."

Er beschreibt (ebd.),

> „wie aus unsicheren, mit vielen Vorbehalten belasteten wissenschaftlichen Erkenntnissen kühne Behauptungen selbstbewusster Politikerinnen und Politiker werden können, die über die politische Berichterstattung wiederum Eingang finden in eine breite Öffentlichkeit."

Und er zeigt (ebd.),

> „dass Forscherinnen und Forscher sich genötigt sehen können, präzise Quantifizierungen zu liefern, von denen

sie allerdings genau wissen, dass sie weniger präzise sind, als sie einem Laien erscheinen mögen, der die Regeln ihrer wissenschaftlichen Fabrikation nicht versteht."

Solche Zahlen suggerieren den Anschein von Exaktheit, und das ist eine wesentliche Problemzone zwischen Journalismus und Wissenschaft, wie Markus Lehmkuhl ausführt. Denn sie sind lediglich Überbleibsel, eine mehr oder weniger willkürliche Projektion komplexer Sachverhalte, entkleidet von Vorannahmen, Kontext und Unsicherheiten.

Die Autoren Wladislaw Jachtchenko und Wolf Ruede-Wissmann thematisieren rückblickend und pointiert den medialen Umgang mit Zahlen der Corona-Pandemie (Jachtchenko und Ruede-Wissmann 2021). Sie zeigen, wie dieses Zahlen-Framing auch manipulativ eingesetzt werden kann. So war zu Beginn der Pandemie die Reproduktionsrate (der R-Wert gibt an, wie viele Menschen ein Infizierter ansteckt) das Maß aller Dinge. Erst wenn der R-Wert unter 1 liegt, breitet sich das Virus nicht weiter aus (Jachtchenko und Ruede-Wissmann 2021, S. 63).

> „Interessanterweise ist der R-Wert, nachdem er unter 1 fiel, in den Nachrichten nur noch selten erwähnt worden. Über das ganze Jahr [2020] hinweg bewegte er sich gemäß dem ‚täglichen Lagebericht des Robert-Koch-Instituts' zwischen 0,9 und 1,1 … Beim zweiten, harten Lockdown, der am 16.12.2020 deutschlandweit in Kraft trat, lag der R-Wert übrigens bei 1,06 und fiel am 20.12.2020 … auf 0,86. Dieser Wert ist natürlich alles andere als Angst einflößend und verschwand, weil unspektakulär, ziemlich früh aus der täglichen Berichterstattung."

Diese Entwicklung hätte eine Abschwächung von Maßnahmen verlangt, die ja vor dem Hintergrund „hoher

Zahlen" verordnet wurden. Aber in der Berichterstattung wurde dieser Schluss kaum gezogen (ebd., S. 64):

> „Ebenfalls interessant ist, dass in den Medien fast ständig nur von Infektionszahlen (präziser wäre übrigens, von ‚positiv Getesteten' zu sprechen) die Rede war, während die Zahl der täglichen Tests nur selten bis nie erwähnt wurde. Dabei ist klar: Je mehr man auf eine Infektion hin testet, desto höher findet man sie auch. … Wenn man in der Berichterstattung nicht erwähnt, dass jede Woche mehr getestet wird, und (auch) deswegen die Zahlen der Neuinfektionen sich ständig erhöhen, dann bekommt man als Zuschauer das beängstigende Gefühl, dass die Lage sehr ernst wird."

Ende 2020 und Anfang 2021 wurde die 7-Tage-Inzidenz als entscheidende Metrik definiert, also die Anzahl positiv Getesteter je 100.000 Einwohner. Ob Maßnahmen dann bei Inzidenzen von 35, 50, 100 oder 200 greifen sollten – das hatte keine wissenschaftliche Grundlage, sondern war eine politische Entscheidung (ebd., S. 65). Die Anzahl Erkrankter, die deutlich kleiner als die der Infizierten ist, wäre für den Verlauf der Pandemie aussagekräftig. Doch (ebd., S. 66):

> „Wie viele Menschen durch COVID-19 aber erkrankt sind … – darüber haben die Medien nicht berichtet."

Solch ein Umgang mit Zahlen ist schludrig, suggeriert durch die ständige Nennung neuer Zahlen Präzision und Wissenschaftlichkeit, ist aber nur ein Trick (ebd., S. 69):

> „Es wird uns nur ein bestimmter Teil der Realität gezeigt. Der Rest fällt aus dem Rahmen und wird unsichtbar."

Es handelt sich also nicht um Lügen (die Zahlenwerte stimmen ja), sondern um selektive Darstellungen (ebd., S. 69):

„Menschen manipulieren kann man nicht nur durch das Gesagte, sondern auch durch das Nicht-Gesagte."

26.8 Hofberichterstattung

Ein weiteres Problemfeld bezeichnet Timo Rieg mit dem Begriff „Hofberichterstattung" (2020, S. 161):

> „Was Politiker und die ihnen unterstehenden Behörden an Regularien erlassen, können diese heute sehr gut selbst den Menschen mitteilen."

Die Journalisten müssen hier also gar nicht mithelfen. So ist es noch nicht einmal für die Anfangsphase der Corona-Krise zu rechtfertigen, dass Journalisten das verbreiteten, „was die Politik sagte", und „alle Handlungsoptionen auf das politisch vorgegebene ,Flatten the curve'" reduzierten (ebd., S. 161).

Ausgangspunkt für Recherchen zu Corona-Maßnahmen hätten Fragen wie die folgenden sein können (Rieg 2020, S. 161):

> „Welche Folgen könnte das haben? Keine Wirkung ohne Nebenwirkung. Was wird ein Shutdown kosten und wer wird das bezahlen? Was wird dadurch nicht mehr möglich sein? Welche sozialen Folgen eines Lockdowns sind zu erwarten oder wenigstens denkbar, welches Leid wird damit verursacht werden, von Tiertransporten vor verschlossenen Grenzen über Bankrotte von Selbständigen und Unternehmen bis hin zu Todesfällen durch unbehandelte Krankheiten? Was bedeuten die Veränderungen in den Krankenhäusern, was die Unterbrechung globaler Güter- und Menschenbewegungen?"

Doch dazu hat man recht wenig gehört und gelesen. Mangelnde Phantasie der Journalisten?

Der Journalist Heribert Prantl erinnert (2022, S. 48):

„Pressefreiheit ist dafür da, hemmungslos zu fragen und zu recherchieren, was die Verbote nützen und welche Schäden sie verursachen. Pressefreiheit ist dafür da, die Bewegungsfreiheit, die Versammlungsfreiheit, die Religionsfreiheit, die Gewerbefreiheit zu verteidigen – und das Grundrecht auf Leben auch derer, deren Leben durch Aufschub von Operationen oder das Ausbleiben von Lebenshilfen gefährdet wurde und wird."

Eine quantitative Untersuchung, wie nah sich Medien und Behörden in der Corona-Krise in der Schweiz waren, hat 42.000 Artikel aus Schweizer Medien im Zeitraum Januar 2020 bis April 2021 auf positive, negative und neutrale Wertungen untersucht. Gerade mal 7 % der Artikel waren negativ gefärbt, „was angesichts des sonst ausgeprägten journalistischen Hangs zur Kritik eher ungewöhnlich ist" (Scherrer und Seliger 2022).

Von Claus Kleber, dem langjährigen Moderator des „heute journal", kam im Juni 2020 das Eingeständnis (zit. n. https://heraeus-bildungsstiftung.de/news/pro-divirtuell/pro_div_ueber_corona_informiert/):

„Wir haben praktisch die Rolle eines Pressesprechers oder Ministers eingenommen, der seiner Bevölkerung erklärt, warum diese Maßnahmen jetzt sein müssen. Das ist einfach nicht unser Job."

26.9 Einseitige Berichterstattung und die Auswahl von Experten

Der vom Deutschen Presserat als Richtlinie für die journalistische Arbeit erstellte Pressecodex stellt fest (Ziffer 2): „Recherche ist unverzichtbares Instrument journalistischer Sorgfalt" (https://www.presserat.de/pressekodex.html). Allerdings muss man feststellen, dass an Stelle eigenständiger Recherche immer häufiger eine Angleichung an Kollegen tritt. Ausdruck hiervon ist eine einseitige Berichterstattung und „Auswahl" immer derselben Experten.

Der Deutsche Ethikrat (2022, S. 183) resümierte zur mangelnden Pluralität:

> „Massenmedien und insbesondere die öffentlich-rechtlichen Rundfunk- und Fernsehanstalten haben gerade in Krisenzeiten die für eine republikanisch verfasste Demokratie unverzichtbare Aufgabe, das strittige Für und Wider von Maßnahmen in einer räsonierenden Öffentlichkeit hör- und sichtbar zu machen. Der kritische Teil dieser Aufgabe wurde zu Beginn der Corona-Krise nicht immer im wünschenswerten Maß erfüllt. [...] Im weiteren Verlauf der Pandemie jedoch wurden selbst offenkundige Fehlentwicklungen von einem sich selbst als ‚konstruktiv' oder ‚gemeinwohlsensibel' verstehenden Journalismus kaum in der notwendigen Deutlichkeit aufgegriffen. Eine zu affirmative oder einseitig plädierende Berichterstattung der (Massen-)Medien versäumt es, die Meinungs- und Willensbildung einer demokratischen Öffentlichkeit mit unerlässlichen Gegenakzenten zu stimulieren."

Stephan Russ-Mohl diagnostiziert ebenfalls eine Einseitigkeit der Expertenwahl und Berichterstattung, die durch „Herdentrieb" oder einfach durch Phantasielosigkeit oder Inkompetenz bei der Auswahl zu erklären sei (Russ-Mohl 2020). Das sei

> „zwar menschlich – aber nicht entschuldbar, wenn wir herkömmliche Maßstäbe der Professionalität anlegen, die den Journalismus leiten sollten."

Sichtbar wird das Phänomen mangelhafter Auswahlkompetenz an der einseitigen Auswahl: Immer die gleichen Experten werden herangezogen. Auf sie entfällt die Last, den Kenntnisstand der Wissenschaft darzustellen, einzuordnen und zu bewerten (Lehmkuhl 2021, S. 274).

Hanns Joachim Friedrichs hatte den hier beschriebenen Qualitätsverfall im Journalismus bereits in den 1990er Jahren beobachtet und wenig diplomatisch formuliert: „Nichts gelesen, nichts kapiert, aber mitten am Elend und voll im Bild". Ins Mikrophon werden „Sätze voller hanebüchener Ahnungslosigkeit" gesprochen (Der Spiegel 1995, S. 114).

26.10 „False Balance"

In Verbindung mit einer einseitigen Berichterstattung und Auswahl von Experten ist oft die Rede von „False Balance". Das Ansinnen, verschiedene Positionen zu einem Thema zu Wort kommen zu lassen, wurde bereits in der Diskussion um den anthropogenen Klimawandel problematisiert: Selbstverständlich muss nicht jede noch so abwegige Position Raum erhalten (sei es in einem journalistischen Beitrag, auf einer Podiumsdiskussion oder in einer Talk-Show).

Aber wie eine „korrekte" Gewichtung auszusehen habe, welche Position „abwegig" ist oder nicht, steht nicht von vornherein fest – wie der Journalist Timo Rieg (2020, S. 164 f.) am Beispiel Klima zeigt:

> „Weil so oft im Journalismus Fakten und Meinungen nicht auseinandergehalten werden, wird der Notwendigkeit von Meinungsvielfalt immer wieder begegnet mit Parolen der Art: ‚Keine Bühne mehr für Klimaleugner' … Nur: der ‚Klimawandelleugner' vertritt ja schon dem Namen nach

keine Meinung, sondern ignoriert Tatsachen. ... Wie die Menschheit aber auf die sehr komplexen Nebenwirkungen ihres Wirkens reagieren soll, das kann auch die größte Koryphäe nicht sagen, weil u.a. Interessen und Werte keine Fakten sind, sondern Meinungen. Ob die Menschheit die große Abrissparty feiern, zum Schutz künftiger Generationen von heute auf morgen klimaneutral leben oder sich für irgendetwas dazwischen entscheiden will, ist keine Frage von richtig oder falsch, sondern allein der demokratischen Willensbildung. Das heißt: ‚Klimawandelleugner' gehören selbstredend auf keinerlei Podium, wer aber die ‚nach uns die Sintflut'-Haltung vertritt[,] unbedingt. Zu jeder Meinung muss die Gegenposition zu Wort kommen, sonst ist sie keine Meinung mehr, sondern ein behauptetes Faktum oder Glaube, über den es nichts zu diskutieren gibt, nichts abzustimmen, zu wählen, zu verhandeln oder zu kommentieren. Wer keine Meinungsvielfalt will, braucht keinen Journalismus, und ein Journalismus ohne Meinungsvielfalt ist Propaganda."

„False Balance" scheint auch eingesetzt zu werden, um bestimmte Stimmen auszublenden, wie der Historiker Caspar Hirschi bemerkt (Hirschi 2021):

„Die Aggressivität, mit der Drosten und seine Anhänger Kampfbegriffe der Klimakrise nutzten, um abweichende Expertenstimmen zu delegitimieren, erstaunt umso mehr, als es in der Coronakrise kein anderes Land gibt, in dem ein einzelner Experte ohne offizielles Beratungsmandat so viel mediale Macht besitzt wie er. Drosten genießt den unangefochtenen Status als forschungsstärkster Coronaexperte Deutschlands, seine Bereitschaft und Begabung zur Aufklärung der Bevölkerung über das Virus hat ihm enorme Anerkennung und zahlreiche Preise eingebracht, und die Türen zum Kanzleramt und Gesundheitsministerium standen ihm stets offen. ... Wenn es in der deutschen Berichterstattung über Corona eine

Unausgewogenheit gab, so war sie genau anders herum, als es die False-Balance-Polemiker behaupteten. Es bestand eine erdrückende Dominanz von Regierungspolitikerinnen und ihren Experten, die gemeinsam die Illusion erzeugten, die Politik folge ‚der' Wissenschaft."

26.11 Fakten und Meinungen

Ein weiteres Problemfeld des Journalismus in der Corona-Krise ist die mangelnde Trennung von Fakten und Meinungen (z. B. im YouTube-Kanal maiLab, siehe Abschn. 12.4). Zwar gibt es hier auch einen Übergangsbereich, für den gilt: „Saubere Trennung von Nachricht und Kommentar? Das gibt es nicht" (https://www.diepresse.com/1409614/saubere-trennung-von-nachricht-und-kommentar-das-gibt-es-nicht). Aber die Trennung ist damit nicht obsolet. So besteht der Schweizer Presserat in seinem Journalistenkodex auf dieser Trennung (https://presserat.ch/journalistenkodex/richtlinien/):

> „Journalistinnen und Journalisten achten darauf, dass das Publikum zwischen Fakten und kommentierenden, kritisierenden Einschätzungen unterscheiden kann."

Das ist umso wichtiger, aber auch umso schwieriger, als die Auswahl, Anordnung, Beschreibung von „Fakten" nie neutral sein können – so ist es schon bei Beschreibungen, ob das Glas halb voll oder halb leer ist.

Wertungen ergeben sich durch die Themenwahl (und dadurch, dass man andere Themen nicht berücksichtigt), das Zitieren einzelner Stimmen (andere werden ausgelassen). Bestimmte Themen werden „hochgespielt", opportune Zeugen zur Sichtbarmachung geeigneter Meinungen herangezogen. Meinungsbestandteile gibt es somit in jedem „Informationsbeitrag": „Nicht zuletzt durch die Wahl und Ausrichtung einer (zuspitzenden) Überschrift oder, im Falle von Fernsehbeiträgen, einer (süffisanten) Anmoderation" (Schultz 2020, S. 252) können diese in den Vordergrund treten (Schultz 2020, S. 252 f.): „Das Publikum wird dies mal mehr, mal weniger gut erkennen und durchschauen – und als gut und legitim (z. B. als moralisch richtig) oder als schlecht und illegitim (z. B. als unfair und paternalistisch) bewerten."

Und diese Trennung von Fakten und Meinung hat auch Timo Rieg in der Corona-Berichterstattung vermisst (2020, S. 163): „Viele Meinungen werden als Tatsachen verkauft." Zum Beispiel (ebd., S. 163 f.): „Was ist mit der weit verbreiteten Behauptung, wer auf seine persönliche Freiheit poche, stelle das Leben anderer zur Disposition …? Könnte es sein, dass hier die eigene Meinung für ein Faktum gehalten wird?" Timo Rieg erkennt (ebd., S. 164):

„Das größte Hindernis für einen Orientierung gebenden Journalismus sind Medienschaffende, die ein Thema verstanden zu haben glauben; denn wem alles klar ist, der hält seine fundierte Meinung für Fakten, für die Wahrheit, die korrekte Weltbeschreibung – und jede andere Sichtweise logischerweise für ‚Fake News'."

Literatur

Der Spiegel (1995) „Cool bleiben, nicht kalt" – Der Fernsehmoderator Hanns Joachim Friedrichs über sein Journalistenleben. Der Spiegel 13: 112–119

Deutscher Ethikrat (2022) Vulnerabilität und Resilienz in der Krise – Stellungnahme. Berlin

Gräf D, Hennig M (2020) Die Verengung der Welt. Zur medialen Konstruktion Deutschlands unter Covid-19 anhand der Formate ARD Extra und ZDF Spezial. In: Privatheit in viralen Zeiten. Sonderausgabe des Magazins des DFG-Graduiertenkollegs 1681/2 „Privatheit und Digitalisierung". Online: https://www.researchgate.net/publication/343736403_Die_Verengung_der_Welt

Haller M (2020) Corona und die Flüchtlingskrise – über die Anstrengung, Wert- und Vorurteile beiseite zu schieben. In: Russ-Mohl S (Hrsg) Streitlust und Streitkunst. Halem, Köln, S. 196–233

Hirschi C (2021) Mit Drosten und Streeck ins Feldlazarett. Der Freitag, 18. November

Jachtchenko W, Ruede-Wissmann W (2021) Satanische Verhandlungskunst. Langen Müller, München

Jarren O (2020) Das öffentlich-rechtliche Fernsehen in Zeiten von Corona. epd medien, 13:3–6

Kepplinger HM (2020) Systemversagen an der Grenze von Wissenschaft, Journalismus und Politik. In: Russ-Mohl S (Hrsg) Streitlust und Streitkunst. Halem, Köln, S. 183–195

Lehmkuhl M (2021) Covid-19 und der Journalismus. In: Bundeszentrale für politische Bildung (Hrsg) Corona. Pandemie und Krise, S 266–276

Lüdemann D (2021) „Wir müssen Wissenschaft ehrlicher kommunizieren". BfR2GO 01/2022, S. 18–19

Post S (2020) Einmütig in Krisenzeiten. In: Russ-Mohl S (Hrsg) Streitlust und Streitkunst. Halem, Köln, S. 331–342

Prantl H (2022) Grundrechte in Quarantäne. In: Rudolf Augstein Stiftung (Hrsg) Follow the Science – aber wohin? Ch. Links Verlag, Berlin, S 43–53

Reinemann C, Maurer M (2021) Einseitig, unkritisch, regierungsnah? Eine empirische Studie zur Qualität der journalistischen Berichterstattung über die Corona-Pandemie. Rudolf Augstein Stiftung, https://rudolf-augstein-stiftung.de/wp-content/uploads/2021/11/Studie-einseitig-unkritisch-regierungsnah-reinemann-rudolf-augstein-stiftung.pdf

Rieg T (2020) Desinfektionsjournalismus. Journalistik 3(2): 159–171

Rudolf Augstein Stiftung (Hrsg) (2022) Follow the Science – aber wohin? Ch. Links Verlag, Berlin

Russ-Mohl S (2020) Das Corona-Panikorchester. Süddeutsche Zeitung, 26. Oktober

Scherrer L, Seliger F (2022) So zahm waren die Journalisten in der Corona-Krise. NZZ, 22. August, https://www.nzz.ch/feuilleton/medien-und-corona-politik-srf-und-blick-schonten-berset-ld.1697487

Schöps C (2022) Ein kommunikatives Desaster. ZEIT online, 16. Februar, https://www.zeit.de/gesundheit/2022-02/gesundheitskommunikation-corona-krise-regierung-lockdown-regeln

Schultz T (2020) In der Aufmerksamkeitsfalle. In: Russ-Mohl S (Hrsg) Streitlust und Streitkunst. Halem, Köln, S. 250–277

Stollorz V (2021) Herausforderungen für den Journalismus über Wissenschaft in der Coronapandemie – erste Beobachtungen zu einem Weltereignis. Bundesgesundheitsblatt – Gesundheitsforschung – Gesundheitsschutz, Vol. 64, 70–76

Wyss V (2020) „Journalisten dürfen Kritik nicht dünnhäutig abschmettern" (Gespräch mit L. Lehmann, 10.4.). https://www.persoenlich.com/medien/journalisten-durfen-kritik-nicht-dunnhautig-abschmettern

27

Zwischenbilanz zu Medien

> Hatten wir es in der Corona-Krise mit einer „Infodemie" zu tun, in der massenhaft Informationen – auch falsche – auf uns einprasseln, die uns keine Orientierung bieten, sondern eher verwirren? Oder haben sich bereits bestehende Probleme in Wissenschaft und Medien hier nur besonders deutlich gezeigt?
> Social Media und Fake News sind Herausforderungen – aber auch Wissenschaftler und Journalisten, die zu wenig Transparenz und Pluralität zulassen.

Wissenschaftsjournalismus bewegt sich seit Jahrzehnten im Spannungsfeld von Popularisierung und einer Kontrollfunktion. Prinzipien der Distanz und des Misstrauens gegenüber den Gegenständen, über die berichtet wird, sind im heutigen Journalismus nicht mehr selbstverständlich. Grenzen von gemeinwohlorientierter und interessengeleiteter Kommunikation lösen sich auf.

Im gegenwärtigen Medienwandel, der u. a. durch die Digitalisierung getrieben wird, verliert der Journalismus zudem sein Gatekeeper-Monopol.

Diese Entwicklungen verdichteten sich in der Berichterstattung zur Corona-Krise. Von Beginn an fielen mehrere Probleme hinsichtlich der Qualität der Berichterstattung, Themendominanz, einseitige Perspektive und mangelnde Trennung von Fakten und Meinungen auf. Über die Pandemie hinweg ließen sich diese Probleme weiterhin beobachten und scheinen nun teilweise eine „neue Normalität" zu werden.

Dabei wären gerade in Krisenzeiten Transparenz, Pluralität und Dialog in Wissenschaft, Politik und Medien wichtig. So wären in der Politikberatung wie in den Medien sowohl Leistungen als auch Grenzen der Wissenschaft anzuerkennen. Unsicherheiten und Eigeninteressen sind transparent offenzulegen, sowohl von der Wissenschaft als auch in der Politikberatung und durch den Journalismus.

Senja Post (2020, S. 333) fordert von Journalisten Transparenz und Pluralität. Sie fordert, dass sich diese

> „nicht mit einem unhaltbaren Gewissheitsanspruch überfordern [sollten], sondern ihre Erkenntnisse stärker zur Disposition stellen – durch die Thematisierung von Ungewissheiten, Wissenslücken und Zweifel. Wenn Journalisten ihre Arbeiten nicht als abgeschlossene Realitätsbeschreibungen auffassen, sondern als Beiträge zu einer gemeinsamen, möglicherweise kontroversen Annäherung an reale Sachverhalte, sind sie weniger verwundbar gegenüber Kritik. … Es ginge um Fragen wie: Sind alle zu Wort gekommen? Kann man die Sachlage auch aus einer anderen Perspektive sehen? Wie verändert die neue Sachlage unsere Annahmen? Gibt es andere Ursachen für das Geschehen?"

Die WHO hat den Begriff „Infodemie" geprägt und versteht darunter (https://www.who.int/health-topics/infodemic):

> „An infodemic is too much information including false or misleading information in digital and physical environments during a disease outbreak. It causes confusion and risk-taking behaviours that can harm health. It also leads to mistrust in health authorities and undermines the public health response. An infodemic can intensify or lengthen outbreaks when people are unsure about what they need to do to protect their health and the health of people around them. With growing digitization – an expansion of social media and internet use – information can spread more rapidly. This can help to more quickly fill information voids but can also amplify harmful messages."

Der Begriff wurde vielfach übernommen, so auch vom Deutschen Ethikrat, der betont, dass sich Falschinformationen über das Virus und Maßnahmen zur Bekämpfung insbesondere über die Social Media verbreiteten (Deutscher Ethikrat 2022: 154 f.):

> „Dieser Infodemie hatte die Politik wenig entgegenzusetzen, deren Kommunikation in erster Linie über die Presse und die öffentlich-rechtlichen Radio- und Fernsehsender erfolgt, weshalb Teile der Bevölkerung, die sich nicht (mehr) über diese Medien informieren, nicht erreicht wurden."

Aber sind das wirklich neue Probleme, die einen neuen Begriff („Infodemie") erforderlich machen? Und ist die Unterteilung in gute Medien und schlechte Medien sinnvoll: Hier die wahrhafte Information, die die Politiker über Presse und öffentlich-rechtlichen Rundfunk verbreiten – dort die Social Media, in denen sich Falschinformation verbreitet? Könnte es sein, dass diese Sichtweise simplifiziert, wo mehr Differenzierung wichtig wäre? Es ist keineswegs so, dass alles stimmt, was Wissenschaftler in den öffentlich-rechtlichen Medien sagen. Und in den Social Media gibt es durchaus auch verlässliche Informationen.

Bei der Rede von einer Infodemie und „Wissenslücken" in der Bevölkerung (vgl. Scheufele et al. 2021, S. 523) scheint tatsächlich noch das Defizitmodell durch, verbunden mit einer Hoffnung: Wenn die Menschen die „richtigen" Informationen haben, werden sie sich auch „richtig" verhalten.

Wer aber entscheidet, was „richtig" ist?

Literatur

Deutscher Ethikrat (2022) Vulnerabilität und Resilienz in der Krise – Stellungnahme. Berlin

Post S (2020) Einmütig in Krisenzeiten. In: Russ-Mohl S (Hrsg) Streitlust und Streitkunst. Halem, Köln, S. 331–342

Scheufele DA et al (2021) Misinformed about the „infodemic"? Science's ongoing struggle with misinformation. Journal of Applied Research in Memory and Cognition, 10(4), 522–526

Teil III
Nach der Krise, vor der Krise

28
Perspektiven der Wissenschaftskommunikation

> Wir erkennen vielfältige Herausforderungen in der Wissenschaftskommunikation. Was können Wissenschaft und Kommunikation zu deren Bewältigung beitragen? Wie erreichen wir mehr Transparenz, Pluralität und Dialog? Albert Einstein hat einen konkreten Vorschlag.

28.1 Plädoyer für Hofnarren

Ralf Dahrendorf hat vor 60 Jahren das Modell des Intellektuellen in der Gesellschaft beschrieben (Dahrendorf 1963):

> „Sie alle, die Intellektuellen, haben als Hofnarren der modernen Gesellschaft geradezu die Pflicht, alles Unbezweifelte anzuzweifeln, über alles Selbstverständliche

> zu erstaunen, alle Autorität kritisch zu relativieren, alle jene Fragen zu stellen, die sonst niemand zu stellen wagt.
> … Jede Position, deren Gegenteil nicht zumindest erörtert worden ist, ist eine schwache Position."

Früher leistete sich jeder Fürst, der etwas auf sich hielt, einen Hofnarren. Fürsten gibt es längst nicht mehr, und auch die Hofnarren scheinen aus der heutigen Zeit gefallen: Während der Corona-Krise wurden viele Intellektuelle, die „Hofnarren der modernen Gesellschaft", ausgegrenzt.

Was bedeutet das für uns heute?

In der nächsten Krise sollten die „Hofnarren" unbedingt gehört werden – von Wissenschaftlern, Entscheidungsträgern in der Politik und Meinungsmachern in den Medien. Um sich irritieren zu lassen, den Denkhorizont zu erweitern, eigene Positionen abzuklopfen und im gemeinsamen Dialog zu besseren Lösungen zu kommen (vgl. Goede 2021, S. 258f.).

28.2 Fragen der Perspektive

In den vergangenen Jahren und Jahrzehnten wurde in Deutschland und international diskutiert über Perspektiven der Wissenschaftskommunikation: in der Wissenschaft, im Umfeld der Politik und Medien. Ausgehend von der Wissenschaft blickte man auf das Publikum bzw. (in aktualisierter Begrifflichkeit) die außerwissenschaftliche Öffentlichkeit: Es ging um MINT-Bildung, um „neue Formate" der Wissenschaftskommunikation und um Qualitätsstandards der Kommunikation. Es ging um Fragen wie die folgenden:

Wie lässt sich das Vertrauen in Wissenschaft und die Anerkennung ihrer Institutionen steigern? Wie erkennt man „Fake News" und wirkt diesen entgegen? Wie überführt man „Wissenschaftsleugner"?

Alles wichtige Themen. Aber ist die einseitige Perspektive die richtige?

Die hier dargelegte Analyse und Kritik der Corona-Kommunikation in Wissenschaft, Politik und Medien legte viele Fälle von Informationsüberflutung, Wahrheitsverkündung, Meinungshomogenisierung, Persuasion und Ausgrenzung offen. Um das in Zukunft zu vermeiden, wird hier für Transparenz, Pluralität und Dialog plädiert. Dieses Plädoyer betrifft aber zunächst nicht die „außerwissenschaftliche Öffentlichkeit", sondern die Wissenschaftler und die Kommunikatoren selbst. Es fordert von allen in Wissenschaft, Politik und Medien eine (Rück-)Besinnung auf Prinzipien der Wissenschaft, des Journalismus und der Demokratie.

Also eine andere Perspektive: nicht der Blick nach außen, sondern nach innen – hinein in die Wissenschaft und die Kommunikation.

28.3 Und nun?!

Was bedeutet das für Wissenschaft und Kommunikation? Auf welche Weise gewinnt die Wissenschaftskommunikation durch Transparenz, Pluralität und Dialog? Und wie kommen wir hier über Schlagworte hinaus? Auf der Basis der hier dargelegten Beobachtungen lassen sich einige Hinweise geben. Wissenschaftler und Kommunikatoren sollten

- die jeweiligen Beschränkungen von Wissenschaft, Politik und Medien anerkennen,
- mehr Bewusstsein entwickeln zur eigenen Rolle und zur eigenen (methodischen) Beschränktheit,
- in der Politikberatung den Übergang von wissenschaftlichem Wissen zu Entscheidungen anerkennen,
- den Wettbewerb der Meinungen zulassen und das kreative Potenzial von Skepsis erkennen,
- auf Alarmismus, übertriebene Versprechungen, Moralisierung verzichten,
- Fragen und Skepsis nicht abblocken, sondern konstruktiv aufnehmen und
- Fragen klären: Was ist Konsens, was Dissens? Welche offenen Fragen gibt es? Wie lassen sich diese beantworten?

Entscheidend für die Weiterentwicklung der Wissenschaftskommunikation sind aber keine Checklisten, sondern: die richtige Einstellung. Albert Einstein empfahl dazu (zit. n. di Trocchio 1998, S. 13):

„Wenn du ein wirklicher Wissenschaftler werden willst, denke wenigstens eine halbe Stunde am Tag das Gegenteil von dem, was deine Kollegen denken."

Literatur

Dahrendorf R (1963) Der Intellektuelle und die Gesellschaft. Die Zeit, 29. März
di Trocchio F (1998) Newtons Koffer. Campus, Frankfurt a. M.
Goede WC (2021) Fertig. Und jetzt?! In: Weitze MD, Goede WC, Heckl WM (Hrsg.) Kann Wissenschaft witzig? Springer, Heidelberg

GPSR Compliance
The European Union's (EU) General Product Safety Regulation (GPSR) is a set of rules that requires consumer products to be safe and our obligations to ensure this.

If you have any concerns about our products, you can contact us on

ProductSafety@springernature.com

In case Publisher is established outside the EU, the EU authorized representative is:

Springer Nature Customer Service Center GmbH
Europaplatz 3
69115 Heidelberg, Germany

www.ingramcontent.com/pod-product-compliance
Lightning Source LLC
LaVergne TN
LVHW020327260326
834688LV00037B/895